数学建模学习辅导

Mathematica 基础及其在数学建模中的应用

(第2版)

主　编　李汉龙　艾　瑛　韩　婷　缪淑贤
副主编　隋　英　王凤英　孙丽华　许学宁
参　编　杜利明　刘　丹　赵恩良　孙常春
　　　　律淑珍

国防工业出版社

·北京·

内 容 简 介

本书是作者结合多年的 Mathematica 与数学建模课程教学实践编写的,其内容包括 Mathematica 软件介绍、Mathematica 应用基础、Mathematica 在高等数学中的应用、Mathematica 在线性代数中的应用、Mathematica 在概率统计中的应用、利用 Mathematica 编程、Mathematica 在数值计算及图形图像处理中的应用、Mathematica 在绘制分形图中的应用、Mathematica 在数学建模中的应用共9章。书中配备了较多关于 Mathematica 与数学建模的实例,这些实例是学习 Mathematica 与数学建模必须掌握的基本技能。

本书由浅入深,由易到难,可作为学习 Mathematica 与数学建模的自学用书,也可以作为数学建模培训教材。

图书在版编目(CIP)数据

Mathematica 基础及其在数学建模中的应用/李汉龙等主编.—2版.—北京:国防工业出版社,2022.2 重印
ISBN 978-7-118-11013-5

Ⅰ.①M… Ⅱ.①李… Ⅲ.①Mathematica 软件-应用-数学模型 Ⅳ.①O141.4

中国版本图书馆 CIP 数据核字(2016)第 160332 号

※

*国防工业出版社*出版发行
(北京市海淀区紫竹院南路23号 邮政编码100048)
北京凌奇印刷有限责任公司印刷
新华书店经销

*

开本 787×1092 1/16 印张 20 字数 500 千字
2022年2月第2版第2次印刷 印数 4001—4800 册 定价 49.00 元

(本书如有印装错误,我社负责调换)

国防书店:(010)88540777 发行邮购:(010)88540776
发行传真:(010)88540755 发行业务:(010)88540717

前　言

  Mathematica是美国Wolfram研究公司生产的一种数学分析型软件,该软件是当今世界上最优秀的数学软件之一,以符号计算见长,也具有高精度的数值计算功能和强大的图形功能。由于Mathematica具有界面友好、使用简单、功能强大等优点,在工程领域、计算机科学、生物医药、金融和经济、数学、物理、化学和许多社会科学等范围得到了广泛应用,尤其在科学研究单位和学校中广为流行,目前在世界范围内拥有几百万用户群体。

  本书从介绍Mathematica软件基本应用开始,重点介绍了Mathematica在高等数学中的应用、Mathematica在线性代数中的应用、Mathematica在数理统计中的应用、Mathematica在数值计算及图形图像处理中的应用、Mathematica在绘制分形图中的应用以及Mathematica软件在数学建模中的应用,并通过具体的实例,使读者一步一步地随着作者的思路来完成课程的学习,同时在每章后面作出归纳总结,并给出一定的练习题。书中所给实例具有技巧性而又道理显然,可使读者思路畅达,将所学知识融会贯通、灵活运用,达到事半功倍之效。本书将会成为读者学习Mathematica和数学建模的良师益友。本书所使用的素材包含文字、图形、图像等,有的为作者自己制作,有的来自互联网。我们使用这些素材,目的是想给读者提供更为完善的学习资料。

  本书第1章由王凤英编写;第2章、第8章由李汉龙编写;第3章由隋英编写;第4章由缪淑贤编写;第5章由孙常春编写;第6章由杜利明编写;第7章由赵恩良、孙丽华编写;第9章由艾瑛编写;附录及前言由韩婷、许学宁编写。全书由李汉龙统稿,李汉龙、韩婷、王凤英审稿。另外,本书的编写和出版得到了国防工业出版社的大力支持,在此表示衷心的感谢!

  本书参考了国内外出版的一些教材,见本书所附参考文献,在此表示谢意。由于水平所限,书中不足之处在所难免,恳请读者、同行和专家批评指正。

  本书源程序可到国防工业出版社"资源下载"栏目下载(www.ndip.cn),或发邮件到896369667@qq.com索取。

编者

目 录

第1章 Mathematica 介绍 ························ 1

- 1.1 Mathematica 概述 ························ 1
  - 1.1.1 Mathematica 的产生和发展 ······ 1
  - 1.1.2 Mathematica 的主要特点 ········ 1
  - 1.1.3 Mathematica 的应用 ············ 2
- 1.2 Mathematica 软件安装 ···················· 2
- 1.3 Mathematica 软件界面介绍 ················ 5
  - 1.3.1 Mathematica 的菜单 ············ 5
  - 1.3.2 Mathematica 的输入面板 ········ 15
- 1.4 Mathematica 系统简单操作 ················ 18
  - 1.4.1 进入与退出系统 ················ 18
  - 1.4.2 Mathematica 文件的基本操作 ···· 19
  - 1.4.3 Mathematica 命令的输入与执行 ···· 21
  - 1.4.4 Mathematica 中帮助的获取 ······ 24
- 1.5 本章小结 ···························· 27
- 习题 1 ································· 27

第2章 Mathematica 应用基础 ················ 28

- 2.1 数值运算 ···························· 28
  - 2.1.1 整数 ························ 28
  - 2.1.2 有理数 ······················ 29
  - 2.1.3 浮点数 ······················ 30
  - 2.1.4 数学常数 ···················· 30
  - 2.1.5 符号%的使用 ·················· 31
  - 2.1.6 算术运算与代数运算 ············ 31
- 2.2 函数 ································ 32
  - 2.2.1 常用的数学函数 ················ 32
  - 2.2.2 自定义函数和变量的赋值 ········ 33
  - 2.2.3 解方程 ······················ 35
- 2.3 表 ·································· 36
  - 2.3.1 表的概念 ···················· 36
  - 2.3.2 表的操作 ···················· 37
  - 2.3.3 表的应用 ···················· 38
- 2.4 作图 ································ 39
  - 2.4.1 二维函数作图 ·················· 39
  - 2.4.2 二维参数图形 ·················· 46
  - 2.4.3 三维函数作图 ·················· 51
  - 2.4.4 三维参数作图 ·················· 54
- 2.5 保存与退出和查询与帮助 ················ 59
  - 2.5.1 保存与退出 ···················· 59
  - 2.5.2 查询与帮助 ···················· 59
- 2.6 本章小结 ···························· 60
- 习题 2 ································· 60

第3章 Mathematica 在高等数学中的应用 ········ 62

- 3.1 极限的运算 ·························· 62
  - 3.1.1 数列的极限 ···················· 62
  - 3.1.2 一元函数的极限 ················ 63
- 3.2 导数的运算 ·························· 64
  - 3.2.1 一元函数导数 ·················· 64
  - 3.2.2 多元函数导数 ·················· 66
- 3.3 导数的应用 ·························· 68
  - 3.3.1 一元函数导数应用 ·············· 68
  - 3.3.2 多元函数导数的应用 ············ 72
- 3.4 积分的运算 ·························· 75
  - 3.4.1 求不定积分 ···················· 75
  - 3.4.2 求定积分 ···················· 75
  - 3.4.3 二重积分 ···················· 76
  - 3.4.4 三重积分 ···················· 76
  - 3.4.5 曲线积分 ···················· 78
  - 3.4.6 曲面积分 ···················· 78
  - 3.4.7 高斯公式与散度 ················ 80

3.4.8 斯托克斯公式与旋度 …………… 80
3.5 积分的应用 ……………………………… 81
　　3.5.1 定积分的应用 ………………… 81
　　3.5.2 重积分的应用 ………………… 83
3.6 空间解析几何 …………………………… 84
　　3.6.1 向量及其线性运算 …………… 84
　　3.6.2 直线和平面方程 ……………… 84
3.7 级数的运算 ……………………………… 85
　　3.7.1 常数项级数求和 ……………… 85
　　3.7.2 幂级数 ………………………… 85
　　3.7.3 函数展开成幂级数 …………… 86
3.8 本章小结 ………………………………… 88
习题 3 ………………………………………… 88

第 4 章 Mathematica 在线性代数中的应用 ………………………………… 90

4.1 行列式 …………………………………… 90
　　4.1.1 行列式的计算 ………………… 90
　　4.1.2 克拉默法则 …………………… 92
4.2 矩阵及其运算 …………………………… 93
　　4.2.1 矩阵的线性运算 ……………… 93
　　4.2.2 矩阵的乘积 …………………… 93
　　4.2.3 矩阵的转置 …………………… 95
　　4.2.4 逆矩阵的计算 ………………… 96
　　4.2.5 解矩阵方程 …………………… 97
4.3 矩阵的初等变换与线性方程组 ………… 97
　　4.3.1 求矩阵的秩 …………………… 98
　　4.3.2 求解齐次线性方程组 ………… 98
　　4.3.3 求解非齐次线性方程组 ……… 100
4.4 向量组的线性相关性 …………………… 102
　　4.4.1 向量的线性表示 ……………… 102
　　4.4.2 向量组的线性相关性 ………… 103
　　4.4.3 向量组的秩与向量组的最大无关组 …………………… 104
4.5 相似矩阵及二次型 ……………………… 105
　　4.5.1 求矩阵的特征值与特征向量 …………………………… 105
　　4.5.2 矩阵的对角化 ………………… 106
　　4.5.3 化二次型为标准形 …………… 109

4.6 本章小结 ………………………………… 112
习题 4 ………………………………………… 113

第 5 章 Mathematica 在概率统计中的应用 ………………………………… 115

5.1 随机数的生成 …………………………… 115
　　5.1.1 随机整数 ……………………… 115
　　5.1.2 随机实数 ……………………… 115
　　5.1.3 随机复数 ……………………… 116
5.2 数据的最大值、最小值、极差 ………… 116
　　5.2.1 数据的录入与长度 …………… 116
　　5.2.2 数据的最大值、最小值、极差 ……………………………… 117
5.3 数据的中值、平均值 …………………… 117
　　5.3.1 数据的中值 …………………… 117
　　5.3.2 数据的平均值 ………………… 117
5.4 数据的方差、标准差、中心矩 ………… 118
　　5.4.1 数据的方差 …………………… 118
　　5.4.2 数据的标准差 ………………… 118
　　5.4.3 数据的中心矩 ………………… 119
5.5 数据的频率直方图 ……………………… 119
5.6 协方差与相关系数 ……………………… 120
　　5.6.1 协方差 ………………………… 120
　　5.6.2 相关系数 ……………………… 121
5.7 分布 ……………………………………… 122
　　5.7.1 分布相关函数 ………………… 122
　　5.7.2 伯努利分布 …………………… 122
　　5.7.3 二项分布 ……………………… 124
　　5.7.4 几何分布 ……………………… 125
　　5.7.5 超几何分布 …………………… 126
　　5.7.6 泊松分布 ……………………… 126
　　5.7.7 正态分布 ……………………… 127
　　5.7.8 负二项分布 …………………… 127
　　5.7.9 均匀分布 ……………………… 127
　　5.7.10 指数分布 ……………………… 128
　　5.7.11 t 分布 ………………………… 128
　　5.7.12 χ^2 分布 …………………… 129
　　5.7.13 F 分布 ……………………… 129
　　5.7.14 Γ 分布 ………………… 129
5.8 置信区间 ………………………………… 130

5.9 数学期望与方差 ……………… 130
5.10 本章小结 …………………… 132
习题 5 …………………………… 132

第 6 章 Mathematica 编程 ……… 133

6.1 Mathematica 中的数据类型 …… 133
6.2 常量与变量 …………………… 133
   6.2.1 常量 …………………… 133
   6.2.2 变量 …………………… 134
6.3 字符串 ……………………… 136
   6.3.1 字符串的输入 ………… 136
   6.3.2 字符串的运算 ………… 136
6.4 表达式 ……………………… 138
   6.4.1 算术运算符和算术
       表达式 ………………… 138
   6.4.2 关系运算符和关系
       表达式 ………………… 139
   6.4.3 逻辑运算符和逻辑
       表达式 ………………… 140
6.5 函数 ………………………… 140
   6.5.1 自定义一元函数 ……… 140
   6.5.2 自定义多元函数 ……… 142
   6.5.3 参数数目可变函数的
       定义 …………………… 143
   6.5.4 自定义函数的保存与
       重新调用 ……………… 144
   6.5.5 纯函数 ………………… 144
6.6 过程与局部变量 ……………… 145
   6.6.1 过程与复合表达式 …… 145
   6.6.2 模块与局部变量 ……… 145
6.7 条件控制结构程序设计 ……… 147
   6.7.1 If 语句结构 …………… 147
   6.7.2 Which 语句结构 ……… 149
   6.7.3 Switch 语句结构 ……… 150
6.8 循环结构程序设计 …………… 150
   6.8.1 Do 循环结构 ………… 151
   6.8.2 While 循环结构 ……… 151
   6.8.3 For 循环结构 ………… 152
   6.8.4 一些特殊的赋值方法 … 153

   6.8.5 重复应用函数的方法 … 153
6.9 流程控制 …………………… 155
6.10 程序调试 …………………… 156
6.11 程序包 ……………………… 158
6.12 编程实例 …………………… 159
6.13 本章小结 …………………… 163
习题 6 …………………………… 163

第 7 章 Mathematica 在数值计算及图形图像处理中的应用 …… 165

7.1 Mathematica 在数值计算中的
   应用 ………………………… 165
   7.1.1 数据拟合与插值 ……… 165
   7.1.2 数值积分与方程的
       数值解 ………………… 168
7.2 Mathematica 在图形处理中的
   应用 ………………………… 172
   7.2.1 Mathematica 在二维图形
       中的应用 ……………… 172
   7.2.2 Mathematica 在三维图形
       中的应用 ……………… 181
7.3 Mathematica 在图像处理中的
   应用 ………………………… 184
   7.3.1 图像输入输出函数 …… 184
   7.3.2 Mathematica 在图像处理中
       应用的几个例子 ……… 185
7.4 本章小结 …………………… 186
习题 7 …………………………… 186

第 8 章 Mathematica 在绘制分形图中的应用 ………………… 187

8.1 分形概述 …………………… 187
   8.1.1 分形概念的提出与分形
       理论的建立 …………… 187
   8.1.2 分形的几何特征 ……… 187
   8.1.3 分形与欧几里得几何的
       区别 …………………… 189
8.2 绘制分形图 ………………… 190
   8.2.1 Mandelbrot 集与 Julia 集 … 190
   8.2.2 分形雪花 ……………… 193

Ⅶ

- 8.2.3 上三角下三角 ……………… 196
- 8.2.4 下三角上三角 ……………… 197
- 8.2.5 上正方形与下正方形 ……… 197
- 8.2.6 下正方形与上正方形 ……… 198
- 8.2.7 单个上正方形 ……………… 199
- 8.2.8 一个正方形向外长大 ……… 199
- 8.2.9 一个正方形向内长大 ……… 200
- 8.2.10 一个 M 形状图形 …………… 200
- 8.2.11 两个上三角形横线 ………… 201
- 8.2.12 上三角形横线下三角形 …… 202
- 8.2.13 挖空一个黑色三角形 ……… 202
- 8.2.14 挖空一个彩色的三角形 …… 203
- 8.2.15 填充挖去的部分 …………… 204
- 8.3 本章小结 …………………………… 205
- 习题 8 ………………………………… 206

第 9 章 Mathematica 在数学建模中的应用 …………………………… 207

- 9.1 Mathematica 软件在数学规划建模中的应用 ………………………… 207
  - 9.1.1 加工奶制品的生产计划建模 ………………… 208
  - 9.1.2 自来水的输送建模 ………… 209
  - 9.1.3 汽车的生产计划建模 ……… 211
  - 9.1.4 游泳运动员的选拔问题建模 ………………… 213
  - 9.1.5 钢管下料问题 ……………… 217
- 9.2 Mathematica 软件在微分方程建模中的应用 ………………………… 221
  - 9.2.1 传染病建模 ………………… 221
  - 9.2.2 食饵—捕食者建模 ………… 225
  - 9.2.3 人口的预测与控制建模 …… 228
  - 9.2.4 广告费建模 ………………… 230
- 9.3 Mathematica 软件在回归分析建模中的应用 ………………………… 233
  - 9.3.1 线性回归建模 ……………… 233
  - 9.3.2 非线性回归建模 …………… 235
  - 9.3.3 香皂的销售量建模 ………… 237
- 9.4 Mathematica 软件在离散建模中的应用 …………………………… 241
  - 9.4.1 供应与选址问题建模 ……… 241
  - 9.4.2 学生素质测评建模 ………… 244
  - 9.4.3 污水处理费的合理分担建模 ……………………… 248
- 9.5 Mathematica 软件在其他建模中的应用 …………………………… 251
  - 9.5.1 报童问题建模 ……………… 251
  - 9.5.2 价格竞争建模 ……………… 253
  - 9.5.3 轧钢中的浪费建模 ………… 254
  - 9.5.4 观众厅的地面升起曲线建模 ……………………… 257
  - 9.5.5 化学反应工程建模 ………… 258
- 9.6 本章小结 …………………………… 261
- 习题 9 ………………………………… 262

习题答案与提示 ………………………… 265

附录 常用 Mathematica 系统函数使用方法 ………………………… 297

参考文献 ……………………………… 311

第 1 章 Mathematica 介绍

1.1 Mathematica 概述

Mathematica是美国Wolfram公司开发的一种数学分析型的软件,该软件是当今世界上最优秀的数学软件之一,以符号计算见长,也具有高精度的数值计算功能和强大的图形功能。由于Mathematica具有界面友好、使用简单、功能强大等优点,在工程领域、计算机科学、生物医药、金融和经济、数学、物理、化学和许多社会科学等范围得到广泛应用,尤其在科学研究单位和学校中广为流行,目前在世界范围内拥有数百万用户群体。

1.1.1 Mathematica 的产生和发展

Mathematica系统是由美国物理学家Stephen Wolfram领导的科研小组开发的用来进行量子力学研究的软件,软件开发的成功促使Stephen Wolfram于1987年创建Wolfram研究公司,并推出了商品软件Mathematica 1.0版。1991年该公司推出了2.0版本,对原有的系统做了较大的扩充,在一些基本问题的处理上也做了改动。1996年和1998年,该公司相继推出了3.0版本和4.0版本,在用户界面和使用方式上,都做了很大的改进。2004年,推出Mathematica 5.1版本,增加了微分进化算法及其相应的计算软件,使得优化方法求解的范围较原来大为扩充。2008年推出的Mathematica 7增加了内置并行高性能计算(HPC)和全面支持样条技术等功能,在符号式计算方面也有许多突破。2011年推出的Mathematica 8.0.1简体中文版在工作流程的开始和终端提供了增强功能,它添加了500多个新函数,功能涵盖更多应用领域,并拥有更友好、更高质量的中文用户界面、中文参考资料中心及数以万计的中文互动实例,使中文用户学习和使用 Mathematica 更加方便快捷。Wolfram公司分别在2012年推出了Mathematica 9.0.0版本,2014年7月,公司推出的Mathematica 10.0.0版本是基于完整Wolfram 语言的第一个版本,涵盖700多个新函数,之后15个月内相继推出了10.0.1、10.0.2、10.1、10.2版本,Mathematica已经引入了许多新领域,如机器学习、计算几何、地理计算、设备连接,以及深化算法领域的功能和覆盖面。目前,Mathematica Online功能使得用户可以直接使用网页浏览器在 Wolfram 云端使用 Mathematica而无需安装软件,或者可以利用 Mathematica10 +Mathematica Online 最优化地使用桌面和云端系统。

Mathematica产品家族还包括 gridMathematica、webMathematica、Mathematica Player、Mathematica Workbench、Mathematica Applications等一系列产品。

1.1.2 Mathematica 的主要特点

Mathematica系统是用C语言开发的,因此能方便地移植到各种计算机系统上。目前在微型计算机上使用Mathematica系统的操作平台有Windows系列、Macintosh和Unix系列操作系统。

Mathematica的特点可以总结为以下几点:

(1) 内容丰富,功能齐全。Mathematica能够进行初等数学、高等数学、工程数学等的各种数值计算和符号运算。特别是其符号运算功能,给数学公式的推导带来了极大的方便。它有很强的绘图能力，能方便地画出各种美观的曲线、曲面，甚至可以进行动画设计。

(2) 语法简练，编程效率高。Mathematica的语法规则简单、语句精练。和其他高级语言(如C语言、Fortran语言)相比，其语法规则和表示方式更接近数学运算的思维和表达方式。用Mathematica编程，用较少的语句就可完成复杂的运算和公式推导等任务。

(3) 操作简单，使用方便。Mathematica命令易学易记，运行也非常方便。用户既可以和Mathematica进行交互式"对话"，逐个执行命令；也可以进行"批处理"，将多个命令组成的程序，一次性交给Mathematica，完成指定的任务。

(4) 和其他语言交互性好。Mathematica和其他高级语言(如C语言、Fortran语言等)能进行简单的交互，可以调用C语言、Fortran语言等的输出并转化为Mathematica的表示形式，也可以将Mathematica的输出转化为C语言、Fortran语言和Tex编译器(注:Tex是著名的数学文章编辑软件，用它打印出的文章，字体漂亮、格式美观)所需的形式，甚至还可以在C语言中嵌入Mathematica语句，这使Mathematica编程更灵活、方便，同时也增强了Mathematica的功能。

1.1.3 Mathematica 的应用

Mathematica是一个交互式、集成化的计算机软件系统，它的主要功能包括符号演算、数值计算、图形功能和程序设计。

所谓交互式，是指在使用Mathematica系统时，计算是在用户和Mathematica系统之间互相交换、传递信息和数据的过程中完成的。用户通过输入设备(一般指计算机的键盘)给系统发出命令，由Mathematica系统完成计算工作，并把结果显示在屏幕上。而集成化是指Mathematica系统是一个集成化的环境，用户在此环境中可以完成从符号运算到图形输出等各项操作。

Mathematica可用于解决各领域内涉及复杂的符号计算和数值计算的问题，例如它可以做多项式的各种计算，包括运算、展开和分解等；它也可以求各种方程的精确解和近似解、求函数的极限、导数、积分和幂级数展开等。使用Mathematica可以做任意位的整数的精确计算，分子分母为任意位数的有理数的精确计算，以及任意位精确度的数值计算等。

在图形方面，Mathematica不仅可以绘制各种二维图形(包括等值线图等)，而且能绘制很精美的三维图形，帮助用户进行直观分析。

Mathematica具有很好的扩展性，Mathematica提供了一套描述方法，相当于一个编程语言，用这个语言可以编写程序，解决各种特殊问题。Mathematica本身提供了一批能完成各种功能的软件包，而且还有一套类似于高级程序设计语言的记法，用户可以利用这个语言编写具有专门用途的程序或者软件包。

Mathematica的能力不仅体现在上面说的这些功能，更重要的在于它将这些功能有机地结合在一个系统里。在使用这个系统时，用户可以根据自己的需要，从符号演算转去画图形，又转去做数值计算，这种灵活的功能带来了极大的方便，使一些看起来非常复杂的问题变得易如反掌。

1.2 Mathematica 软件安装

书中介绍所有的实例都是基于Mathematica 10.2版本制作的，本节内容介绍该软件的安装及激活过程。

步骤1：下载Mathematica 10.2的安装软件包，在安装软件的磁盘预留足够的空间(6.5GB以上)，解压并运行安装包内setup.exe文件，首先会出现"选择使用语言"窗口，如图1-1所示，单击"确定"按钮后单击"下一步"按钮，跳到如图1-2所示窗口，尽量选用系统给定路径，也可以根据磁盘空间重新选择路径，单击"下一步"按钮到下一页，选中"可选组件"(图1-3)，连续单击"下一步"按钮到安装页面，安装需要几分钟时间，安装完毕后单击"完成"按钮。

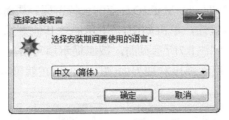

图 1-1　选择安装语言

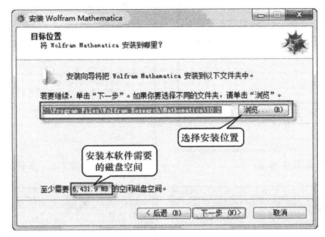

图 1-2　选择软件安装路径

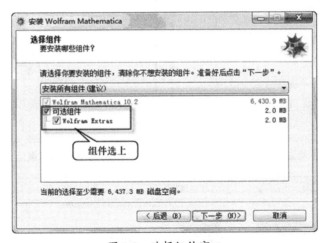

图 1-3　选择组件窗口

步骤2：软件安装完成后，从桌面的"开始"→"程序"中启动软件程序Mathematica 10.2，如图1-4所示。

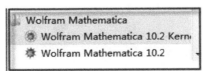

图 1-4　从开始菜单启动 Mathematica 10.2

步骤3：首次运行软件会弹出如图1-5所示的"产品激活"窗口，默认提供了在线激活方式，需要输入激活密钥(获得软件时会得到一个激活密钥)，激活密钥将连接到Wolfram的服务器，提供计算机的独特识别码——MathID和与此 MathID对应的独特密码，从而激活软件。如果计算机未连接互联网，可以选择手动激活该软件，单击如图1-5所示的"其他方式激活"，打开的页面如图1-6所示，选择"手动激活"后切换到图1-7所示页面，按照提示填写信息后单击"激活"按钮，出现激活成功界面(图1-8)，系统自动启动弹出欢迎界面(图1-9)，现在就可以使用Mathematica 10.2了。

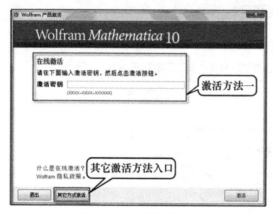

图 1-5　产品激活首页

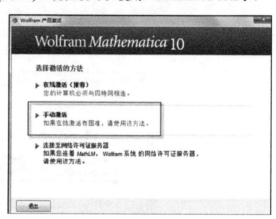

图 1-6　多种激活方式

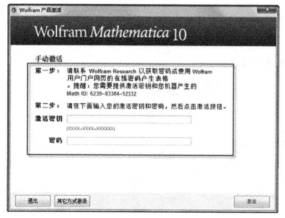

图 1-7　手动激活窗口

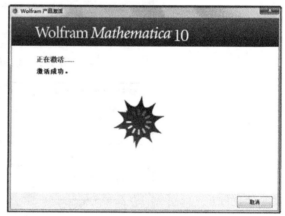

图 1-8　激活成功页面

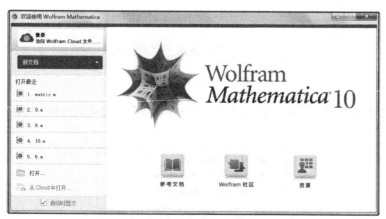

图 1-9　Mathematica 10.2 欢迎界面

1.3 Mathematica 软件界面介绍

1.3.1 Mathematica 的菜单

启动Mathematica 10.2软件后根据提示建立一个未命名的笔记本文件启动界面为透明背景，由标题栏、菜单栏、浮动输入面板组和文件内容区域等几部分组成，如图1-10所示。

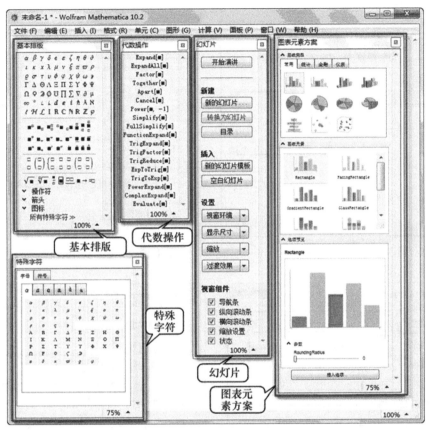

图 1-10 Mathematica 10.2 主界面

Mathematica 10.2菜单栏包含文件、编辑、插入、格式、单元、图形、计算、面板、窗口和帮助等10个主要菜单项，如图1-11所示，菜单项的作用及详细说明如下。

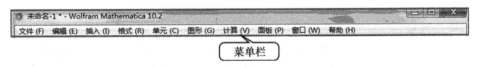

图 1-11 Mathematica 10.2 菜单栏

1．"文件"菜单

"文件"菜单用来管理文件，如文件的新建、打开、保存、另存为、关闭、打印等基本操作，特别说明的是如图1-12所示的安装功能，单击"安装"按钮后，打开的对话框如图1-13所示，图中标注的是安装资源的步骤,其中"安装项目类型"选项有6种类型,分别是面板、样式表、程序包、.mx文件、WSTP程序和应用程序(图1-14),选择其中一个项目后,"来源"下拉列表里显示了对应的子选项(图1-15),为这个新安装资源命名,单击"确定"按钮后开始安装资源。

图1-12 "文件"菜单

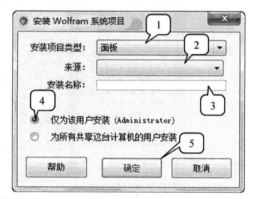

图1-13 "安装Wolfram系统项目"对话框

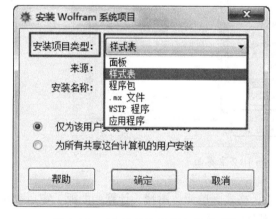

图1-14 "安装项目类型"所含内容

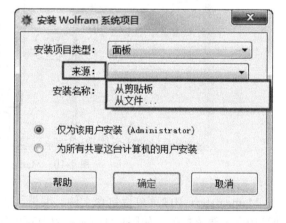

图1-15 "来源"子选项内容

2. "编辑"菜单

"编辑"菜单用来编辑文本内容(图1-16),包含对文本内容的剪切、复制、粘贴、查找、替换、选择等基本功能,复制文本时可以以8种格式中的任意一种形式复制到剪贴板。这个菜单中还可以进行"偏好设置",激活的"偏好设置"对话框如图1-17所示,设置细节分为界面、计算、提示信息、外观、系统、并行、网络连接和高级等8个选项卡,其中"界面"选项卡可以进行菜单语言、智能引号项等内容的设置;"计算"选项卡可以进行输入/输出设置(图1-18);"提示信息"选项卡进行提示信息和警告动作设置,可以选择系统出错的提示方式(图1-19);"外观"选项卡设置的项目较多，包含句法着色、调试工具、数字和图形4个子选项卡，以"数字"为例，在"格式化"下，能够对分隔符符号、数位、显示精度和样本进行设置(图1-20)；"系统"选项卡包含笔记本安全和系统设置；"并行"选项卡可以并行内核设置；"网络连接"选项卡设置访问互联网的信息；"高级"选项卡是笔记本历史和兼容性设置，还包含"其他选项设置"，激活后显示如图1-21所示的对话框，可以对各个选项做详细的设置。

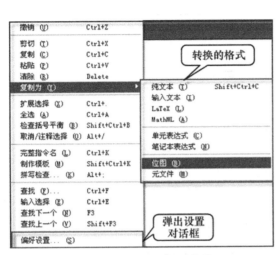

图1-16 "编辑"菜单

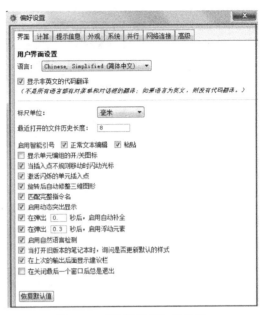

图1-17 "偏好设置"对话框

图1-18 "计算"选项卡设置项

图1-19 "提示信息"选项卡设置项

3."插入"菜单

"插入"菜单用来插入各种元素，如根据已有内容生成的内容、特殊字符、排版、表格/矩阵、水平线、图片及超链接等。如图1-22所示，单击菜单上的"特殊字符"和"颜色"项，分别弹出"字符"和"颜色"对话框，"排版"项可以从子菜单中选取插入内容的格式；"表格/矩阵"项用于对表格和矩阵进行创建和编辑操作。

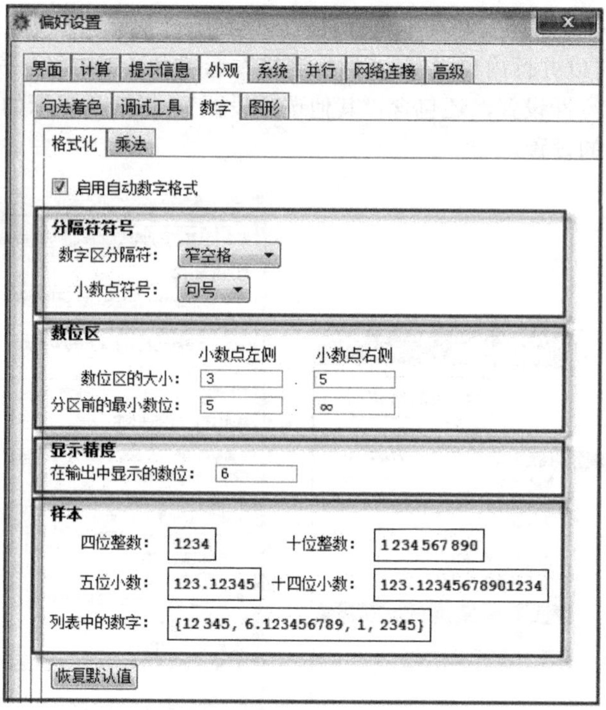

图1-20 "外观"选项卡设置项

图1-21 "高级"选项卡中的其他设置

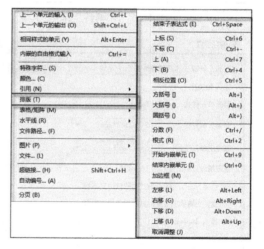

图1-22 "插入"菜单

4. "格式"菜单

"格式"菜单用来对文本内容操作，编排和打印与Word效果相似的文稿，如设置文本内容的样式、字体、尺寸、字体颜色、文字格式等(图1-23)。可以通过选择第一项"样式"的子菜单选项将文本内容选为"标题"或"输入"等23种样式中的一种；"选项设置"也可以激活如图1-21所示的"全局偏好"选项设置对话框；"样式表"用于设置整个文档文件的样式，可以通过子选项选择和"样式表选择器"选择，图1-24(a)、(b)所示是样式表选择器中选项应用与文档的效果展示。

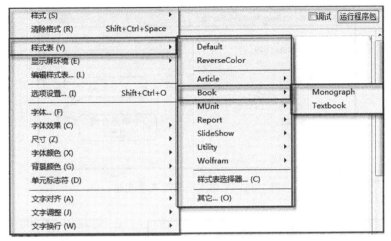

图 1-23 "格式"菜单

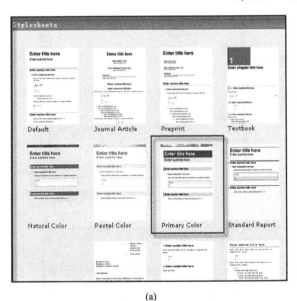

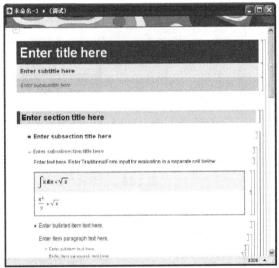

(a) (b)

图 1-24 样式表中选项应用于笔记本文档的效果

(a) 样式选择；(b) 样式应用。

5. "单元"菜单

"单元"菜单用于设置单元属性、单元标签，以及对单元编组等操作。如图1-25所示，在笔记本窗口中右面最小的"]"，Mathematica称为单元(也称细胞)，每个单元中可以输入多个命令，每个命令间用分号分隔，并且一个单元也可能占用多个行，若干个单元组成更大的单元。在图1-26中，"转换成"选项是将单元从一种形式转换为另一种形式，例如输入Integrate[3y，y]，并将光标定位在此单元内，然后选择"TraditionalForm"，会将此行转换为 $\int 3y\,dy$ 的形式；箭头所指的"单元属性"的子选项用于设定细胞的各种属性；"编组"子选项是合并或拆散所选定的单元；"笔记本历史"选项对应的对话框如图1-27所示，显示了笔记本文件"未命名-1"的历史操作，可以复制数据和图案；"显示表达式"选项用于将选中的数据显示为表达式形式，如图1-28和图1-29所示。

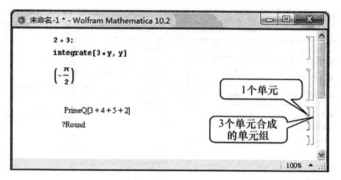

图 1-25 笔记本中单元及单元组

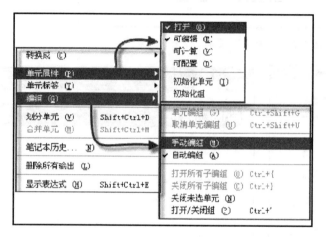

图 1-26 "单元"菜单

图 1-27 笔记本历史记录

图 1-28 笔记本中的数据

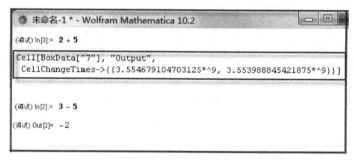

图 1-29 转换为表达式形式

6."图形"菜单

"图形"菜单用来创建图形、对图形排版和基本属性设置。图1-30显示的是"图形"菜单项，当文档中没有创建图形或没有选中图形时，框选区域的菜单项呈灰色表示"不可用"。首先采用菜单项"新图形"，在文档中创建新图形区域，框选区域的选项激活，这些选项主要是图形的排列形式的设置。采用菜单项"绘图工具"打开"绘图工具"面板，如图1-31所示，红色框标记是选项组，"工具"区域中包含常用的绘图工具；"操作"区域中是快捷操作按钮；"填充"区域用于选择图形填充颜色、透明度等。其他选项也是图形元素细节的设置，如图形边线、文本等。

10

图1-30 "图形"菜单

图1-31 "绘图工具"面板

7. "计算"菜单

"计算"菜单主要包含计算内容的范围设置项、调试设置和应用,计算内核的相关设置(图1-32)。其中"计算单元"选项是计算选定的单元;"在当前位置上计算"是计算选定的内容,并在同一位置用其计算结果替换此内容;"计算笔记本"能够计算当前整个笔记本。激活"调试"选项后,系统会启动名为"Local"的调试面板(图1-33)。当选中文档中的内容时,"调试控制器"子菜单的大部分选项被激活,可以通过这些工具对程序进行调试。菜单的其他功能都是围绕"内核"的,可以这样理解,"笔记本"只是负责对输入及输出进行格式化的工作,真正进行数学运算的程序称为系统"内核",一般情况下,Mathematica进行第一次计算时,就自动装入"内核"。内核配置区的三个选项都会弹出对话框设置,其中"并行内核配置"会弹出"偏好设置"对话框的"并行"选项卡,用于对系统计算时的并行工作的内核的设置,如图1-34所示。

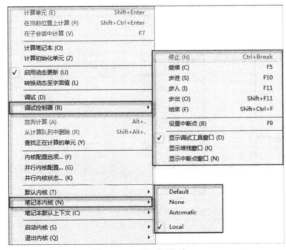
图1-32 计算菜单

图1-33 Local调试面板

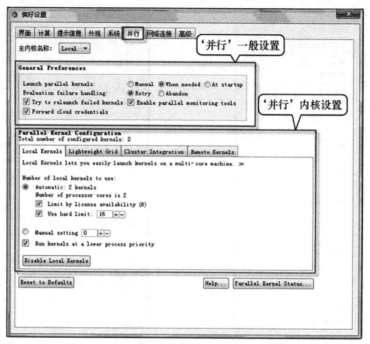

图1-34 偏好设置的并行内核配置

8．"面板"菜单

"面板"菜单用来载入和激活各种面板，如数学助手、图标元素方案、特殊字符等。图1-35显示了面板菜单的选项，"书写助手""数学助手""课堂助手""图表元素方案""基本排版""特殊字符""代数操作"和"色彩方案"等面板在系统启动时一般不会默认打开，需要时通过面板菜单选中单项启动；"Stylesheets"同"格式"菜单下的"样式表选择器"选项，使用效果与图1-24所示相同；"安装面板"同"文件"菜单下的"安装"选项。

9．"窗口"菜单

"窗口"菜单用来管理界面上各个窗口，如窗口的缩放、视窗的排列方式等。图1-36所示的"未命名-1*"标记为"√"，表明光标目前在该文档窗口，下拉菜单的最下面显示的是系统正在使用的文档。

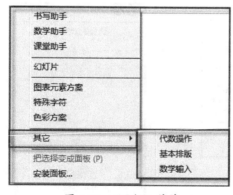

图1-35 "面板"菜单

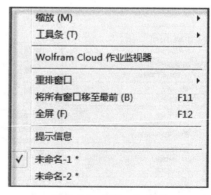

图1-36 "窗口"菜单

10．"帮助"菜单

"帮助"菜单主要提供Mathematica软件的联机帮助功能。图1-37用加粗线突出了帮助菜单上分隔的6个区域，第一个区域包含"Wolfram参考资料"和"查找所选函数"(图1-38)，用户可以根据"Wolfram参考资料"中的"核心语言和结构""数据操作与分析"和"可视化与图形"等21个分类了解软件和使用软件；"查找所选函数"项用来查找Notebook文档中所选定的一个函数的用法，如在Notebook文档中选中'Integrate'命令，查找的结果如图1-39所示。第二个区域是网站账户的设置和登录功能。第三个区域是"Wolfram网站"和"演示项目"入口，通过"Wolfram网站"选项可以链接到Wolfram公司的官方网站，了解该公司的最近动态(图1-40)，有技术需求的用户可以通过"演示项目"选项链接到Wolfram公司项目部网站，了解软件的技术说明和获得相关资源(图1-41)。第四个区域包含了网络的设置、软件的网上注册、反馈和输入软件激活码等。第五个区域是辅助调试功能。第六个区域显示欢迎屏幕和版权信息。

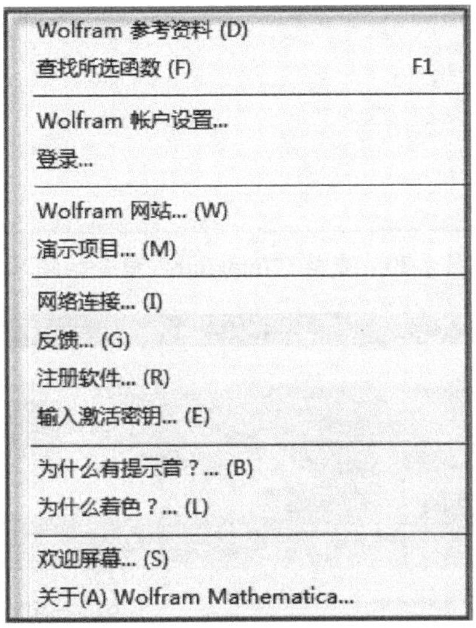

图 1-37　帮助菜单

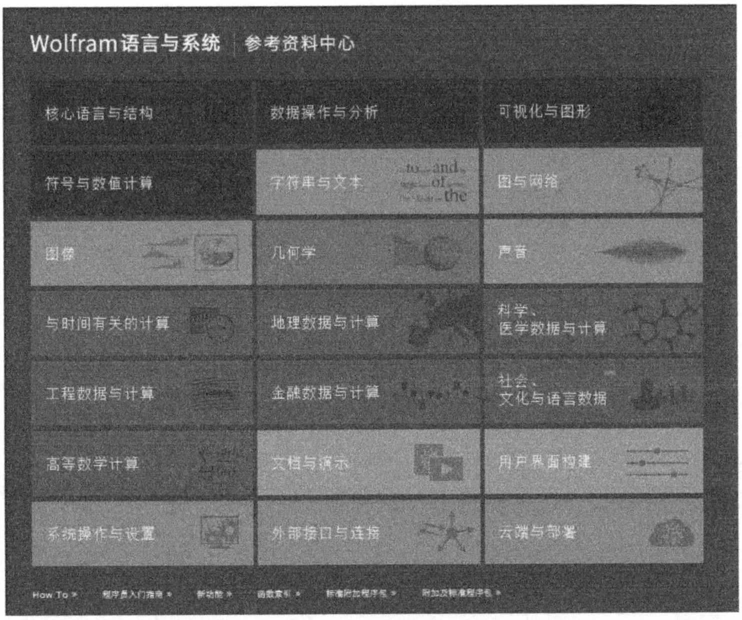

图 1-38　"Wolfram 参考资料"分类

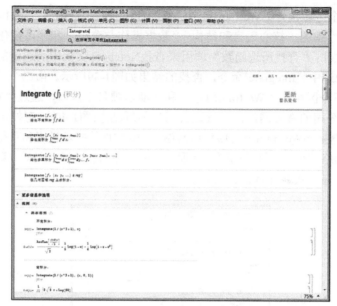

图 1-39 查找"Integrate"命令的结果

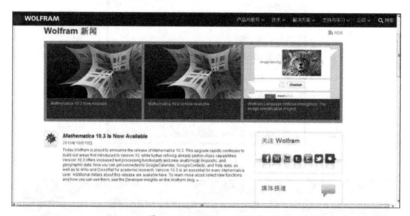

图 1-40 Wolfram 网站

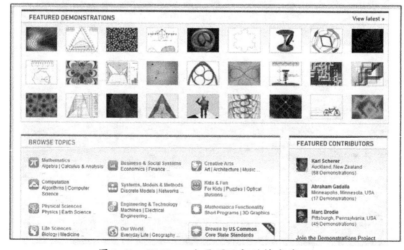

图 1-41 Wolfram 公司项目部的技术演示

1.3.2 Mathematica 的输入面板

Mathematica主界面的另一个组成部分是浮动输入面板，Mathematica 10.2中提供了10种输入面板，这些面板不仅包含多种数学工具，还包含图表绘制、单元排版以及环境的设置等功能，这些面板启动与否可以在"面板"菜单中控制，常用的面板的功能介绍如下。

1. "特殊字符"面板

此面板包含了除键盘字符之外的大部分数学字符，在进行数学表达和计算时的使用频率较高，主要分为两大类：字母和符号。在"字母"选项卡中包括6个子选项卡，以常用的字母命名，当鼠标停在卡上时能够显示字母类别，子选项卡分别包含希腊字母、手写字母、哥特字母、双斜字体、拉丁扩展和Formal字符(图1-42)。在每个选项卡内可以通过鼠标选取字母，放大显示的字母窗口如图1-43所示，窗口内给出字母的写法、名称和采用键盘输入的快捷键；"符号"选项卡包括7个子选项卡，分别为技术符号、通用运算符、关系运算符、箭头、形状和图标、Textural形式和键盘形式，显示和使用方法同"字母"选项卡。

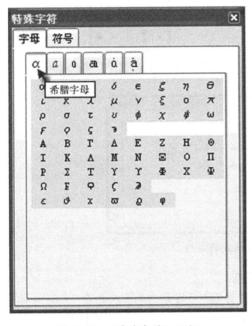

图1-42 "特殊字符"面板

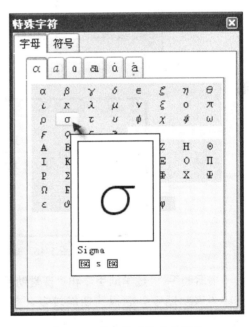

图1-43 放大显示被选中字母

2. "基本排版"面板

面板大致有三个大区域(图1-44)，顶部区域提供了常用的特殊字符，中间部分是排版格式，在笔记本中插入这些格式后在标记实心和空心方框的位置填入数字或符号,面板的最下面部分是可展开的符号区，包含常用操作符、箭头和图标。

3. "基本数学"输入面板

该面板包含常用的数学符号、字符和公式的格式，如图1-45所示，图1-46是插入一个带格式的公式的实例。

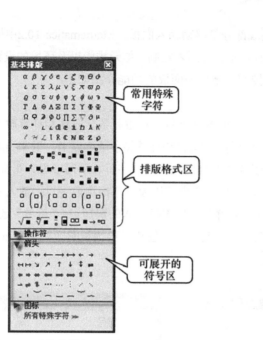

图1-44 "基本排版"面板　　　　　图1-45 "基本数学"输入面板

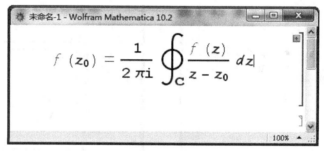

图1-46 采用排版格式的实例

4."书写助手""数学助手"和"课堂助手"面板

其中"课堂助手"面板的功能较多,包含"计算器""导航""基本命令""编写和格式""排版""键盘""帮助和设置"等子选项(图1-47)。"书写助手"面板更侧重于文本内容的编写格式和排版,包含相关的3个子面板(图1-48)。"数学助手"面板侧重于数学公式及图表的计算与处理,包含计算器、基本指令、排版、帮助和设置等项(图1-49)。"导航"选项提供了移动光标和移动内容的更快捷的方式;"编写和格式"选项中是对单元、文本、笔记本的编排格式的设定;"基本指令"选项中包含的内容工具比较丰富,包含7个类型的选项卡,分别是"数学常数和函数""代数指令""微积分指令""矩阵指令""表格列表和向量指令""2D绘图指令"和"3D绘图指令",还可以激活"绘图工具"面板;"排版"选项包含5个选项卡,分别是"排版格式""符号和希腊字母""算符""箭头和水平分隔符"和"图标",如图1-50所示;"计算器"选项包括"基本"和"高级"两个选项卡,不仅包含基本的计算器计算功能,还包含实用的常用公式。

图 1-47　课堂助手　　　图 1-48　书写助手　　　图 1-49　数学助手

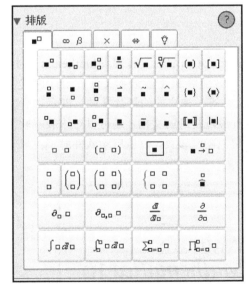

图 1-50　"排版"选项

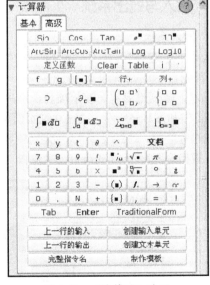

图 1-51　"计算器"选项

5. "图表元素方案"面板

该面板包含常用的二维、三维图表，有"常用""统计""金融"和"测量"4种图表类型。如图1-52所示，其中"测量"选项卡是Mathematica 10.2版本中新增的选项，测量类型中的每个工具都有标记、表面与边框等3个图表元素，选中某个图表元素，如选中"标记"中的"ShinyHubNeedle"，在"选项预览"中可显示出其放大的预览效果，如图1-53所示。

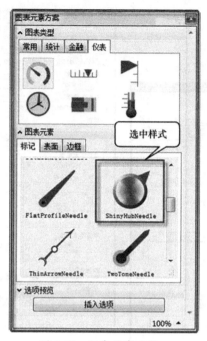
图 1-52 图表元素方案

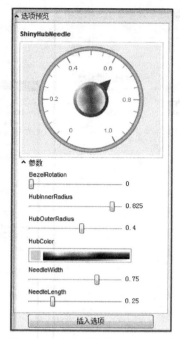
图 1-53 选中样式后的选项预览

1.4 Mathematica 系统简单操作

1.4.1 进入与退出系统

1. 进入系统

从菜单中选择"开始"→"程序"→"Wolfram Mathematica 10.2"项，启动 Mathematica 10.2(图1-4)。首先显示的是欢迎页面(图1-54)，在"新文档"区能够新建笔记本文件、幻灯片文件、模板笔记本、测试笔记本、演示项目、程序包和文本文件等，建立的幻灯片文件、演示项目文件形式如图1-55和图1-56所示。通过欢迎页面可以快速打开最近打开的文档，还可以对该版本软件具有的功能进行学习，通过设置"启动时显示"勾选窗口可以隐藏该页，以后启动软件时不再显示欢迎页面，直接进入Mathematica 10.2主窗口。

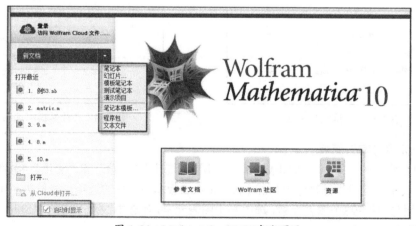
图 1-54 Mathematica 10.2 欢迎页面

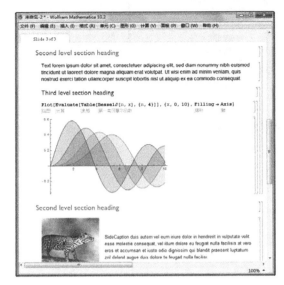

图 1-55　新建的幻灯片文件

图 1-56　新建的演示项目文件

2．退出系统

退出系统有两种方法：①选择主菜单"文件"→"退出"命令，退出系统；②单击软件右上角"标题栏"的关闭符，退出系统。如果当前文档最近被修改的内容未保存，则会弹出如图1-57所示的对话框。

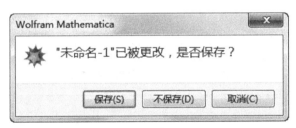

图 1-57　"关闭文件提示"对话框

(1) 如果需要保存，则单击"保存"按钮，保存并关闭当前文件。
(2) 如果不需要保存，则单击"不保存"按钮，不保存并关闭当前文件。
(3) 如果选择"取消"按钮，则会返回到当前文件。

该对话框还提供"保存所有笔记本"和"放弃所有更改"的操作。

1.4.2　Mathematica 文件的基本操作

本节用一个实例说明在项目中添加一个文件及对该文件的基本操作过程。

1．新建文件

Mathematica 10.2常用的文件格式有笔记本和幻灯片文件，建立和应用笔记本较简单，现以新建一个幻灯片文件为例，单击"文件"→"新建"命令，选择新建"幻灯片"项(图1-58)，会弹出如图1-59所示的对话框窗口，在该窗口可以新建幻灯片且对已经建好的幻灯片进行工作环境、显示尺寸等进行设置，设置好的幻灯片文件如图1-60所示。

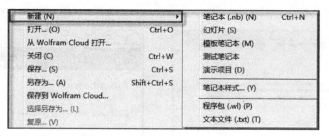

图 1-58 新建项目选择

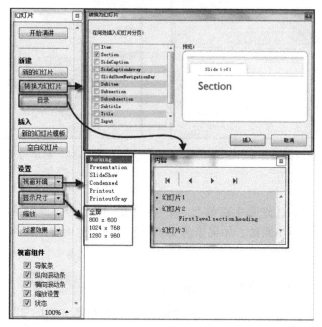

图 1-59 "幻灯片设置"对话框

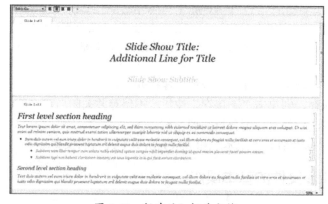

图 1-60 新建的幻灯片文件

2. 保存文件

编辑好的文件要进行保存,单击"文件"→"保存"命令即可。第一次保存文件会出现一个对话框,先确定保存的位置,给文档命名,再选择"保存类型",单击"保存"按钮,如图1-61所示。另存文件时,单击"文件"→"另存为"命令,弹出"另存为"对话框,可以修改文件名或重新选择保存类型,将当前正在编辑的幻灯片文件以其他名称保存或者保存为其他格式的文件。

图 1-61　保存新幻灯片

3. 打开文件

打开网页文件可以采用两种方式：

(1) 欢迎界面中选择"打开"项，选择文件后打开。

(2) 在"文件"菜单中单击"打开"命令，弹出"打开"对话框，查找要打开的文件并选中它，单击"打开"按钮，即可打开一个已经保存过的名为"幻灯片1"的文件，如图1-62所示。

图 1-62　打开文件

1.4.3　Mathematica 命令的输入与执行

1. 表达式的输入

Mathematica 10.2提供了两种格式的数学表达式：一种是由键盘字符和特殊字符组成的表达式，称为一维格式，如 $\alpha/(\beta+\omega)+x/(y-w)$，这样的表达式直接输入即可；另一种是形如

$\dfrac{(\beta-\omega)}{(y-w)}+\sum_{i=1}^{100}(x+i)^3$ 的表达式，称为二维格式，必须使用键盘和其他工具配合输入。

二维格式的输入方法：

1) 使用"基本数学输入"面板

首先新建一个名为"输入实例.nb"的笔记本文件，通过"面板"菜单打开"基本数学输入"面板，在面板中找到二维表达式 $\dfrac{(\beta-\omega)}{(y-w)}+\sum_{i=1}^{100}(x+i)^3$ 需要的格式，单击如图1-63所示的三个格式按钮，笔记本文件光标所在位置就插入了空的格式，然后在各格式显示的对应位置填入内容，完成的表达式如图1-63和图1-64所示。

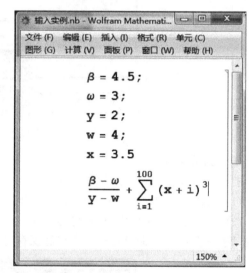

图 1-63 "基本数学输入"面板上使用的工具　　　图 1-64 采用"基本数学输入"面板输入的表达式

2) 使用"数学助手"面板

图1-63所示的"基本数学输入"面板虽然可以用于输入二维格式的表达式，但其包含的格式有限，如果要求输入形如图1-65的复杂的数学表达式，就需要使用函数库和格式更丰富的"数学助手"面板，该面板的使用见图1-49。

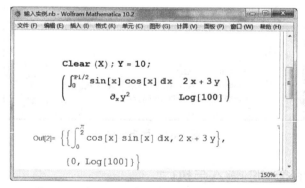

图 1-65 采用"数学助手"面板输入的表达式

3) 采用快捷方式

由于Mathematica的函数及符号太多，总是通过面板的方式输入表达式，输入的效率不高，如果记住常用的数学表达式的快捷输入方法，则能够方便、快捷地输入表达式，提高输入效率。函数的表达式也可以采用快捷方式输入，表1-1列出了常用的几个数学表达式的快捷方式输入方法。

表 1-1　常用的数学表达式的快捷输入方法

数学运算	数学表达式	依次按键
分式	$\dfrac{x}{2}$	x Ctrl+/ 2
n 次方	x^n	x Ctrl+^ n
开n次方	$\sqrt[n]{x}$	Ctrl+2 x Ctrl+5 n
下标	x_2	x Ctrl+_ 2
不定积分	$\int$	ESC intt ESC
求和	$\sum$	ESC sumt ESC

例如输入数学表达式$(x+1)^4 + \dfrac{a_1}{\sqrt[2]{2x+1}}$，可以按如下顺序输入按键：

(x+1) Ctrl+^ 4 + a Ctrl+_　Ctrl+/ Ctrl+2 2x+1 Ctrl+5 2

2．表达式的执行

笔记本内输入表达式后，需要执行得到结果，下面给出两种计算结果的方法。

1) 快捷方式Shift+Enter键

在表达式后，按下Shift+Enter键，这时系统开始计算并输出计算结果，并给输入和输出附上次序标识In[n]和Out[n]，"n"的值由当前笔记本中表达式的运算次序确定，如运行图1-64所示的表达式，则此次运算是笔记本的第1次计算，显示为In[1]、Out[1]和Out[2]，笔记本显示的结果如图1-66所示。

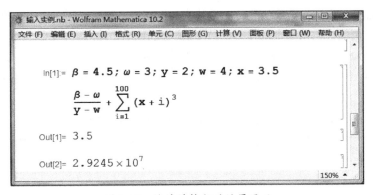

图 1-66　快捷键执行的结果显示

2)"计算"菜单

除了快捷方式之外，"计算"菜单提供了有关计算的命令，如"计算单元""计算笔记本"和"调试"等，选择"计算"→"计算笔记本"命令，笔记本内的两个表达式同时执行，结果如图1-67所示。

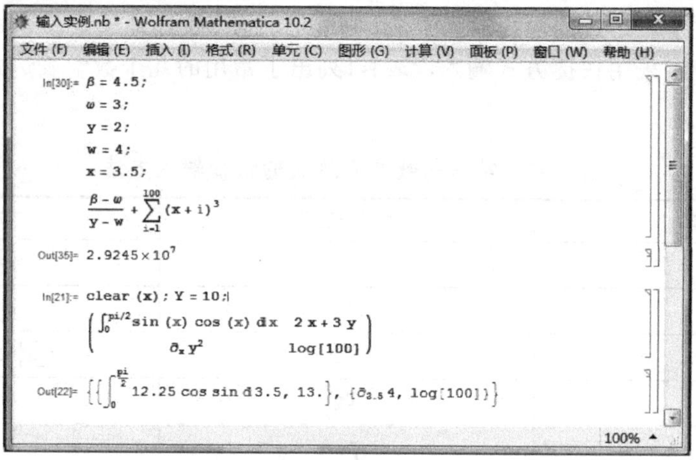

图 1-67 笔记本内所有表达式执行的结果

如执行表达式遇到输入了不合语法规则的表达式，则系统会显示出错信息，并且不给出计算结果，例如，要画正弦函数在区间[-10, 10]上的图形，输入plot[Sin[x], {x, -10, 10}]，则系统提示"可能有拼写错误"，系统作图命令"Plot"第一个字母必须大写，一般地，系统内建函数首写字母都要大写。再输入Plot[Sin[x], {x, -10, 10}，系统又提示"缺少右方括号"，并且用蓝色显示不配对的括号。总之，一个表达式只有准确无误，方能得出正确结果。学会看系统出错信息能帮助用户迅速找出错误，提高工作效率。

1.4.4 Mathematica 中帮助的获取

在使用Mathematica的过程中，经常遇到以下情况：不知该用什么命令；记不清命令的前几个字母；不清楚命令的功能和使用格式；想知道系统中是否有完成某个计算的命令。Mathematica 10.2提供了功能强大且高效的联机帮助系统，包含了Mathematica10.2最详细、最全面的资料信息，因此正确地使用帮助系统是我们用好Mathematica的关键所在。

1. 获取函数和命令的帮助

在笔记本界面下，用"?"或"??"可向系统查询运算符、函数和命令的定义和用法，获取简单、直接的帮助信息。例如，向系统查询作图函数Plot命令的用法，输入"? Plot"后，系统将给出调用Plot的格式以及Plot命令的功能(如果用两个问号"??"，则信息会更详细一些)。使用通配符"*"，输入"? Plot*"后，系统将给出所有以Plot这四个字母开头的命令，例如在笔记本文件中输入

　　　　　?Plot　　　(*查询Plot函数的定义*)

然后按下Shift+Enter键执行该命令，得到如图1-68所示的功能注释结果。

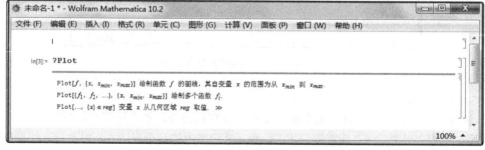

图 1-68 在笔记本输入"?Plot"的执行结果

如果输入内容变为

  ?Plot* (*查询Plot开头的函数*)

则按下Shift+Enter键后会出现如图1-69所示的功能注释结果。

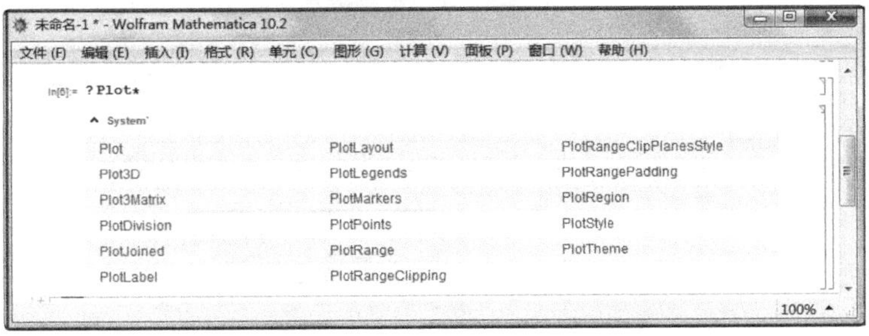

图 1-69 笔记本输入"?Plot*"的执行结果

2. 帮助菜单

通过单击图1-37所示的"帮助"菜单，也可以获得Mathematica提供的帮助文档，在"帮助"菜单中，可以找到"Wolfram参考资料""查找所选函数"和"演示项目"等菜单项，单击这些菜单项可以打开相应的页面。如图1-70所示是使用"Wolfram参考资料"查阅资料的页面，这些资料文档就像一本关于Mathematica的百科全书，从中可以了解到Mathematica的软件设计理念，学习到各种各样的数学知识，更可以看到数学和计算机科学在实际工作中的广泛应用。

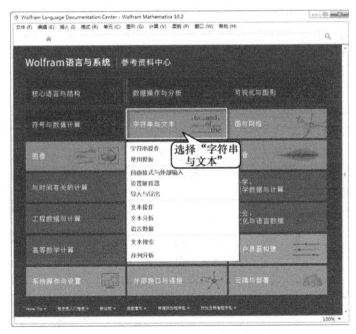

图 1-70 通过 Wolfram 参考资料中心查阅

对普通用户来说，只需把这些资料视为一本用户手册，碰到疑难问题的时候，按快捷键F1键，即可激活"帮助"菜单，使用"帮助"查阅资料也需要适当的方法。在查阅"帮助"时如果知道具体的函数名，但不知其详细使用说明，可以将光标置于要查找函数关键词处，按F1键，或者在"Wolfram 参考资料"的文本框中输入函数名，按回车键后就会显示有关函数的定义、例题和相关章节。例如，要查找函数"Sound"的用法，只要在文本框中输入Sound，按回车键后显示关于这个函数的信息窗口，包含函数的多种用法的格式和对应完成功能的说明，还包含其他方面的查阅入口，如图1-71所示。

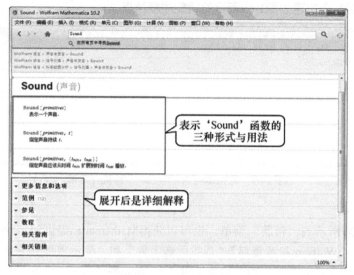

图 1-71　利用 F1 键查询"Sound"的结果

3. 网络帮助

网络也是学习和使用Mathematica时必不可少的助手，通过单击"帮助"→"演示项目"菜单命令，或访问网址http://demonstrations.wolfram.com/，可以打开Wolfram Research公司的Mathematica演示项目网页，该网页上有几千个用Mathematica语言编写的动画演示，用户可以下载这些演示程序及源代码，如图1-72所示，观察和分析这些源程序也是学习Mathematica编程的一个捷径。

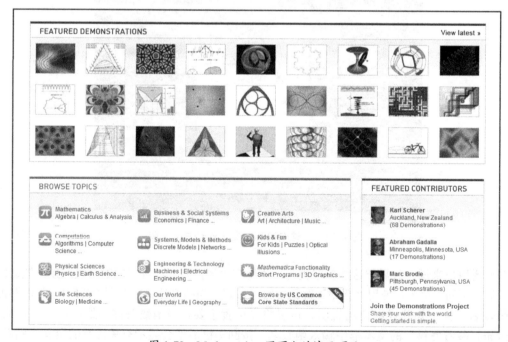

图 1-72　Mathematica 网页上的演示项目

1.5 本章小结

本章详细介绍了 Mathematica 10.2 软件安装及应用的基础知识。1.1节从 Mathematica 软件的产生发展、Mathematica 软件的特点和应用等角度进行了介绍；1.2节介绍了 Mathematica 软件的安装方法；1.3节介绍了 Mathematica 软件的使用环境，重点介绍了 Mathematica 软件的菜单项、输入面板等内容；1.4节介绍了 Mathematica 常用的操作方法，具体包括系统的进入与退出、Mathematica 文件的操作、Mathematica 命令的输入与执行、Mathematica 帮助的获取等内容。

习 题 1

1. 简述 Mathematica 软件的特点与应用。
2. 简述 Mathematica 输入面板的种类及对应功能。
3. 简述 Mathematica 表达式的输入方法。
4. 简述命令的执行方法。
5. 试述 Mathematica 中获取帮助的方法。
6. 试比较 Mathematica 软件与其他数学处理软件的区别。

第 2 章　Mathematica 应用基础

2.1　数值运算

数值运算是 Mathematica 应用的一个很重要的部分，同时也是 Mathematica 软件的重要功能之一。利用 Mathematica 进行数值运算，许多情况下，就像使用计算器一样，只不过 Mathematica 比任何计算器的功能都要强大。本章实例是使用 Wolfram Mathematica10.2 版本制作。Mathematica 是一个敏感的软件，所有的 Mathematica 函数都以大写字母开头；圆括号"( )"、花括号"{ }"和方括号"[ ]"都有特殊用途。应特别注意：句号"."，分号"；"，逗号"，"，感叹号"！"等都有特殊用途，可用主键盘区的组合键 Shift+Enter 或数字键盘中的 Enter 键执行命令。

2.1.1　整数

在 Mathematica 的笔记本(Notebook)中，对于没有运算符连接的数字，输出与输入的数字将原封不动地显示在输出的表达式中，例如，在 Mathematica 的笔记本中输入 24681012141618，然后按 Shift+Enter 键，经过 Mathematica 系统运算以后，显示为

In[1]：=24681012141618

Out[1]：=24681012141618

在数字或者表达式的输入中，如果要把同一个数或者表达式在不同的行中表示，则可以在输入过程中加入"\"，然后换行，这样，虽然是在两行中输入，实际上与同一行输入的运行结果是一样的。例如，在 Mathematica 的笔记本中输入

246810a\

12141b\

618

然后按 Shift+Enter 键，经过 Mathematica 系统运算以后，显示为

In[2]：=246810a\

12141b\

618

Out[2]：=246810a12141b618

Mathematica 软件对整数的运算有加法、减法、乘法和乘方，运算结果仍然是整数。实际上两个整数也可以进行除法运算，但是两个整数进行除法运算的结果不一定是整数。输入时，加法、减法、乘法、除法和乘方的运算符分别使用 +,−,*,/，^表示。例如，在 Mathematica 的笔记本中输入

56+47

59−32

23*8

125/5

34/108

$$78\wedge 5$$

然后按 Shift+Enter 键，经过 Mathematica 系统运算以后，显示为

$$In[15]：=56+47$$
$$59-32$$
$$23*8$$
$$125/5$$
$$34/108$$
$$78\wedge 5$$

$$Out[15]：=103$$
$$Out[16]：=27$$
$$Out[17]：=184$$
$$Out[18]：=25$$
$$Out[19]：=\frac{17}{54}$$
$$Out[20]：=2887174368$$

需要注意的是：符号"In[1]："和"Out[1]："是 Mathematica 系统自动加上的，方括号中的数字是按输入和输出的顺序排列的序号；乘法符号"*"可以使用空格来表示。算术运算按照先算乘方，后算乘除，再算加减的运算级别进行，如果是相同级别的运算符，则按照从左到右的顺序进行运算。

2.1.2 有理数

整数和分数总称有理数，两个整数作除法运算，其结果是一个有理数。Mathematica 系统在处理不能整除的两个整数的除法时，既可以把结果表示成具有一定精确度的小数，也可以表示成一个化简的分数。例如，在 Mathematica 的笔记本中输入 14/16，然后按 Shift+Enter 键，经过 Mathematica 系统运算以后，显示为

$$In[1]：=14/16$$
$$Out[1]：=\frac{7}{8}$$

用有理数也可以表示乘方和开方运算的结果，例如，在 Mathematica 的 Notebook 中输入

$$18\wedge 2$$
$$18\wedge(1/2)$$
$$25\wedge 3$$
$$25\wedge(1/3)$$
$$64\wedge(1/4)$$
$$64\wedge(1/3)$$

然后按 Shift+Enter 键，经过 Mathematica 系统运算以后，显示为

$$In[15]：=18\wedge 2$$
$$18\wedge(1/2)$$
$$25\wedge 3$$
$$25\wedge(1/3)$$
$$64\wedge(1/4)$$

$$64^{\wedge}(1/3)$$

Out[15]: = 324

Out[16]: = $3\sqrt{2}$

Out[17]: = 15625

Out[18]: = $5^{2/3}$

Out[19]: = $2\sqrt{2}$

Out[20]: = 4

2.1.3 浮点数

浮点数一般是指带有小数点的数。在 Mathematica 系统中，实数一般用浮点数表示，并可以表示成任意精度。例如，0.3，43.78，2.00 等都是浮点数。对于一个实数，如果用浮点数表示，可以用系统函数 N 来控制输出结果的精度，其表示方法是 N[…]，其中[]中的内容是需要用浮点数表示的实数，N 是 Mathematica 系统函数。例如，在 Mathematica 的笔记本中输入 N[125/521]，然后按 Shift+Enter 键，经过 Mathematica 系统运算以后，显示为

In[31]：=N[125/521]

Out[31]：=0.239923

对于不能除尽的分数，输出结果中小数默认为 6 位有效数字，如果要改变小数的有效数字位数，则需要输入 N[125/521，2]，经过 Mathematica 系统运算以后，显示为

In[33]：=N[125/521，2]

Out[33]：=0.24

再次输入 N[125/521，12]，经过 Mathematica 系统运算以后，显示为

In[34]：=N[125/521，12]

Out[34]：= 0.239923224568

2.1.4 数学常数

对于数学中经常使用的一些常数，如圆周率、自然对数的底数等，在 Mathematica 系统中，用下面的字符串表示：

Pi	表示圆周率的 π
E	表示自然对数的底数 e
Degree	表示 1°，$\pi/180$
I	表示虚数单位 i
Infinity	表示无穷大

以上的常数第一个字符要大写。与一般的数值一样，如果不加运算符号进行输入，则输出结果与输入意义完全相同，只不过换成了相应的数学符号。例如，输入 Pi 然后按 Shift+Enter 键，经过 Mathematica 系统运算以后，显示为

In[14]：=Pi

Out[14]：= π

若要得到浮点数，则输入 N[Pi]，按 Shift+Enter 键，经过 Mathematica 系统运算以后，显示为

In[21]：=N[Pi]

Out[21]：= 3.14159

2.1.5 符号%的使用

在 Mathematica 系统运算过程中，Mathematica 系统提供了一个具有代替功能的符号"%"，在一般的运算过程中，后面的运算经常要用到前面已经得到的结果，这时可以使用符号"%"代替前面运行的结果。例如，输入 N[2Pi]，经过系统运行后显示为

In[22]: =N[2Pi]
Out[22]: 6.28319

现在把计算完的结果再加上 5，则可以使用表达式"%+5"，按 Shift+Enter 键。经过 Mathematica 系统运算以后，显示为

In[23]: =%+5
Out[23]: = 11.2832

再输入%+10，运行结果显示为

In[24]: =%+10
Out[24]: = 21.2832

若输入%%%+3，运行结果显示为

In [25]: =%%%+3
Out[25]: = 9.28319

再输入%%+2，运行结果显示为

In [26]: =%%+2
Out[26]: = 23.2832

2.1.6 算术运算与代数运算

例 2.1 计算 $\sqrt[4]{100} \cdot \left(\frac{1}{9}\right)^{-\frac{1}{2}} + 8^{-\frac{1}{3}} \cdot \left(\frac{4}{9}\right)^{\frac{1}{2}} \cdot \pi$。

输入　　100^(1/4)*(1/9)^(-1/2)+8^(-1/3)*(4/9)^(1/2)*Pi

输出　　$3\sqrt{10} + \frac{\pi}{3}$

这是准确值。如果要求近似值，则

输入　　N[%]
输出　　10.543

这里%表示上一次输出的结果，命令 N[%]表示对上一次的结果取近似值，%%表示上上次输出的结果， %6 表示 Out[6]的输出结果。

注：关于乘号"*"，Mathematica 常用空格来代替。例如，x y z 则表示 x*y*z，而 xyz 表示字符串，Mathematica 将它理解为一个变量名。常数与字符之间的乘号或空格可以省略。

例 2.2 分解因式 $x^2 + 3x + 2$。

输入　　Factor[x^2+3x+2]
输出　　(1+x)(2+x)

例 2.3 展开因式 $(1+x)(2+x)$。

输入　　Expand[(1+x)(2+x)]

输出　　　　$2+3x+x^2$

例 2.4　通分 $\dfrac{2}{x+2}+\dfrac{1}{x+3}$。

输入　　　　Together[1/(x+3)+2/(x+2)]

输出　　　　$\dfrac{8+3x}{(2+x)(3+x)}$

例 2.5　将表达式 $\dfrac{8+3x}{(2+x)(3+x)}$ 展开成部分分式。

输入　　　　Apart[(8+3x)/((2+x)(3+x))]

输出　　　　$\dfrac{2}{x+2}+\dfrac{1}{x+3}$

例 2.6　化简表达式 $(1+x)(2+x)+(1+x)(3+x)$。

输入　　　　Simplify[(1+x)(2+x)+(1+x)(3+x)]

输出　　　　$5+7x+2x^2$

2.2　函　　数

函数是数学中最基本的概念之一。Mathematica 系统提供常用的数学函数，同时也为使用者提供了定义函数的工具，通过这些工具，使用者可以根据自己的需要定义相应的函数来解决相应的问题。

2.2.1　常用的数学函数

Mathematica 系统内部定义了许多函数，并且常用英文全名作为函数名，所有函数名的第一个字母都必须大写，后面的字母必须小写。当函数名由两个单词组成时，每个单词的第一个字母都必须大写，其余的字母必须小写。Mathematica 函数(命令)的基本格式为

$$\text{函数名[表达式，选项]}$$

下面列举了一些常用函数:

算术平方根 $\sqrt{x}$	Sqrt[x]
指数函数 e^x	Exp[x]
对数函数 $\log_a x$	Log[a, x]
对数函数 $\ln x$	Log[x]
三角函数	Sin[x], Cos[x], Tan[x], Cot[x], Sec[x], Csc[x]
反三角函数	ArcSin[x], ArcCos[x], ArcTan[x], ArcCot[x], AsrcSec[x], ArcCsc[x]
双曲函数	Sinh[x], Cosh[x], Tanh[x]
反双曲函数	ArcSinh[x], ArcCosh[x], ArcTanh[x]
四舍五入函数	Round[x]　(*取最接近 x 的整数*)
取整函数	Floor[x]　(*取不超过 x 的最大整数*)
取模	Mod[m, n]　(*求 m/n 的模*)
取绝对值函数	Abs[x]
n 的阶乘	n!

| 符号函数 | Sign[x] |
| 取近似值 | N[x，n] （*取 x 的有 n 位有效数字的近似值，当 n 缺省时，n 的默认值为 6*） |

上述函数使用方法是先写函数名称，然后把函数的作用对象放在其后的方括号[ ]中。例如，输入 Sin[Pi/4]，则显示

$$\text{In [27]:} = \text{Sin[Pi/4]}$$

$$\text{Out[27]:} = \frac{1}{\sqrt{2}}$$

而输入 N[Sin[Pi/4]]，则显示

$$\text{In [28]:} = \text{N[Sin[Pi/4]]}$$

$$\text{Out[28]:} = 0.707107$$

对于对数函数 Log，在其后面的方括号中先写对数的底数，后写对数的底数，两个数中间用逗号隔开。例如，输入 Log[a，x]，则显示

$$\text{In [29]:} = \text{Log[a，x]}$$

$$\text{Out[29]:} = \frac{\text{Log}[x]}{\text{Log}[a]}$$

Log[a，x]表示以 a 为底数的 x 的对数，而自然对数用一维的 Log[x]表示。

例 2.7 求 π 的有 6 位和 20 位有效数字的近似值。

输入　N[Pi]

输出　3.14159

输入　N[Pi，20]

输出　3.1415926535897932285

注：第一个输入语句也常用另一种形式：

输入　Pi//N

输出　3.14159

例 2.8 计算函数值。

(1) 输入　Sin[Pi/3]

　　输出　$\frac{\sqrt{3}}{2}$

(2) 输入　ArcSin[0.45]

　　输出　0.466765

(3) 输入　Round[−1.52]

　　输出　−2

例 2.9 计算表达式 $\frac{1}{1+\ln 2}\sin\frac{\pi}{6}-\frac{e^{-2}}{2+\sqrt[3]{2}}\arctan(0.6)$ 的值。

输入　1/(1+Log[2])*Sin[Pi/6] −Exp[−2]/(2+2^(2/3))*ArcTan[0.6]

输出　0.274921

2.2.2　自定义函数和变量的赋值

在 Mathematica 系统内，由字母开头的字母数字串都可用做变量名，但要注意其中不能包含空格或标点符号。变量的赋值有两种方式：立即赋值运算符是"="，延迟赋值运算符是"：="。定义函数使用的符号是延迟赋值运算符"：="。

除了 Mathematica 系统提供的常用函数以外，也可以根据问题的需要自己定义函数。例如，输入 p1=3x^2+2x，则显示为

In [32]: = p1=3x^2+2x

Out[32]: = $2x + 3x^2$

这样，就生成了 x 的函数 p1，此函数为 $2x+3x^2$，这里 p1 相当于函数名，x 是自变量，赋值的方法为

函数名/.自变量名称－＞自变量值

自变量值可以是数值，也可以是字符串。要对上面的函数中的自变量赋值，可以输入 p1/.x－＞3，显示为

In [34]: = p1/.x－＞3

Out[34]: = 33

假若输入 p1/.x－＞z+1，则显示为

In [35]: = p1/.x－＞z+1

Out[35]: = $2(1+z)+3(1+z)^2$

数学中最常用的一元函数表达式为 $y=f(x)$ 的形式，其中 $f(x)$ 是 x 的函数。例如 $f(x)=3x^2+2x$，当 $x=2$ 时，$f(2)=16$。Mathematica 系统也允许使用者定义与此相类似的函数，可以使用下面的形式表示：

f [x_] : = 函数表达式

例如，输入 f [x_]: =3x^2+2x，则显示

In [3]: =f [x_]: =3x^2+2x

此时，当 f [x_] 中的方括号内用 3 代替，则相当于其表达式中的 x 用 3 代替，这时系统会对 $3×3^2+2×3$ 进行运算，从而求出函数值 f [3]。即输入 f [3]，则显示

In [4]: = f[3]

Out[4]=33

需要注意的是：表达式"f [x_] : ="中的符号"： ="如果使用符号"="代替，则有着不同的意义，例如，先输入 x=4，则显示

In [5]: = x=4

Out[5] = 4

此时再输入 f [x_]=3x^2+2x，则显示

In [6]: = f [x_]=3x^2+2x

Out[6] =56

这是因为预先给定了 $x=4$，输入表达式后相当于把 x 的值代入表达式，求出了 3x^2+2x 的值为 56，而对于 f [x_]，它只是相当于一个符号而已，即代表 3x^2+2x 的值的一个符号，因此，接下来不管 [ ] 中的 x 用什么值代替，f [x_] 的值都是 56。例如，输入 f [5]，则显示

In [7]: = f [5]

Out[7] 56

与单变量函数的定义相类似，也可以定义多个变量的函数

f[x_, y_, z_, ...] : = 函数表达式

在Mathematica的笔记本中输入

Clear[f]
f[x_, y_]:=x*y+y*Cos[x]

按 Shift+Enter 键，经过 Mathematica 系统运算以后，显示为

In [8]：=Clear[f]
f[x_, y_]:=x*y+y*Cos[x]

再输入 f[2, 3]，则显示结果为

In[10]：=f[2, 3]
Out[10]=6+3Cos[2]

例 2.10 定义函数 $f(x)=x^3+2x^2+1$，并计算 $f(2)$，$f(4)$，$f(6)$。

输入　　Clear[f, x];　　　　　(*清除对变量 f 原先的赋值*)
　　　　f[x_]:=x^3+2*x^2+1;　(*定义函数的表达式*)
　　　　f[2]　　　　　　　　(*求 $f(2)$ 的值*)
　　　　f[x]/.{x->4}　　　　 (*求 $f(4)$ 的值，另一种方法*)
　　　　x=6;　　　　　　　 (*给变量 x 立即赋值 6*)
　　　　f[x]　　　　　　　　(*求 $f(6)$ 的值，又一种方法*)

输出　　17
　　　　97
　　　　289

注：本例 1、2、5 行的结尾有";"，它表示这些语句的输出结果不在屏幕上显示。

2.2.3 解方程

在 Mathematica 系统内，方程中的等号用符号"=="表示。最基本的求解方程的命令为

Solve[eqns, vars]

它表示对系数按常规约定求出方程(组)的全部解，其中 eqns 表示方程(组)，vars 表示所求未知变量。

例 2.11 解方程 $x^2+3x+2=0$。

输入　Solve[x^2+3x+2= =0, x]
输出　{{x → -2},{x → -1}}

例 2.12 解方程组 $\begin{cases} ax+by=0, \\ cx+dy=1。\end{cases}$

输入　Solve[{a x + b y = = 0, c x + d y = =1}, {x, y}]
输出　$\left\{\left\{x \to \dfrac{b}{bc-ad}, y \to \dfrac{a}{-bc+ad}\right\}\right\}$

例 2.13 解无理方程 $\sqrt{x-1}+\sqrt{x+1}=a$。

输入　Solve[Sqrt[x-1]+ Sqrt[x+1] = = a, x]
输出　$\left\{\left\{x \to \dfrac{4+a^4}{4a^2}\right\}\right\}$

很多方程根本不能求出准确解，此时应转而求其近似解。求方程的近似解的方法有两种：一种方法是在方程组的系数中使用小数，这样所求的解即为方程的近似解；另一种方法是利用下列专门用于求方程(组)数值解的命令：

NSolve[eqns, vars] (*求代数方程(组)的全部数值解*)

FindRoot[eqns, {x, x0}, {y, y0}, …]

后一个命令表示从点 $(x_0, y_0, \cdots)$ 出发找方程(组)的一个近似解，这时常常需要利用图像法先大致确定所求根的范围，即大致在什么点的附近。

例 2.14 求方程 $x^3 - 1 = 0$ 的近似解。

输入　　NSolve[x^3-1==0, x]

输出　　{{x → -0.5-0.866025ii}, {x → -0.5+0.866025ii}, {x → 1.}}

输入　　FindRoot[x^3-1==0, {x, .5}]

输出　　{x → 1.}

下面再介绍一个很有用的命令：

　　　Eliminate[eqns, elims] (*从一组等式中消去变量(组)elims*)

例 2.15 从方程组 $\begin{cases} x^2 + y^2 + z^2 = 1 \\ x^2 + (y-1)^2 + (z-1)^2 = 1 \\ x + y = 1 \end{cases}$ 消去未知数 y、z。

输入

　　　Eliminate[{x^2+y^2+z^2==1,
　　　　　x^2+(y-1)^2+(z-1)^2==1, x+y==1}, {y, z}]

输出　　$-2x + 3x^2 == 0$

注：上面这个输入语句为多行语句，它可以像上面例子中那样在行尾处有逗号的地方将行与行隔开，来迫使 Mathematica 从前一行继续到下一行在执行该语句。有时候多行语句的意义不太明确，通常发生在其中有一行本身就是可执行的语句的情形，此时可在该行尾放一个继续的记号"\"，迫使 Mathematica 继续到下一行再执行该语句。

2.3　表

表是 Mathematica 系统中经常使用的一个概念，数学中的一些概念也可以通过 Mathematica 系统的表导出。这里首先给出表的一些基本概念。

2.3.1　表的概念

表是由零个或多个原子或子表组成的有限序列。所谓原子是一个确定的概念，它是所描述的某种类型的对象。原子和表的区别在于：原子是作为结构上不可分的成分，而表是有结构的。通常使用大括号{ }将表括起来，用逗号表示表的结构。为了区分原子和表，在后面的书写中，用大写字母表示表，用小写字母表示原子。现举例如下：

　　　L={a, b}
　　　A={x, L}={x, {a, b}}
　　　B={A, y}={{x, {a, b}}, y}
　　　C={A, B}={{x, {a, b}}, {{x, {a, b}}, y}}

一个表中包含的元素(包括原子和子表)的个数称为这个表的长度，长度为零的表称为空表，如 E={ }即为一个空表，上述表 L 的长度为 2，表 A 的长度也为 2。一个表的深度就是指表中所包含的大括号{ }的层数，表 L 的为 1，表 A 的深度为 2。

2.3.2 表的操作

对表的操作指的是取出表中的一个或几个元素,并且由这些元素组成新的表。下面给出取出表中元素的操作方法。

(1) First[表]:取出表的第一个元素。例如,L={a,b.c.d},First[L]=a。
(2) Last[表]:取出表的最后一个元素。例如,L={a,b.c.d},Last[L]=d。
(3) 在表中取出任一个元素,用下面的方法实现:输入表名,后面给出用两对方括号[[ ]]括起来一个整数,此整数为正时,表示取出表中的第几个元素,此整数为负时,表示取出表中倒数的第几个元素。例如:

L={a, {x, {a, b}}, {{x, {a, b}}, y}, c, d, e}
L[[1]]=a
L[[2]]={x, {a, b}}
L[[−2]]=d

(4) 如果表中的某个元素是一个子表,现在要取子表中的元素,也就是取出表的深层元素,输入的方法是在表名的后面给出用两对方括号括起来的一个整数,在此表达式后面再给出用两对方括号括起来的一个整数,其中第一个整数是子表在表中所处的位置,第二个整数是要取元素在子表中的位置。例如:

L[[2]][[1]]=x

(5) 从表中取出部分元素可以生成一个新表,用下面的表达式完成。

Take[表,整数 n]:取出表的前 n 个元素作成一个表,如果 n 是负整数,则从表的最后一个元素向前数 n 个元素,这里 n 也可以是一个表达式,通过这个表达式可以计算出一个整数值。

Take[表,{整数 m,整数 n}]:取出表的第 m 个到第 n 个元素作成的表。

Drop[表,整数 n]:去掉表的前 n 个元素后由剩下的元素作成的表,如果 n 是负整数,则从表的最后一个元素向前去掉 n 个元素,这里 n 也可以是一个表达式,通过这个表达式可以计算出一个整数值。

Drop[表,{整数 m,整数 n}]:去掉表的第 m 个到第 n 个元素作成的表。

(6) 向表中插入元素构成一个新表,用下面的表达式完成。

Prepend[表,表达式]:把表达式放在原表的前面构成的表。

Append[表,表达式]:把表达式放在原表的后面构成的表。

Insert[表,表达式,整数 n]:把表达式放在原表的第 n 个位置构成的表。

上述的表达式也可以是一个元素,也可以是一个表。例如:

M={a, b, c, d, e}
Prepend[M, k]={k, a, b, c, d, e}
Append[M, k]={a, b, c, d, e, k}
Insert[M, k, 3]={a, b, k, c, d, e}

(7) 对于表的一些性质可以通过下面的表达式反映出来。

Length[表]:求出表的长度,即表的第一层元素的个数。

MemberQ[表,表达式]:判断表达式是否是表的第一层元素,它是一个逻辑变量。

Count[表,表达式]:求出表达式在表的第一层出现的次数。

例如:Length[{a, b, c, {d, e, f}}],运行结果为 4;MemberQ[{a, b, c, {d, e, f}}, b],运行结果为 True;Count[{a, b, c, {d, e, f}}, b],运行结果为 1。

2.3.3 表的应用

数学运算中的一些表达形式，可以转化为用表来表示的形式。比如解方程组，就可以转化为矩阵问题，然后通过对矩阵的运算最终求得方程组的解。作为表的应用，下面介绍如何把对表的运算应用到矩阵问题的求解上。一层表可以用来表示向量，如{1, 2, 3}, 表示向量；二层的表可以用于表示矩阵，实际上这时组成表的元素是子表，而且要求每一个子表的长度必须相同。例如，可以用表{{1, 2, 3}, {1, 3, 2}, {3, 2, 1}}表示矩阵，即

$$\begin{pmatrix} 1 & 2 & 3 \\ 1 & 3 & 2 \\ 3 & 2 & 1 \end{pmatrix}$$

下面给出 Mathematica 系统中关于矩阵运算的表达形式。

1. 生成特殊矩阵的函数

IdentityMatrix[整数 n]：生成一个 $n \times n$ 的单位矩阵。

DiagonalMatrix[表]：生成一个 $n \times n$ 的对角矩阵，其中 n 是由 Mathematica 系统生成的表的长度，矩阵对角线上依次放这个表的元素。

2. 向量、矩阵的输出

Mathematica 系统生成的向量和矩阵可以用比较规范的形式表达出来，这样，呈现在使用者面前的这些量是一个标准的表达形式。也可以指定输出的形式，使用如下的命令：

ColumnForm[向量]：向量输出成一列。

MatrixForm[矩阵]：矩阵输出成一个矩形阵列。

3. 量与矩阵的数乘、加法和乘法运算

用数值乘以向量或矩阵，与手工进行数值和向量、矩阵相乘一样，可以直接用数乘以表示矩阵的表。同样，向量、矩阵的加法可以直接用两个表相加实现。此时，代表向量、矩阵的两个表的元素应相等，则对应元素相加生成新的表。矩阵与向量或矩阵与矩阵相乘，则它们之间用圆点相乘，如 A 与 B 分别代表向量或矩阵，则它们的相乘表示为 A·B。

4. 其他运算

Mathematica 系统还提供了其他一些运算：

Inverse[矩阵]：求矩阵的逆。

Det[矩阵]：求矩阵的行列式。

Eigenvalues[矩阵]：求矩阵的特征值。

Eigenvectors[矩阵]：求矩阵的特征向量。

下面举例说明：

输入　　IdentityMatrix[5]

输出　　{{1, 0, 0, 0, 0}, {0, 1, 0, 0, 0}, {0, 0, 1, 0, 0}, {0, 0, 0, 1, 0}, {0, 0, 0, 0, 1}}

输入　　DiagonalMatrix[{5, 1, 4, 8, 10}]

输出　　{{5, 0, 0, 0, 0}, {0, 1, 0, 0, 0}, {0, 0, 4, 0, 0}, {0, 0, 0, 8, 0}, {0, 0, 0, 0, 10}}

输入　　Inverse[DiagonalMatrix[{5, 1, 4, 8, 10}]]

输出　　{{$\frac{1}{5}$, 0, 0, 0, 0}, {0, 1, 0, 0, 0}, {0, 0, $\frac{1}{4}$, 0, 0}, {0, 0, 0, $\frac{1}{8}$, 0}, {0, 0, 0, 0, $\frac{1}{10}$}}

输入 Det[DiagonalMatrix[{5，1，4，8，10}]]
输出 1600

2.4 作　　图

利用 Mathematica 系统可以作出各种函数的图形，包含二维和三维的函数图形、参数形式表示的二维和三维的函数图形，也可以对图形着色和添加阴影等。

2.4.1 二维函数作图

Mathematica 系统的二维函数作图功能是用系统函数 Plot 实现的。对这个系统函数加上变量和变量的变化范围以及可选项即可以作出各种二维函数的图形。作图函数表达式如下。

1．Plot[表达式，{变量，下限，上限}，可选项]

函数中的表达式给出需要作图的一个函数，大括号中的变量相当于作为函数的表达式中的自变量，而下限、上限是此自变量变化的下限、上限。Plot 有很多选项(Options)，可满足作图时的种种需要，例如，输入

　　　Plot[x^2, {x, -1, 1}, AspectRatio->1, PlotStyle->RGBColor[1, 0, 0], PlotPoints->30]

则输出 $y = x^2$ 在区间 $-1 \leqslant x \leqslant 1$ 上的图形。其中选项 AspectRatio->1 使图形的高与宽之比为 1。如果不输入这个选项，则命令默认图形的高宽比为黄金分割值。而选项 PlotStyle->RGBColor[1, 0, 0]使曲线采用某种颜色。方括号内的三个数取 0～1。选项 PlotPoints->30 令计算机描点作图时在每个单位长度内取 30 个点，增加这个选项会使图形更加精细。Plot 命令也可以在同一个坐标系内作出几个函数的图形，只要用集合的形式{f1[x], f2[x], …}代替 f[x]。

2．Plot[{表达式，表达式，…}，{变量，下限，上限}，可选项]

函数中的各个表达式分别给出需要作图的函数，现在是要在一个图形中作几个函数的组合图形，大括号中的变量相当于这几个函数中的自变量，而下限、上限是此自变量变化的下限、上限。图形函数表达式中的可选项意义可以有也可以没有，如果没有，表示由系统自动给出，它的表示方法为：可选项→可选值。作图函数表达式中的可选项有：

(1) PlotRange，是 Plot 的作图范围，内部默认值是 Automatic，表示由系统确定作图范围。

(2) AspectRatio，为指定的 Plot 的作图纵横比例，此处的默认值是 0.618:1。

(3) Axes，作图可以画坐标轴和设置坐标中心，也可以不画坐标轴和不设坐标中心，此选项为确定坐标轴和坐标中心。默认值是 Automatic，表示由系统确定坐标中心的位置，或者使用{x, y}，表示把坐标中心放在(x, y)处。例如：

Plot[Sin[x], {x, 0, 2Pi}, Axes　True, AxesOrigin　{0, -1}]

(4) AxesLabel，此选项说明是否对坐标轴上加标记符号，默认值是 None，表示不作标记。用{x, y}形式的值表示图形横坐标的标记是 x，纵坐标的标记是 y，例如：

Plot[Sin[x], {x, 0, 2Pi}, AxesLabel　{x, y}]

(5) Ticks，说明坐标轴上刻度的位置，默认值是 Automatic，表示由系统自动确定坐标轴刻度，也可以用{xi, yi}形式的值规定刻度。

(6) DisplayFunction，系统的默认值是一个系统变量($DisplayFunction)，使用这个变量的值调用系统的屏幕显示函数，用户也可以定义自己的显示函数，或者用 Identity 表示只生成图形，但

是现在不显示。

(7) PlotStyle：说明用什么样式作函数的图形，系统的默认值是 Automatic，这时系统用一条黑实线作函数的图形。下面给出描绘图形的选项，用户可以自己说明选项的形式。

① Thickness[t]，描绘线的宽度，其中 t 是一个远小于 1 的实数，说明要求的画线宽度，这时整个图的宽度为 1。

② GrayLevel[i]：描绘线使用的灰度，其中 i 是一个[0，1]间的数，0 表示黑色，1 表示白色。

③ RGBColor[r，g，b]：说明颜色，其中 r、g、b 是三个取值[0，1]间的数，说明所要求的颜色里红色、绿色、蓝色的强度。

④ Dashing{d1，d2，…}：说明用怎样的方式画虚线，其中 d1，d2，…都是小于 1 的数，说明虚线的分段方式。

(8) Show，用于作图函数的重新显示及图形组合显示。当用作图函数生成图形后，如果需要在某处重新显示图形，或者修改原图形的某些参数，或是要把已作过的图形进行组合显示，则可使用系统函数 Show。

例如下面两个函数的图形
$$g1=Plot[Sin[x], \{x, -Pi, Pi\}]$$
$$g2=Plot[x, \{x, -Pi, Pi\}]$$
则

(1) Show[g1]，重新显示图形。

(2) Show[g1，g2]，显示由 g1，g2 生成的组合图形。

下面给出一些基本初等函数的作图函数及其所对应的图形。

例 2.16 在区间[-4，4]上作出直线 $y = x$ 的图形。

输入 Plot[x，{x，-4，4}]

则输出如图 2-1 所示的图形。

例 2.17 在区间[-4，4]上作出抛物线 $y = x^2$ 的图形。

输入 Plot[x^2，{x，-4，4}]

则输出如图 2-2 所示的图形。

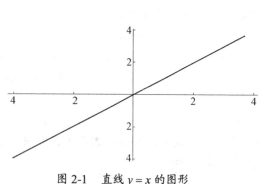
图 2-1　直线 $y = x$ 的图形

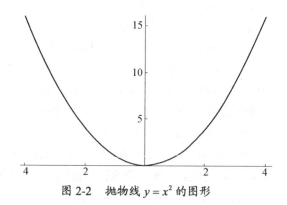
图 2-2　抛物线 $y = x^2$ 的图形

例 2.18 在区间[0，2π]上作出 $y = \sin x$ 与 $y = \cos x$ 的图形。

输入 Plot[{Sin[x]，Cos[x]}，{x，0，2Pi}]

则输出如图 2-3 所示的图形。

例 2.19 在区间[-4，4]上作出抛物线 $y = x^3$ 的图形。

输入 Plot[x^3，{x，-4，4}]

则输出如图 2-4 所示的图形。

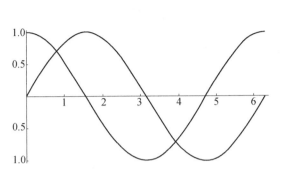

图 2-3　函数 $y=\sin x$ 与 $y=\cos x$ 的图形

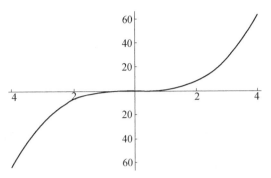

图 2-4　抛物线 $y=x^3$ 的图形

例 2.20　在区间[-4，4]上作出函数 $y=\dfrac{1}{x}$ 的图形。

输入 Plot[1/x，{x，-4，4}]
则输出如图 2-5 所示的图形。

例 2.21　在区间[-4，4]上作出函数 $y=2^x$ 的图形。

输入 Plot[2^x，{x，-4，4}]
则输出如图 2-6 所示的图形。

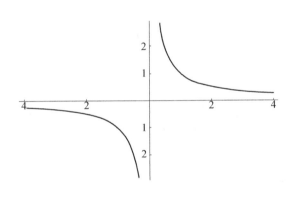

图 2-5　函数 $y=\dfrac{1}{x}$ 的图形

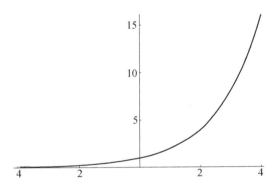

图 2-6　函数 $y=2^x$ 的图形

例 2.22　在区间[-4，4]上作出函数 $y=\left(\dfrac{1}{2}\right)^x$ 的图形。

输入 Plot[(1/2)^x，{x，-4，4}]
则输出如图 2-7 所示的图形。

例 2.23　在区间[0.005，4]上作出函数 $y=\log_2 x$ 的图形。

输入 Plot[Log[2，x]，{x，0.005，4}]
则输出如图 2-8 所示的图形。

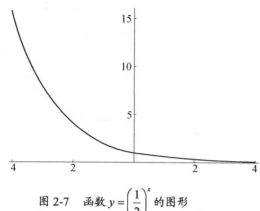

图 2-7　函数 $y = \left(\dfrac{1}{2}\right)^x$ 的图形

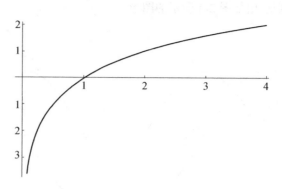

图 2-8　函数 $y = \log_2 x$ 的图形

例 2.24　在区间 $[0.005, 4]$ 上作出函数 $y = \log_{\frac{1}{2}} x$ 的图形。

输入 Plot[Log[1/2，x]，{x，0.005，4}]
则输出如图 2-9 所示的图形。

例 2.25　在区间 $[-2\pi, 2\pi]$ 上作出函数 $y = \sin x$ 的图形。

输入 Plot[Sin[x]，{x，-2Pi，2Pi}]
则输出如图 2-10 所示的图形。

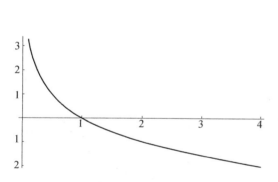

图 2-9　函数 $y = \log_{\frac{1}{2}} x$ 的图形

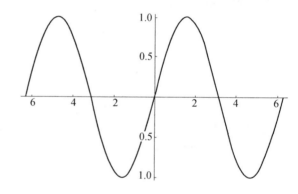

图 2-10　函数 $y = \sin x$ 的图形

例 2.26　在区间 $[-2\pi, 2\pi]$ 上作出函数 $y = \cos x$ 的图形。

输入 Plot[Cos[x]，{x，-2Pi，2Pi}]
则输出如图 2-11 所示的图形。

例 2.27　在区间 $[-2\pi, 2\pi]$ 上作出函数 $y = \tan x$ 的图形。

输入 Plot[Tan[x]，{x，-2Pi，2Pi}]
则输出如图 2-12 所示的图形。

例 2.28　在区间 $[-2\pi, 2\pi]$ 上作出函数 $y = \cot x$ 的图形。

输入 Plot[Cot[x]，{x，-2Pi，2Pi}]
则输出如图 2-13 所示的图形。

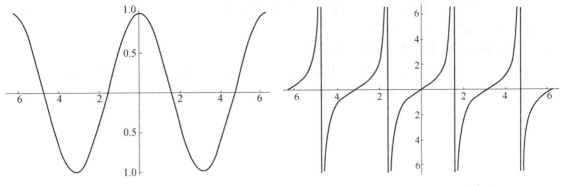

图 2-11 函数 $y=\cos x$ 的图形　　　　图 2-12 函数 $y=\tan x$ 的图形

例 2.29 在区间 $[-2\pi, 2\pi]$ 上作出函数 $y=\sin\dfrac{1}{x}$ 的图形。

输入 Plot[Sin[1/x], {x, -2Pi, 2Pi}]

则输出如图 2-14 所示的图形。

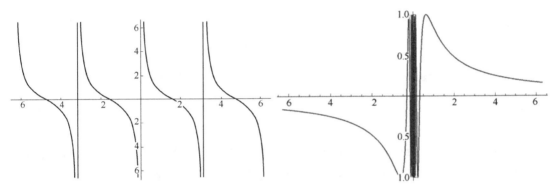

图 2-13 函数 $y=\cot x$ 的图形　　　　图 2-14 函数 $y=\sin\dfrac{1}{x}$ 的图形

从图 2-14 中可以看到函数 $y=\sin\dfrac{1}{x}$ 在 $x=0$ 附近来回震荡。

例 2.30 在同一坐标系下绘出 $y=\cos x, y=-\dfrac{1}{2}\cos 2x, y=\dfrac{1}{4}\cos 3x, -\pi \leqslant x \leqslant \pi$ 的图形。

输入 Plot[{Cos[x], -Cos[x]/2, Cos[3x]/4}, {x, -Pi, Pi}]

则输出如图 2-15 所示的图形。

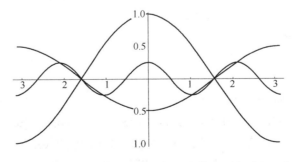

图 2-15 在同一坐标系下绘出多个函数图

例 2.31 作出指数函数 $y = e^x$ 和对数函数 $y = \ln x$ 的图形。

输入 Plot[Exp[x], {x, -2, 2}]
则输出指数函数 $y = e^x$ 的图形, 如图 2-16 所示。

输入 Plot[Log[x], {x, 0.001, 5}, PlotRange->{{0, 5}, {-2.5, 2.5}}, AspectRatio->1]
则输出对数函数 $y = \ln x$ 的图形, 如图 2-17 所示。

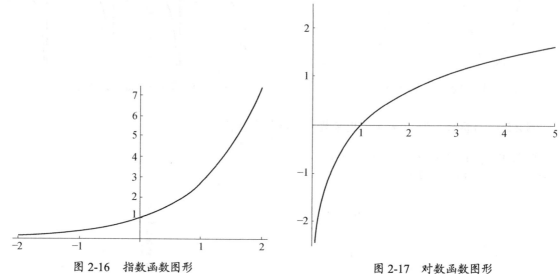

图 2-16 指数函数图形　　　　　图 2-17 对数函数图形

注: ① PlotRange->{{0, 5}, {-2.5, 2.5}} 是显示图形范围的命令。第一组数{0, 5}是描述 x 的, 第二组数{-2.5, 2.5}是描述 y 的。

② 有时要使图形的 x 轴和 y 轴的长度单位相等, 需要同时使用 PlotRange 和 AspectRatio 两个选项。本例中输出的对数函数的图形的两个坐标轴的长度单位就是相等的。

例 2.32 作出函数 $y = \sin x$ 和 $y = \csc x$ 的图形观察其周期性和变化趋势。

为了比较, 把它们的图形放在一个坐标系中。

输入 Plot[{Sin[x], Csc[x]}, {x, -2 Pi, 2 Pi}, PlotRange->{-2 Pi, 2 Pi}, PlotStyle->{GrayLevel[0], GrayLevel[0.5]}, AspectRatio->1]
则输出如图 2-18 所示的图形。

注: PlotStyle->{GrayLevel[0], GrayLevel[0.5]}是使两条曲线分别具有不同的灰度的命令。

例 2.33 作出函数 $y = \tan x$ 和 $y = \cot x$ 的图形观察其周期性和变化趋势。

输入 Plot[{Tan[x], Cot[x]}, {x, -2 Pi, 2 Pi}, PlotRange->{-2 Pi, 2 Pi}, PlotStyle->{GrayLevel[0], GrayLevel[0.5]}, AspectRatio->1]
则输出如图 2-19 所示的图形。

例 2.34 将函数 $y = \sin x, y = x, y = \arcsin x$ 的图形作在同一坐标系内, 观察直接函数和反函数的图形间的关系。

输入　　p1=Plot[ArcSin[x], {x, -1, 1}];
　　　　p2=Plot[Sin[x], {x, -Pi/2, Pi/2}, PlotStyle->GrayLevel[0.5]];
　　　　px=Plot[x, {x, -Pi/2, Pi/2}, PlotStyle->Dashing[{0.01}]];
　　　　Show[p1, p2, px, PlotRange->{{-Pi/2, Pi/2}, {-Pi/2, Pi/2}}, AspectRatio->1]

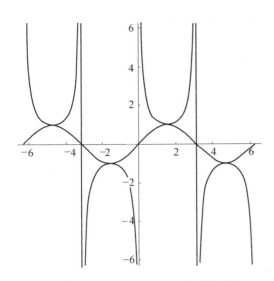

图 2-18 正弦函数和余割函数图形

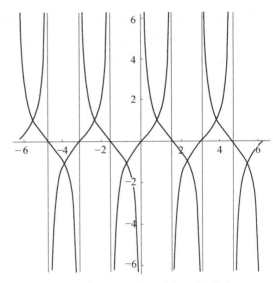

图 2-19 正切函数和余切函数图形

则输出如图 2-20 所示的图形。

可以看到，函数和它的反函数在同一个坐标系中的图形是关于直线 $y = x$ 对称的。

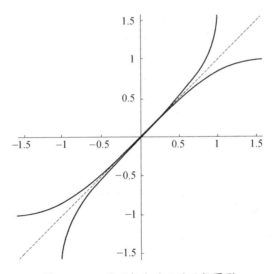

图 2-20 正弦函数和反正弦函数图形

注：Show[…]命令把称为 p1，p2 和 px 的三个图形叠加在一起显示。选项 PlotStyle->Dashing[{0.01}]使曲线的线型是虚线。

例 2.35 给定函数 $f(x) = \dfrac{5 + x^2 + x^3 + x^4}{5 + 5x + 5x^2}$。

(1) 画出 $f(x)$ 在区间 $[-4, 4]$ 上的图形。

(2) 画出区间 $[-4, 4]$ 上 $f(x)$ 与 $\sin(x)f(x)$ 的图形。

输入 f[x_]=(5+x^2+x^3+x^4)/(5+5x+5x^2);
　　　g1=Plot[f[x], {x, -4, 4}, PlotStyle->RGBColor[1, 0, 0]]

则输出 $f(x)$ 在区间 $[-4, 4]$ 上的图形，如图 2-21 所示。

输入 g2=Plot[Sin[x]f[x]，{x，-4，4}，PlotStyle->RGBColor[0，1，0]]；
　　　　Show[g1，g2]
则输出区间[-4,4]上 $f(x)$ 与 $\sin(x)f(x)$ 的图形，如图 2-22 所示。

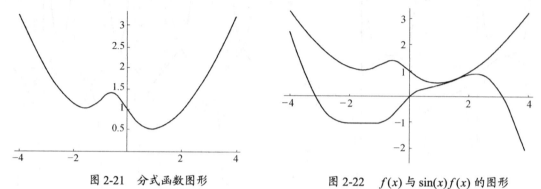

图 2-21　分式函数图形　　　　　　　图 2-22　$f(x)$ 与 $\sin(x)f(x)$ 的图形

注：Show[…]命令把称为 g1 与 g2 二个图形叠加在一起显示。

2.4.2　二维参数图形

Mathematica 系统的参数函数的作图表达式为
　　　　ParametricPlot[{x(t)，y(t)}，{t，下限，上限}，可选项]
　　　　ParametricPlot[{{x1(t)，y1(t)}，{x2(t)，y2(t)}，…{t，下限，上限}，可选项]
上述第一种形式是作一个函数的图形，第二种形式是作多个函数的图形。ParametricPlot 也具有和 Plot 一样的各种可选项。

利用极坐标方程作图的命令 PolarPlot. 其基本格式为
　　　　PolarPlot[r[t]，{t，min，max}，选项]
例如曲线的极坐标方程为 $r=3\cos 3t$，要作出它的图形，输入 PolarPlot[3 Cos[3 t]，{t，0，2 Pi}]便得到了一条三叶玫瑰线。

隐函数作图命令 ImplicitPlot. 基本格式为
　　　　ImplicitPlot[隐函数方程，自变量的范围，作图选项]
例如方程 $(x^2+y^2)^2=x^2-y^2$ 确定了 y 是 x 的隐函数，输入 ImplicitPlot[(x^2+y^2)^2= =x^2-y^2，{x，-1，1}]，作出它的图形，输出图形是一条双纽线。

1. 定义分段函数的命令 Which

命令 Which 的基本格式为
　　　　Which[测试条件 1，取值 1，测试条件 2，取值 2，…]
例如，输入 w[x_]=Which[x<0，-x，x>=0，x^2]，虽然输出的形式与输入没有改变，但已经定义好了分段函数：
$$w(x)=\begin{cases}-x, & x<0 \\ x^2, & x\geqslant 0\end{cases}$$
现在可以对分段函数 $w(x)$ 求函数值，也可作出函数 $w(x)$ 的图形。

例 2.36　作出圆 $\begin{cases}u=\cos x \\ v=\sin x\end{cases}(0\leqslant x\leqslant 2\pi)$ 的参数图形。

输入 ParametricPlot[{Sin[x]，Cos[x]}，{x，0，2Pi}]
则输出如图 2-23 所示的图形。

例 2.37 作出摆线 $\begin{cases} u = 4(x - \sin x) \\ v = 4(1 - \cos x) \end{cases} (0 \leqslant x \leqslant 5\pi)$ 的参数图形。

输入 ParametricPlot[{4(x-Sin[x]), 4(1-Cos[x])}, {x, 0, 5Pi}]
则输出如图 2-24 所示的图形。

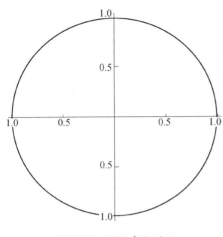

图 2-23 圆的参数图形

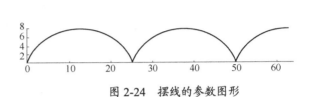

图 2-24 摆线的参数图形

例 2.38 作出三叶玫瑰线 $x = \sin 3t \cos t, y = \sin 3t \sin t, 0 \leqslant t \leqslant 2\pi$ 的参数图形。

输入 Clear[t]
  ParametricPlot[{Sin[3t]Cos[t], Sin[3t]Sin[t]}, {t, 0, 2Pi}]
则输出如图 2-25 所示的图形。

例 2.39 将两个参数方程 $\begin{cases} x = \sin(3t)\cos(t) \\ y = \sin(3t)\sin(2t) \end{cases}; \begin{cases} x = \sin t \\ y = \cos t \end{cases}; 0 \leqslant t \leqslant 2\pi$ 的图形绘制在同一坐标系下。

输入 Clear[t]
  ParametricPlot[{{Sin[3t]Cos[t], Sin[3t]Sin[2t]}, {Sin[t], Cos[t]}}, {t, 0, 2Pi}]
则输出如图 2-26 所示的图形。

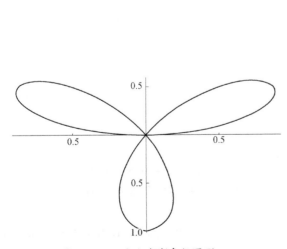

图 2-25 三叶玫瑰线参数图形

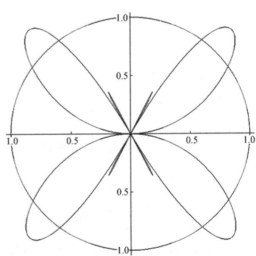

图 2-26 绘制在同一坐标系下的图形

例 2.40 作出以参数方程 $x=2\cos t, y=\sin t (0\leqslant t\leqslant 2\pi)$ 所表示的曲线的图形。

输入 ParametricPlot[{2 Cos[t], Sin[t]}, {t, 0, 2 Pi}, AspectRatio->Automatic]

则输出如图 2-27 所示的图形。

注：在 ParametricPlot 命令中选项 AspectRatio->Automatic 与选项 AspectRatio->1 是等效的。

例 2.41 作出星形线 $x=2\cos^3 t, y=2\sin^3 t$ $(0\leqslant t\leqslant 2\pi)$ 和摆线 $x=2(t-\sin t), y=2(1-\cos t)$ $(0\leqslant t\leqslant 4\pi)$ 的图形。

输入 ParametricPlot[{2 Cos[t]^3, 2 Sin[t]^3}, {t, 0, 2 Pi}, AspectRatio->Automatic]

ParametricPlot[{2*(t-Sin[t]), 2*(1-Cos[t])}, {t, 0, 4 Pi}, AspectRatio->Automatic]

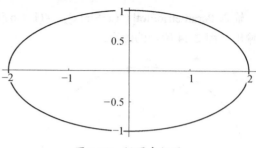

图 2-27 椭圆参数图

则可以分别得到星形线和摆线的图形，如图 2-28 和图 2-29 所示。

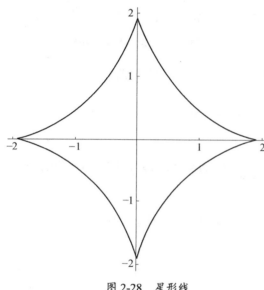

图 2-28 星形线

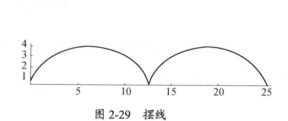

图 2-29 摆线

例 2.42 画出参数方程 $\begin{cases} x(t)=\cos t\cos 5t \\ y(t)=\sin t\cos 3t \end{cases}$ 的图形。

输入 ParametricPlot[{Cos[5 t]Cos[t], Sin[t]Cos[3t]}, {t, 0, Pi}, AspectRatio->Automatic]

则输出如图 2-30 所示的图形。

例 2.43 画出以下参数方程的图形。

(1) $\begin{cases} x(t)=5\cos\left(-\dfrac{11}{5}t\right)+7\cos t \\ y(t)=5\sin\left(-\dfrac{11}{5}t\right)+7\sin t \end{cases}$

(2) $\begin{cases} x(t)=(1+\sin t-2\cos 4t)\cos t \\ y(t)=(1+\sin t-2\cos 4t)\sin t \end{cases}$

输入 ParametricPlot[{5Cos[-11/5t]+7Cos[t], 5Sin[-11/5t]+7Sin[t]}, {t, 0, 10Pi}, AspectRatio->Automatic];

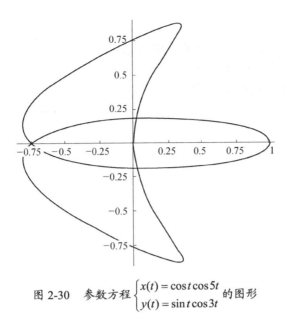

图 2-30　参数方程 $\begin{cases} x(t) = \cos t \cos 5t \\ y(t) = \sin t \cos 3t \end{cases}$ 的图形

ParametricPlot[(1+Sin[t] −2 Cos[4*t])*{Cos[t], Sin[t]}, {t, 0, 2*Pi}, AspectRatio−>Automatic, Axes−>None]

则分别输出所求图形，如图 2-31 和图 2-32 所示。

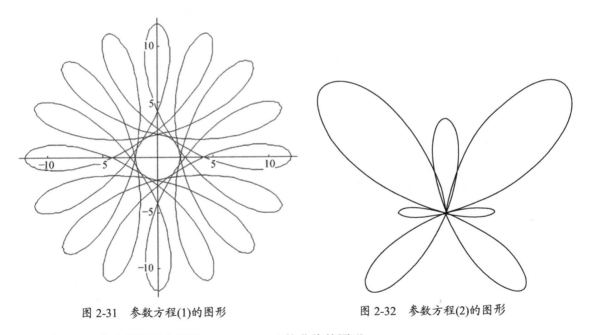

图 2-31　参数方程(1)的图形　　　　图 2-32　参数方程(2)的图形

例 2.44　作出极坐标方程为 $r = 2(1 - \cos t)$ 的曲线的图形。

曲线用极坐标方程表示时，容易将其转化为参数方程。故也可用命令 ParametricPlot[…]来作极坐标方程表示的图形。

输入　　r[t_]=2*(1−Cos[t]);

　　　　ParametricPlot[{r[t]*Cos[t], r[t]*Sin[t]}, {t, 0, 2 Pi}, AspectRatio−>1]

则输出一条心脏线，如图 2-33 所示。

2. 极坐标方程作图

例 2.45 作出极坐标方程为 $r = e^{t/10}$ 的对数螺线的图形。

输入 PolarPlot[Exp[t/10]，{t，0，6 Pi}]

执行以后则输出为对数螺线的图形，如图 2-34 所示。

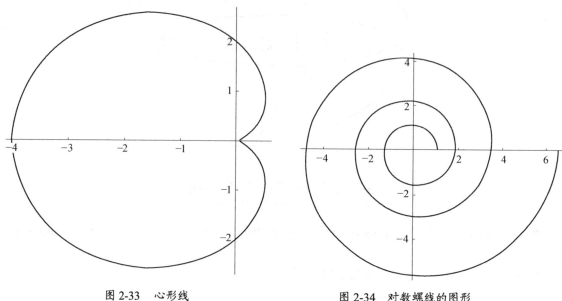

图 2-33 心形线　　　　　　　　图 2-34 对数螺线的图形

3. 隐函数作图

例 2.46 作出由方程 $x^3 + y^3 = 3xy$ 所确定的隐函数的图形(笛卡儿叶形线)。

输入 ImplicitPlot[x^3+y^3==3x*y，{x，-3，3}]

则输出为笛卡儿叶形线的图形，如图 2-35 所示。

4. 分段函数作图

例 2.47 分别作出取整函数 $y = [x]$ 和函数 $y = x - [x]$ 的图形。

输入 Plot[Floor[x]，{x，-4，4}]

则可以观察到取整函数 $y = [x]$ 的图形是一条阶梯形曲线，如图 2-36 所示。

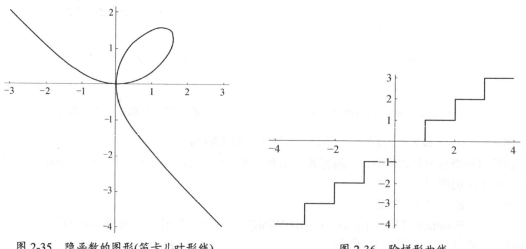

图 2-35 隐函数的图形(笛卡儿叶形线)　　　　图 2-36 阶梯形曲线

输入 Plot[x-Floor[x], {x, -4, 4}]

则得到函数 $y = x-[x]$ 的图形，如图 2-37 所示，是锯齿形曲线(注意：它是周期为 1 的周期函数)。

例 2.48 作出符号函数 $y = \text{sgn}\, x$ 的图形。

输入 Plot[Sign[x], {x, -2, 2}]

则得到符号函数的图形，如图 2-38 所示，点 $x = 0$ 是它的跳跃间断点。

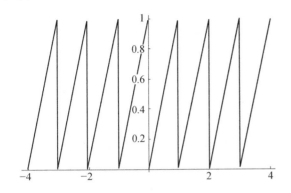

图 2-37　锯齿形曲线　　　　　　图 2-38　符号函数图形

一般分段函数可以用下面的方法定义。例如，对本例输入

$$g[x\_]: = -1/;\ x<0;$$
$$g[x\_]: = 0/;\ x=0;$$
$$g[x\_]: = 1/;\ x>0;$$
$$\text{Plot}[g[x],\ \{x,\ -2,\ 2\}]$$

便得到如图 2-38 的图形，其中组合符号"/;"的后面给出前面表达式的适用条件。

例 2.49 作出分段函数 $h(x) = \begin{cases} \cos x, & x \leqslant 0 \\ e^x, & x > 0 \end{cases}$ 的图形。

输入 h[x_]:=Which[x<=0, Cos[x], x>0, Exp[x]]
　　　Plot[h[x], {x, -4, 4}]

则输出所求图形，如图 2-39 所示。

注： 一般分段函数也可在组合符号"/;"的后面来给出前面表达式的适用条件。

例 2.50 作出分段函数 $f(x) = \begin{cases} x^2 \sin\dfrac{1}{x}, & x \neq 0 \\ 0, & x = 0 \end{cases}$ 的图形。

输入 f[x_]:=x^2Sin[1/x]/;x!=0;
　　　f[x_]:=0/;
　　　x=0;
　　　Plot[f[x], {x, -1, 1}];

则输出所求图形，如图 2-40 所示。

2.4.3　三维函数作图

Mathematica 系统实现三维函数作图，使用 Plot3D 来实现：

　　　Plot3D[函数表达式,{变量,下限,上限},{变量,下限,上限},可选项]

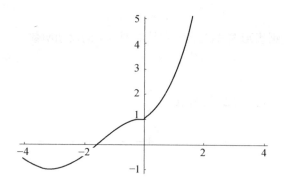
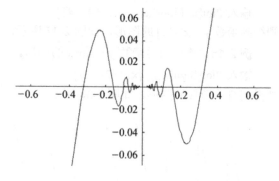

图 2-39 分段函数 $h(x)=\begin{cases}\cos x, x\leqslant 0\\ e^x, x>0\end{cases}$ 的图形 　　图 2-40 分段函数 $f(x)=\begin{cases}x^2\sin\dfrac{1}{x}, & x\neq 0\\ 0, & x=0\end{cases}$ 的图形

这里的函数表达式是二元函数,两个变量是函数表达式中的函数的两个自变量,两个大括号中的下限和上限分别是两个自变量的取值范围,可选项的意义与二维图形相同。主要有以下几种形式。

PlotRange:为指定的 Plot 的作图范围,内部默认值是 Automatic,表示由系统确定作图范围。
AspectRatio:为指定的 Plot3D 的作图高宽比例,此处的默认值是 1。
Boxed:说明是否给图形加一个立体框,默认值是 True,表示加一个立体框。
PlotLabel:说明图形的名称标注,默认值是 None,表示图形不加任何标注。
BoxRatios:说明图形立体框在三个方向上的长度比,默认值是 1∶1∶0.4,用{1, 1, 0.4}表示。
ViewPoint:在将三维图形投射到平面上时使用的观察点,默认值是{1.3, -2.4, 2},表示从空间这个点观察。
Mesh:说明在曲面上是否画网格,默认值是 True,可以用 False 取消网格。

例 2.51 作出函数 $z=\sin(xy)$, $-\pi\leqslant x\leqslant\pi$, $-\pi\leqslant y\leqslant\pi$ 的图形。

输入 Plot3D[Sin[x*y]），{x, -Pi, Pi}，{y, -Pi, Pi}]
则输出如图 2-41 所示的图形。

例 2.52 作出函数 $z=xy$, $-5\leqslant x\leqslant 5$, $-5\leqslant y\leqslant 5$ 的图形。

输入 Plot3D[x*y, {x, -5, 5}，{y, -5, 5}]
则输出如图 2-42 所示的图形。

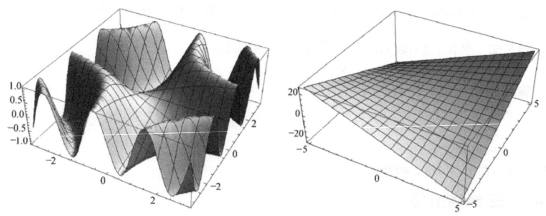

图 2-41 函数 $z=\sin(xy), -\pi\leqslant x\leqslant\pi, -\pi\leqslant y\leqslant\pi$ 的图形　　图 2-42 函数 $z=xy, -5\leqslant x\leqslant 5, -5\leqslant y\leqslant 5$ 的图形

与二维函数作图一样，生成图形后，可以使用系统函数 Show 重新显示，也可以修改原图形的某些参数后再用系统函数 Show 显示，还可以显示几个图形的组合。

例 2.53 作出函数 $z = \sin(xy), 0 \leqslant x \leqslant 3, 0 \leqslant y \leqslant 3$ 和函数 $z = x, 0 \leqslant x \leqslant 3, 0 \leqslant y \leqslant 3$ 的图形，并显示两个图形的组合。

输入 g1=Plot3D[Sin[x*y], {x, 0, 3}, {y, 0, 3}]
　　　g2=Plot3D[x, {x, 0, 3}, {y, 0, 3}]
则分别输出如图 2-43 和图 2-44 所示的图形。

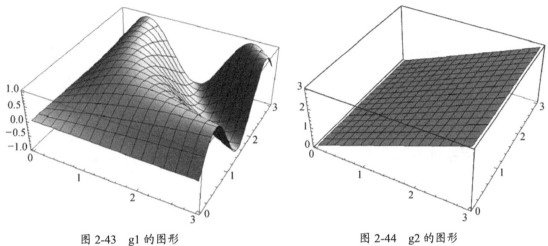

图 2-43　g1 的图形　　　　　　　　　　图 2-44　g2 的图形

显示这两个图形的组合表达式为 Show[g1, g2]，如图 2-45 所示。

例 2.54 作出函数 $z = \sin(x+y)\cos(x+y), 0 \leqslant x \leqslant 4, 0 \leqslant y \leqslant 4$ 的立体图。

输入 Plot3D[Sin[x+y]Cos[x+y], {x, 0, 4}, {y, 0, 4}]
则输出如图 2-46 所示的图形。

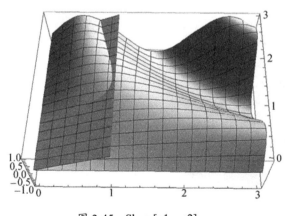 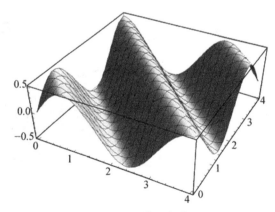

图 2-45　Show[g1, g2]　　　　　　　　图 2-46　三维立体图

例 2.55 作出函数 $z = \dfrac{4}{1+x^2+y^2}$ 的图形。

输入 k[x_,y_]:=4/(1+x^2+y^2)
　　　Plot3D[k[x,y],{x, -2,2},{y, -2,2},PlotPoints->30,PlotRange->{0,4},BoxRatios->{1,1,1}]

则输出如图 2-47 所示的图形。观察图形，理解选项 PlotRange->{0，4}和 BoxRatios->{1，1，1}的含义。选项 BoxRatios 的默认值是{1，1，0.4}。

例 2.56 作出函数 $z = -xy\mathrm{e}^{-x^2-y^2}$ 的图形。

输入 Plot3D[-x*y*Exp[-x^2-y^2]，{x，-3，3}，{y，-3，3}，PlotPoints->30，AspectRatio->Automatic]

则输出如图 2-48 所示的图形。

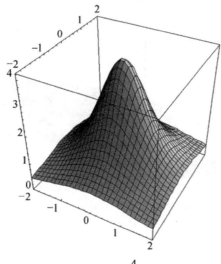

图 2-47 函数 $z = \dfrac{4}{1+x^2+y^2}$ 的图形

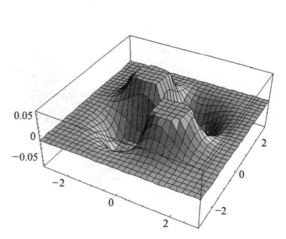

图 2-48 函数 $z = -xy\mathrm{e}^{-x^2-y^2}$ 的图形

例 2.57 作出函数 $z = \cos(4x^2 + 9y^2)$ 的图形。

输入 Plot3D[Cos[4x^2+9y^2]，{x，-1，1}，{y，-1，1}，Boxed->False，Axes->Automatic，PlotPoints->30]

则输出网格形式的曲面如图 2-49 所示，同时注意选项 Boxed->False 的作用。

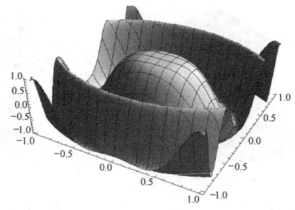

图 2-49 函数 $z = \cos(4x^2 + 9y^2)$ 的图形

2.4.4 三维参数作图

三维参数图形是数学中常见的图形。Mathematica 系统实现三维参数图形作图使用如下的表达式：

ParametricPlot3D[{x[t，v]，y[t，v]，z[t，v]}，{t，t1，t2}，{v，v1，v2}]

例 2.58 用三维参数图形方法作出一个球面图形。

输入 ParametricPlot3D[{Cos[t]Cos[u]，Sin[t]Cos[u]，Sin[u]}，{t，0，2Pi}，{u，-Pi/2，Pi/2}]
则输出如图 2-50 所示的图形。

例 2.59 用三维参数图形方法作出一个空间螺旋线图形。

输入 ParametricPlot3D[{Sin[t]，Cos[t]，t/3}，{t，0，15}]
则输出如图 2-51 所示的图形。

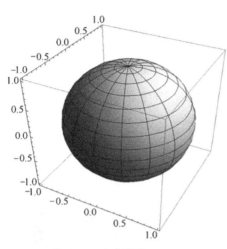

图 2-50 球面图形

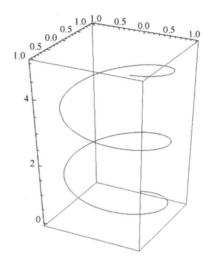

图 2-51 空间螺旋线图形

例 2.60 用三维参数图形方法作出函数 $\begin{cases} x = r \\ y = e^{-r^2\cos(4r)^2}\cos t \\ z = e^{-r^2\cos(4r)^2}\sin t \end{cases}, -1 \leqslant r \leqslant 1, 0 \leqslant t \leqslant 2\pi$ 的图形。

输入 ParametricPlot3D[{r,Exp[-r^2Cos[4 r]^2] Cos[t],Exp[-r^2Cos[4 r]^2] Sin[t]},{r，-1,1},{t,0,2Pi}]
则输出如图 2-52 所示的图形。

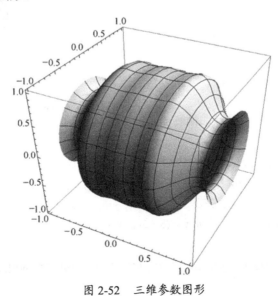

图 2-52 三维参数图形

1. 二次曲面

例 2.61 作出椭球面 $\dfrac{x^2}{4}+\dfrac{y^2}{9}+\dfrac{z^2}{1}=1$ 的图形。

这是多值函数，用参数方程作图的命令 ParametricPlot3D. 该曲面的参数方程为
$$x = 2\sin u\cos v, y = 3\sin u\sin v, z = \cos u \quad (0 \leqslant u \leqslant \pi, 0 \leqslant v \leqslant 2\pi)$$

输入 ParametricPlot3D[{2*Sin[u]*Cos[v], 3*Sin[u]*Sin[v], Cos[u]}, {u, 0, Pi}, {v, 0, 2 Pi}, PlotPoints->30]
则输出椭球面的图形，如图 2-53 所示。其中选项 PlotPoints->30 是增加取点的数量，可使图形更加光滑。

例 2.62 作出单叶双曲面 $\dfrac{x^2}{1}+\dfrac{y^2}{4}-\dfrac{z^2}{9}=1$ 的图形。

曲面的参数方程为
$$x = \sec u\sin v, y = 2\sec u\cos v, z = 3\tan u \,(-\pi/2 < u < \pi/2, 0 \leqslant v \leqslant 2\pi)$$

输入 ParametricPlot3D[{Sec[u]*Sin[v], 2*Sec[u]*Cos[v], 3*Tan[u]}, {u, -Pi/4, Pi/4}, {v, 0, 2 Pi}, PlotPoints->30]
则输出单叶双曲面的图形，如图 2-54 所示。

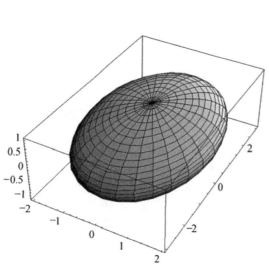

图 2-53 椭球面的图形

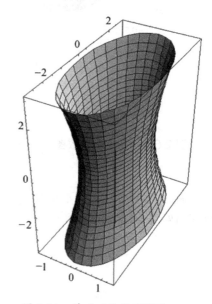

图 2-54 单叶双曲面的图形

例 2.63 函数 $z = xy$ 的图形是双曲抛物面，在区域 $-2 \leqslant x \leqslant 2, -2 \leqslant y \leqslant 2$ 上作出它的图形。

输入 Plot3D[x*y, {x, -2, 2}, {y, -2, 2}, BoxRatios->{1, 1, 2}, PlotPoints->30]
输出图形略。也可以用 ParametricPlot3 命令作出这个图形。

输入 ParametricPlot3D[{r*Cos[t], r*Sin[t], r^2*Cos[t] *Sin[t]}, {r, 0, 2}, {t, 0, 2 Pi}, PlotPoints->30]
则输出如图 2-55 所示的图形，比较这些图形的特点。

例 2.64 作出圆环 $x = (8+3\cos v)\cos u, y = (8+3\cos v)\sin u, z = 7\sin v\,(0 \leqslant u \leqslant 3\pi/2, \pi/2 \leqslant v \leqslant 2\pi)$ 的图形。

输入 ParametricPlot3D[{(8+3*Cos[v])*Cos[u], (8+3*Cos[v])*Sin[u], 7*Sin[v]}, {u, 0, 3*Pi/2}, {v, Pi/2, 2*Pi}]

则输出所求圆环的图形，如图 2-56 所示。

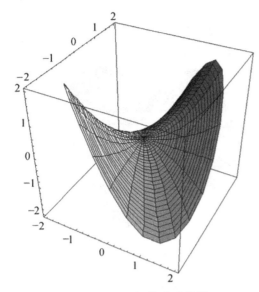

图 2-55 双曲抛物面的图形

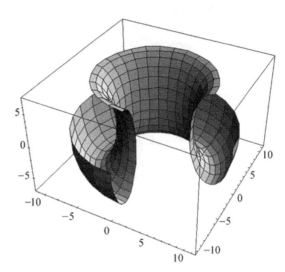

图 2-56 圆环的图形

例 2.65 画出参数曲面

$$\begin{cases} x = \cos u \sin v \\ y = \sin u \sin v \\ z = \cos v + \ln(\tan v/2 + u/5) \end{cases} \quad u \in [0, 4\pi], v \in [0.001, 2]$$

的图形。

输入 ParametricPlot3D[{Cos[u]*Sin[v], Sin[u]Sin[v], Cos[v]+Log[Tan[v/2]+u/5]}, {u, 0, 4*Pi}, {v, 0.001, 2}]
则输出如图 2-57 所示的图形。

2. 曲面相交

例 2.66 作出球面 $x^2 + y^2 + z^2 = 2^2$ 和柱面 $(x-1)^2 + y^2 = 1$ 相交的图形。

输入 g1=ParametricPlot3D[{2 Sin[u]*Cos[v], 2 Sin[u]*Sin[v], 2 Cos[u]}, {u, 0, Pi}, {v, 0, 2 Pi}, DisplayFunction->Identity];

g2=ParametricPlot3D[{2Cos[u]^2, Sin[2u], v}, {u, -Pi/2, Pi/2}, {v, -3, 3}, DisplayFunction->Identity];

Show[g1, g2, DisplayFunction->$DisplayFunction]

则输出如图 2-58 所示的图形。

例 2.67 作出锥面 $x^2 + y^2 = z^2$ 和柱面 $(x-1)^2 + y^2 = 1$ 相交的图形。

输入 g3=ParametricPlot3D[{r*Cos[t], r*Sin[t], r}, {r, -3, 3}, {t, 0, 2 Pi}, DisplayFunction->Identity];

Show[g2, g3, DisplayFunction->$DisplayFunction]

则输出如图 2-59 所示的图形。

例 2.68 画出以平面曲线 $y = \cos x$ 为准线，母线平行 Z 轴的柱面的图形。

写出这一曲面的参数方程为

$$\begin{cases} x = t \\ y = \cos t, t \in [-\pi, \pi], s \in \mathbf{R} \\ z = s \end{cases}$$

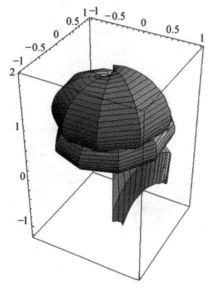
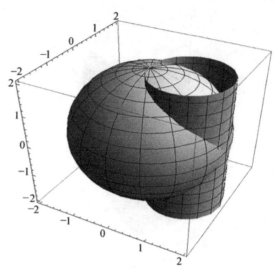

图 2-57 参数曲面的图形　　　　　图 2-58 球面和柱面相交的图形

取参数 s 的范围为 $[0, 8]$。

输入 ParametricPlot3D[{t, Cos[t], s}, {t, -Pi, Pi}, {s, 0, 8}]

则输出如图 2-60 所示的图形。

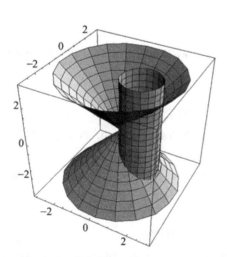
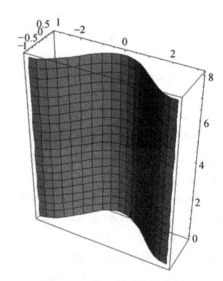

图 2-59 锥面和柱面相交的图形　　　图 2-60 柱面的图形

例 2.69 作出曲面 $z = \sqrt{1-x^2-y^2}$, $x^2+y^2=x$ 及 xOy 面所围成的立体图形。

输入　g1=ParametricPlot3D[{r*Cos[t], r*Sin[t], r^2}, {t, 0, 2*Pi}, {r, 0, 1}, PlotPoints->30];

　　　g2=ParametricPlot3D[{Cos[t]*Sin[r], Sin[t]Sin[r], Cos[r]+1}, {t, 0, 2*Pi}, {r, 0, Pi/2}, PlotPoints->30];

　　　Show[g1, g2]

则输出所求图形如图 2-61 所示的图形。

例 2.70 作出默比乌斯带(单侧曲面)的图形。

输入　Clear[r, x, y, z];
　　　r[t_, v_]:=2+0.5*v*Cos[t/2];
　　　x[t_, v_]:=r[t, v]*Cos[t]
　　　y[t_, v_]:=r[t, v]*Sin[t]
　　　z[t_, v_]:=0.5*v*Sin[t/2];
ParametricPlot3D[{x[t, v], y[t, v], z[t, v]}, {t, 0, 2 Pi}, {v, −1, 1}, PlotPoints−>{40, 4}, Ticks−>False]
则输出如图 2-62 所示的图形。观察所得到的曲面，理解它是单侧曲面。

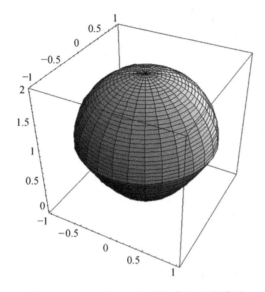
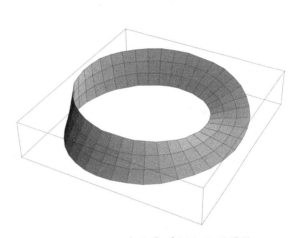

图 2-61　曲面及 xOy 面所围成的立体图形　　　图 2-62　默比乌斯带(单侧曲面)的图形

2.5　保存与退出和查询与帮助

2.5.1　保存与退出

　　Mathematica 很容易保存笔记本中显示的内容，打开位于窗口第一行的 File 菜单，单击 Save 后得到保存文件时的对话框，按要求操作后即可把所要的内容存为 *.nb 文件。如果只想保存全部输入的命令，而不想保存全部输出结果，则可以打开下拉式菜单 Kernel，选中 Delete All Output，然后再执行保存命令。而退出 Mathematica 与退出 Word 的操作是一样的。

2.5.2　查询与帮助

　　查询某个函数(命令)的基本功能，键入"?函数名"，想要了解更多信息，键入"??函数名"。例如：

输入?Plot

输出　Plot[f, {x, x_{min}, x_{max}}] generates a plot of f as a function of x from x_{min} to x_{max}.
　　　Plot[{f_1, f_2, ..., {x, x_{min}, x_{max}}] plots several functions f_i.

这是绘图命令"Plot"的基本使用方法。

输入 ??Plot

则 Mathematica 会输出关于这个命令的选项的详细说明。

此外，Mathematica 的"帮助"菜单中提供了大量的帮助信息，其中"帮助"菜单中的第一项"帮助游览器"是常用的查询工具，读者若想了解更多的使用信息，则应自己通过"帮助"菜单去学习。

2.6 本章小结

本章介绍了 Mathematica 10.2 软件的应用基础。2.1 节介绍了数值运算；2.2 节介绍了 Mathematica 软件中的函数；2.3 节介绍了 Mathematica 软件的表，重点介绍了表的概念、表的操作和表的应用等内容；2.4 节介绍了 Mathematica 软件中常用的作图操作方法，具体包括二维函数作图、二维参数作图、三维函数作图、三维参数作图等内容。

习 题 2

1. 计算下列各式的值。

   (1) 127^{12}；

   (2) $\sqrt{e^3-1}$；

   (3) $89!$；

   (4) $\log_7 314$；

   (5) $\sin\left(\dfrac{\pi^2}{6}\right)$；

   (6) $\arccos\left(\dfrac{\pi}{7}\right)$；

   (7) $\arctan(\log_3 \pi)$；

   (8) $\ln\ln(10^{2\pi}+2)$；

   (9) $\log_3 \sqrt{e^3-1}$；

   (10) $10^{\sqrt{5}}$。

2. 求表达式 $e^{-x}\sin x$ 在 $x=0.5$，1，1.5，2 时精确到 50 位的值。

3. 已知表 L={{y+z}, 23, {x, {a, b}}, y+1, x, {1}}，求 L[[1]]，L[[3]]，L[[-2]]，First[L]，Last[L]，L[[3]][[2]]。

4. 已知表 L={12, {y+z, 4}, {{a, b+3}}, {y+1, x}, {1}}，求 Take[L, 3]，Take[L, {2, 3}]，Drop[L, 2]，Drop[L, {2, 4}]。

5. 已知表 L={{{y+x, 4}}, {{a, {x+3}}}, {y, x}, {x+2}}，求 Prepend[L, {x, y}]，Append[L, k]，Insert[L, {a, b}, 2]。

6. 已知表 L={{x, {y+x, 4, 7}}, {{y, {x, x+3}}}, {y, x}, {x}, x}，求 Length[L]，MemberQ[L, {y, x}]，MemberQ[L, k]，Count[L, x]。

7. 已知矩阵 $A=\begin{pmatrix} 4 & 3 & 1 & 7 \\ 2 & 5 & 4 & 1 \\ 8 & 9 & 2 & 7 \\ 5 & 3 & 1 & 4 \end{pmatrix}$，$B=\begin{pmatrix} 2 & 2 \\ 3 & 1 \\ 5 & 4 \\ 7 & 11 \end{pmatrix}$，求 $A\times B$，$A^{-1}\times B$，并求矩阵 A 的特征值和特征向量。

8. 画出下列函数的图形。

   (1) $\cos x + \sin x, x\in[0, 2\pi]$；

   (2) $\sin(\cos x), x\in[0, 3\pi]$；

(3) $x e^x$，$x \in [-2, 2]$。

9．画出下列参数函数的图形。

(1) $x = t\cos t, y = t\sin t, t \in [0, 2\pi]$；

(2) $x = \cos 3t, y = \sin 5t, t \in [0, \pi]$。

10．画出下列图形。

(1) 圆柱面 $x^2 + y^2 = x$；

(2) 椭球面 $\dfrac{x^2}{4} + \dfrac{y^2}{4} + \dfrac{z^2}{9} = 1$；

(3) 圆锥面 $x^2 + y^2 = z^2$。

第3章 Mathematica 在高等数学中的应用

本章通过将 Mathematica 应用于高等数学的教学实践中，为学生更加深刻地理解和掌握高等数学的基本概念、原理提供了一个比较有效的方法和思路，增强学生对于理论的理解和应用能力，激发学生学习高等数学的兴趣和热情。本章对于提高高等数学课程教学质量具有一定的创新和指导意义。

3.1 极限的运算

3.1.1 数列的极限

例3.1 求极限 $\lim\limits_{n\to\infty}\left(1+\dfrac{1}{2n}\right)^n$。

解：f[n_]:=(1+1/(2n))^n;
　Limit[f[n], n→Infinity]
　Out[1]= $\sqrt{e}$

例3.2 设 $x_1=\sqrt{6}$，$x_{n+1}=\sqrt{6+x_n}$，求 $\lim\limits_{n\to\infty}x_n$。

解：In[1]:=f[1]=N[Sqrt[6], 20];
f[n_]:=N[Sqrt[6+f[n-1]], 20];
f[20]
Out[1]= 2.9999999999999990795

作图观察数列的极限：
In[2]:=f[1]=Sqrt[2];
f[n_]:=Sqrt[2+f[n-1]];
xn=Table[f[n], {n, 1, 20}];
ListPlot[xn, PlotStyle→{Red，PointSize[Large]}，Filling→Axis]
Out[2]=

　(输出图形如图3-1所示)

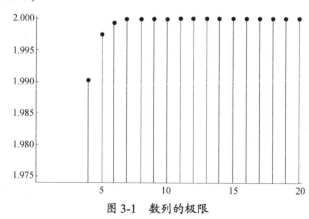

图 3-1　数列的极限

列表观察数列的极限：

In[3]:=f[1]=N[Sqrt[6]，20];
f[n_]:=N[Sqrt[6+f[n-1]]，20];
Do[Print[n," "，f[n]]，{n，20}]
Out[3]=
则输出的列表如下。

1　2.4494897427831780982
2　2.9068006025152771215
3　2.9844263439587979085
4　2.9974032668226005502
5　2.9995671799148957468
6　2.9999278624518449822
7　2.9999879770512156141
8　2.9999979961745333829
9　2.9999996660290703077
10　2.9999999443381778682
11　2.9999999907230296304
12　2.9999999984538382713
13　2.9999999997423063785
14　2.9999999999570510631
15　2.9999999999928418438
16　2.9999999999988069740
17　2.9999999999998011623
18　2.9999999999999668604
19　2.9999999999999944767
20　2.9999999999999990795

故 $\lim\limits_{n\to\infty} x_n = 3$ 。

3.1.2　一元函数的极限

1. 自变量趋于有限值时函数的极限

函数命令格式为

$$\text{Limit}[\,f(x)，x \to x_0\,]$$

例 3.3　求重要极限 $\lim\limits_{x\to 0}\dfrac{\sin x}{x}$。

解：In[1]:= Limit[Sin[x]/x, x→0]
　　Out[1]= 1

例 3.4　求极限 $\lim\limits_{x\to 0}\dfrac{|x|}{x}$。

解：In[1]:= Limit[Abs[x]/x, x->0]
　　Out[1]= 1
　　In[2]:= Limit[Abs[x]/x, x→0，Direction→1]

Out[2]= -1
In[3]:= Limit[Abs[x]/x, x→0, Direction→-1]
Out[3]=1

其中 In[2]和 In[3]是求单侧极限，第三个参数 Direction→1 表示沿坐标轴正方向趋向于 x_0，也就是左极限；Direction→-1 表示沿坐标轴负方向趋向于 x_0，也就是右极限。Limit 的默认值为 Direction→Automatic，它的值为 Direction→-1.因此对于不连续函数，如果没有给出 Direction 选项，Mathematica 给出的极限值可能不正确。

该题由于左右极限不同，所以上述极限不存在。

例 3.5 求极限 $\lim\limits_{x\to 0}\sin\dfrac{1}{x}$。

解：In[1]:= Limit[Sin[1/x], x→0]
Out[1]= Interval[{-1, 1}]

当 $x \to x_0$ 时，函数要来回振动无穷次，Mathematica 返回的极限为区间对象 Interval{min, max}]，表示值的范围介于 min 与 max 之间。

实际上，该题极限不存在。

2. 自变量趋于无穷大时函数的极限

函数命令格式为

$$\text{Limit}[\,f(x)，\text{x}\to\text{Infinity}]$$

例 3.6 求极限 $\lim\limits_{x\to\infty}\left(1+\dfrac{1}{x}\right)^x$。

解：In[1]：=Limit[(1+1/x)^x, x→Infinity]
Out[1]= e

例 3.7 求极限 $\lim\limits_{x\to+\infty}x(\sqrt{x^2+1}-x)$。

解：In[1]： = Limit[x*(Sqrt[x^2+1] -x), x->+Infinity]
Out[1]= 1/2

注：Mathematica 没有区分 ∞ 和 $+\infty$，求 $x\to\infty$ 的极限时要注意。

3.2 导数的运算

3.2.1 一元函数导数

1. 用定义求导数

函数的导数定义式为 $\lim\limits_{x\to a}\dfrac{f(x)-f(a)}{x-a}$ 或 $\lim\limits_{a\to 0}\dfrac{f(x+a)-f(x)}{a}$，可以以此计算函数的导数。

例 3.8 利用定义求函数 $f(x) = x^n (n \in N^+)$ 在 $x=a$ 处的导数。

解：In[1]:= f[x_]:=x^n;
Direvative=Limit[(f[x] -f[a])/(x-a), x->a]
Out[1]= $a^{-1+n}n$

例 3.9 利用定义求函数 $f(x) = \sin x$ 的导数。

解：In[1]:= f[x_]:=Sin[x];

　　　　Direvative=Limit[(f[x+a] −f[x])/a, a−>0]
　　　　Out[1]= Cos[x]

2. 单侧导数

例3.10 设 $f(x)=|x|$，求左导数 $f'(0^-)$ 和右导数 $f'(0^+)$ 及导数。

解：In[1]:= f[x_]:=Which[x<0, −x, x>=0, x];
　　　　Left_Direvative=Limit[(f[x] −f[0])/x, x−>0, Direction−>1]
　　　　Right_Direvative =Limit[(f[x] −f[0])/x, x−>0, Direction−>−1]
　Out[1]= −1
　Out[2]= 1

$f(x)=|x|$ 在 $x=0$ 处左导数 $f'(0^-)=-1$ 和右导数 $f'(0^+)=1$ 虽然都存在，但不相等，故 $f(x)=|x|$ 在 $x=0$ 导数不存在。

例3.11 设 $f(x)=\begin{cases}x, & x<0 \\ \sin x, & x\geq 0\end{cases}$，利用定义求左导数 $f'(0^-)$ 和右导数 $f'(0^+)$ 以及导数。

解：In[1]:= f[x_]:=Which[x<0, x, x>=0, Sin[x]];
　　　　Left_Direvative=Limit[(f[x]−f[0])/x, x−>0, Direction−>1]
　　　　Right_Direvative =Limit[(f[x]−f[0])/x, x−>0, Direction−>−1]
　　　　Out[1]= 1
　　　　Out[2]= 1

$f(x)$ 在 $x=0$ 处左导数 $f'(0^-)$ 和右导数 $f'(0^+)$ 相等且为1，故 $f(x)$ 在 $x=0$ 处的导数为1。

3. 显函数的导数

求一元显函数导数的 Mathematica 函数是 D[f, x]，即求函数 f 对自变量 x 的导数。

例3.12 设 $f(x)=x^n+x^{n-1}+x^2+x+1$，求 $f'(x)$，$f^{(4)}(1)$。

解：In[1]:= f[x_]:=x^n+x^(n−1)+x^2+x+1;
　　　　D[f[x], x]
　Out[1]=$1 + 2x + (-1 + n)x^{-2+n} + nx^{-1+n}$
　In[2]:= f[x_]:=x^n+x^(n−1)+x^2+x+1;D[f[x], {x, 4}]/.x−>1
　Out[2]= (−4 + n) (−3 + n) (−2 + n) (−1 + n) + (−3 + n) (−2 + n) (−1 + n) n

　　D[f[x], {x, n}]/.x→a 返回函数 f 相应于变量 x 在 $x=a$ 处的 n 阶导数值。

4. 复合函数的导数

Mathematica 求导的优点还在于能求抽象的复合函数的导数。

例3.13 求抽象函数 $y=f(x^2+x)$ 的导数。

解：In[1]:= D[f[x^2+x], x]
　　Out[1]= $(1 + 2x) f'[x + x^2]$

5. 隐函数的导数

例3.14 求由方程 $e^y+xy-e=0$ 所确定的隐函数的导数 $\dfrac{dy}{dx}$。

解：In[1]:= F[x_, y_]:= Exp[y]+x×y−Exp[1];
　　　　D[F[x, y[x]]= =0, x]
　　　　Solve[%, y'[x]]
Out[1]= y[x]+e^{y[x]} y'[x]+x y'[x]= =0;
Out[2]= {{y'[x]→−(y[x]/(e^{y[x]}+x))}}

6. 参数方程的导数

参数方程 $\begin{cases} x = x(t) \\ y = y(t) \end{cases}$ 的导数为

$$\frac{dy}{dx} = \frac{y'(t)}{x'(t)}$$

二阶导数为

$$\frac{d^2 y}{dx^2} = \frac{\frac{d}{dt}\left(\frac{dy}{dx}\right)}{\frac{dx}{dt}}$$

例 3.15 设 $x = 2t^2$，$y = \sin t$，求一阶导数和二阶导数。

解：In[1]:=x[t_]:=2t^2; y[t_]:=Sin[t]; Dx:=D[x[t], t]; Dy:=D[y[t], t]; Yijie=Dy/Dx
　　　Y[t_]:=Dy/Dx；Erjie=D[Y[t], t]/D[x[t], t]

Out[1]= Cos[t]/(4 t)

Out[2]= − ((Cos[t]+t Sin[t])/(16 t^3))

7. 函数的微分

利用微分公式 $dy = f'(x)\Delta x$ 和 $dy = f'(x)dx$ 可求函数的微分。

例3.16 求函数 $y = x^3$ 的微分及当 $x = 2$，$\Delta x = 0.02$ 时的微分。

解：　In[1]:=f[x_]:=x^3;
　　　　　dz= =D[f[x], x] dx
　　　　　dz= =D[f[x], x] △x/.{x→2, △x→0.02}
　　　　　Out[1]= dz= =3 dx x^2
　　　　　Out[2]= dz= =0.24

3.2.2 多元函数导数

1. 偏导数

例 3.17 设 $z = x^3 + 3xy + y^3$，求偏导数 $f_x(x, y)$，$f_y(x, y)$，$f_x(1, 2)$，$f_{xx}(x, y)$，$f_{xy}(x, y)$，$f_{yx}(x, y)$，$f_{yy}(x, y)$，$f_{xy}(1, 2)$。

解：In[1]:=f[x_, y_]:=x^3+x×y+y^3;
D[f[x, y], x]   D[f[x, y], y]　D[f[x, y], x]/.{x→1, y→2}　D[f[x, y], x, x]
D[f[x, y], x, y]   D[f[x, y], y, x]　D[f[x, y], y, y]　D[f[x, y], x, y]/.{x→1, y→2}
Out[1]= 3x^2+3y；Out[2]= 3x+3y^2；Out[3]= 9；Out[4]= 6x；
Out[5]= 3；Out[6]= 3；Out[7]= 6y；Out[8]= 3

2. 全微分

例3.18 计算 $z = x^2 y + y^2$ 的全微分及在(2, 1)处的全微分。

解：In[1]:=f[x_, y_]:=x^2×y+y^2;
　　　　dz= =D[f[x, y], x] dx+D[f[x, y], y]dy
　　　　dz= =D[f[x, y], x] dx+D[f[x, y], y]dy/.{x→2, y→1}
　　　Out[1]=dz= =2dx x y+dy (x^2+2y)
　　　Out[2]=dz= =4dx+6dy

3．多元复合函数求导

例 3.19 设 $w = f(x^2 + y^2 + z^2)$，f 具有连续偏导数，求 $\dfrac{\partial w}{\partial x}$ 及 $\dfrac{\partial^2 w}{\partial x \partial z}$。

解：In[1]:=D[f[x^2+y^2+z^2], x]
　　　D[f[x^2+y^2+z^2], x, z]
　　Out[1]= 2 x f′[x²+y²+z²]
　　Out[2]= 4 x z f″[x²+y²+z²]

4．隐函数的导数

1) 一个方程的形式

$F(x, y) = 0$ 所确定的隐函数的导数，利用隐函数求导公式

$$\frac{dy}{dx} = -\frac{F_x}{F_y}$$

例 3.20 求由方程 $e^y + xy - e = 0$ 所确定的隐函数的导数 $\dfrac{dy}{dx}$。

解：In[1]:=F[x_, y_]:= Exp[y]+xy-Exp[1];
　　　Fx=D[F[x, y], x]　Fy=D[F[x, y], y]　−Fx/Fy; Simplify[%]
　　Out[1]=−y；Out[2]= eʸ−x；Out[3]= y/(eʸ−x)

2) 方程组的形式

方程组 $\begin{cases} F(x,y,u,v) = 0 \\ G(x,y,u,v) = 0 \end{cases}$ 所确定的隐函数的导数，利用隐函数求导公式

$$\frac{\partial u}{\partial x} = -\frac{\begin{vmatrix} F_x & F_v \\ G_x & G_v \end{vmatrix}}{\begin{vmatrix} F_u & F_v \\ G_u & G_v \end{vmatrix}}, \quad \frac{\partial u}{\partial y} = -\frac{\begin{vmatrix} F_y & F_v \\ G_y & G_v \end{vmatrix}}{\begin{vmatrix} F_u & F_v \\ G_u & G_v \end{vmatrix}}, \quad \frac{\partial v}{\partial x} = -\frac{\begin{vmatrix} F_u & F_x \\ G_u & G_x \end{vmatrix}}{\begin{vmatrix} F_u & F_v \\ G_u & G_v \end{vmatrix}}, \quad \frac{\partial v}{\partial y} = -\frac{\begin{vmatrix} F_u & F_y \\ G_u & G_y \end{vmatrix}}{\begin{vmatrix} F_u & F_v \\ G_u & G_v \end{vmatrix}}$$

例 3.21 设 $xu-yv=0$，$yu+xv=1$，求 $\dfrac{\partial u}{\partial x}$，$\dfrac{\partial u}{\partial y}$，$\dfrac{\partial v}{\partial x}$，$\dfrac{\partial v}{\partial y}$。

解：In[1]:=F[x_, y_, u_, v_]:=x×u−y×v; G[x_, y_, u_, v_]:=y×u+x×v−1;
　　Fx=D[F[x, y, u, v], x]; Fy=D[F[x, y, u, v], y]; Fu=D[F[x, y, u, v], u];
　　Fv=D[F[x, y, u, v], v]; Gx=D[G[x, y, u, v], x]; Gy=D[G[x, y, u, v], y];
　　Gu=D[G[x, y, u, v], u]; Gv=D[G[x, y, u, v], v];

$$U_x = \frac{\mathrm{Det}\begin{bmatrix} F_x & F_v \\ G_x & G_v \end{bmatrix}}{\mathrm{Det}\begin{bmatrix} F_u & F_v \\ G_u & G_v \end{bmatrix}}$$

$$U_y = \frac{\mathrm{Det}\begin{bmatrix} F_y & F_v \\ G_y & G_v \end{bmatrix}}{\mathrm{Det}\begin{bmatrix} F_u & F_v \\ G_u & G_v \end{bmatrix}}$$

$$Vx = -\frac{\text{Det}\begin{bmatrix} F_u & F_x \\ G_u & G_x \end{bmatrix}}{\text{Det}\begin{bmatrix} F_u & F_v \\ G_u & G_v \end{bmatrix}}$$

$$Vy = -\frac{\text{Det}\begin{bmatrix} F_u & F_y \\ G_u & G_y \end{bmatrix}}{\text{Det}\begin{bmatrix} F_u & F_v \\ G_u & G_v \end{bmatrix}}$$

Out[1]= (-u x-v y)/(x²+y²)
Out[2]= (v x-u y)/(x²+y²)
Out[3]= (-v x+u y)/(x²+y²)
Out[4]= (-u x-v y)/(x²+y²)。

3.3 导数的应用

3.3.1 一元函数导数应用

1. 切线和法线

曲线 $y=f(x)$ 在点 $P(x_0,f(x_0))$ 处的切线方程为

$$y-f(x_0)=f'(x_0)(x-x_0)$$

曲线 $y=f(x)$ 在点 $P(x_0,f(x_0))$ 处的法线方程为

$$y-f(x_0)=\frac{-1}{f'(x_0)}(x-x_0)$$

1) 显函数曲线的切线和法线

例 3.22 求等边双曲线 $y=\dfrac{1}{x}$ 在 $\left(\dfrac{1}{2},2\right)$ 处的切线和法线方程，并作图。

解：In[1]:=f[x_]:=1/x；x₀=1/2;
　　y1= =f[x₀]+f'[x₀] (x-x₀)
　　y2= =f[x₀] －(1/f'[x₀])(x-x₀)
　　qux=Plot[f[x]，{x，0，5}];
　　qiex=Plot[y1=f[x0]+f'[x0] (x-x0)，{x，0，5}];
　　fax=Plot[y2=f[x0] －(1/f'[x0])(x-x0)，{x，0，5}];
　　Show[qux，qiex，fax]
　　Out[1]= y= =2-4 (－(1/2)+x)
　　Out[2]=y= =2+1/4 (－(1/2)+x)

(输出的图形如图 3-2 所示)

2) 一般方程（隐函数）曲线的切线和法线

例 3.23 求曲线 $9x^2+16y^2=144$ 在 $\left(2,\dfrac{3\sqrt{3}}{2}\right)$ 处的切线和法线方程，并作图。

解：In[1]:= F[x_, y_]:=144-9x^2-16y^2;
　　　　x0=2;y0=(3$\sqrt{3}$)/2;
　　　　m=-D[F[x, y], x]/D[F[x, y], y]/.{x→x0, y→y0};
　　　　y==y0+m (x-x0)
　　　　y==y0-(1/m) (x-x0)
　　　　qux=ContourPlot[F[x, y]==0, {x, -5, 5}, {y, -4, 4}];
　　　　qiex=Plot[y0+m (x-x0), {x, -5, 5}];
　　　　fax=Plot[y0-(1/m) (x-x0), {x, -5, 5}];
　　　　Show[qux, qiex, fax]
Out[1]=y==(3$\sqrt{3}$)/2-1/4$\sqrt{3}$(-2+x)
Out[2]=y==(3$\sqrt{3}$)/2+(4(-2+x))/$\sqrt{3}$
(输出的图形如图 3-3 所示)

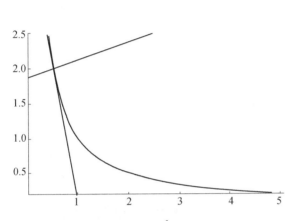
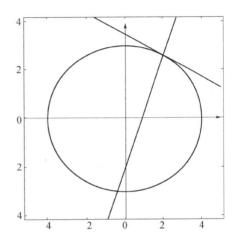

图 3-2　等边双曲线 $y = \dfrac{1}{x}$ 及其在 $\left(\dfrac{1}{2}, 2\right)$ 处的切线和法线

图 3-3　曲线 $9x^2+16y^2=144$ 及其在 $\left(2, \dfrac{3\sqrt{3}}{2}\right)$ 处的切线和法线

3) 参数曲线的切线和法线

例 3.24　求圆 $x=\cos t$，$y=\sin t$ 在 $t=\dfrac{\pi}{4}$ 处的切线和法线方程，并作图。

解：　In[1]:= x[t_]:=Cos[t]
　　　　y[t_]:=Sin[t]
　　　　t0=Pi/4;
　　　　y==y[t0]+(y'[t0]/x'[t0]) (x-x[t0])
　　　　y==y[t0]-(x'[t0]/y'[t0]) (x-x[t0])
　　　　qx=ParametricPlot[{x[t], y[t]}, {t, 0, 2Pi}];
　　　　qiex=ParametricPlot[{x[t0]+x'[t0]t, y[t0]+y'[t0] t}, {t, 0, 2Pi}];
　　　　fax=ParametricPlot[{x[t0]+y'[t0]t, y[t0]-x'[t0] t}, {t, 0, 2Pi}];
　　　　Show[qx, qiex, fax, AspectRatio Automatic, PlotRange {{-5, 5}, All}]
Out[1]= y==$\sqrt{2}$-x
Out[2]= y==x

(输出的图形如图 3-4 所示)

2. 微分中值定理

例 3.25 验证罗尔定理对函数 $f(x)=(x^2+x+2)\sin\pi x$ 在区间[0,1]上的正确性，并求出 ξ 及作图。

解：即验证存在 $\xi\in[0,1]$，使得 $f'(\xi)=0$。

由于 $f(x)$ 在[0,1]处处连续，而且可微，$f(0)=0$，$f(1)=0$，故 $f(x)$ 在区间[0,1]上满足罗尔定理。

In[1]:= f[x_]= (x^2+x+2)×Sin[π×x];
FindRoot[f'[x]= =0, {ξ, 0, 1}]
Out[1]= {ξ→0.573611 }
Plot[{f[x], f[0.573611]}, {x, 0, 1}]

(输出的图形如图 3-5 所示)

ξ= 0.573611 在区间[0, 1]上。

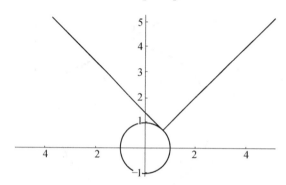

图 3-4 单位圆及其在 $t=\dfrac{\pi}{4}$ 处的切线和法线

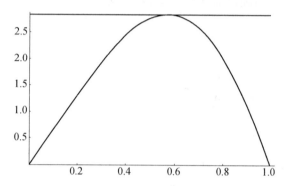

图 3-5 函数 $f(x)=(x^2+x+2)\sin\pi x$ 的图像

例 3.26 在区间[0, 1]上对函数 $f(x)=4x^3-5x^2+x-2$ 验证拉格朗日中值定理的正确性。

解：即验证存在 $\xi\in[0,1]$，使得 $f'(\xi)=\dfrac{f(1)-f(0)}{1-0}$。

In[1]:= f[x_]:=4x^3-5x^2+x-2;
a=0;b=1;
Solve[f'[x] -(f[b] -f[a])/(b-a) = =0, x]
Out[1]={{x→1/12(5-$\sqrt{13}$)}，{x→1/12(5+$\sqrt{13}$)}}

1/12(5-$\sqrt{13}$)，1/12(5+$\sqrt{13}$)都包含在[0, 1]区间内。

例 3.27 在区间 $\left[0,\dfrac{\pi}{2}\right]$ 上对函数 $f(x)=\sin x$ 和 $F(x)=\cos x$ 验证柯西中值定理的正确性。

解：即验证存在 $\xi\in(0,\pi/2)$，使得

$$\dfrac{f'(\xi)}{F'(\xi)}=\dfrac{f\left(\dfrac{\pi}{2}\right)-f(0)}{F\left(\dfrac{\pi}{2}\right)-F(0)}$$

In[1]:=f[x_]:=Sin[x];
F[x_]:=Cos[x];
a=0;b=Pi/2;
Solve[f'[x](F[b] -F[a]) = =F'[x](f[b] -f[a]), x]

Out[1]= {{x→Conditional Expression[− ((3π)/4)+2π C[1], C[1] ∈ Integers]},
{x→Conditional Expression [π/4+2π C[1], C[1] ∈ Integers]}}

其中 x=π/4 在(0, Pi/2)内

3．函数的极值

例 3.28 求函数 $f(x)=2x^3-9x^2+12x-3$ 的单调区间和极值，并作图。

解：In[1]:=f[x_]:=2(x^3) −9(x^2)+12×x−3;
Plot[f[x], {x, −0.5, 3}]
Out[1]=

(输出结果如图 3-6 所示)

In[2]:=d1=FindRoot[f'[x]==0, {x, 1}]
d2=FindRoot[f'[x]==0, {x, 2}]
Out[2]={x→1.}
{x→2.}
In[3]:=f[x]/.d1
f[x]/.d2
Out[3]= 2
Out[4]= 1

4．函数的拐点

例 3.29 求函数 $f(x)=2x^3+3x^2-12x+14$ 的拐点，并作图。

解：In[1]:=f[x_]:=2x^3+3x^2−12x+14;
Plot[f[x], {x, −3, 3}]
Solve[f''[x]==0, x] 求二阶导数的零点
Out[1]={{x→− (1/2)}}
In[2]:=f[− (1/2)]
Out[2]= 41/2

(输出结果如图 3-7 所示)

因此，拐点为 $\left(-\dfrac{1}{2}, \dfrac{41}{2}\right)$。

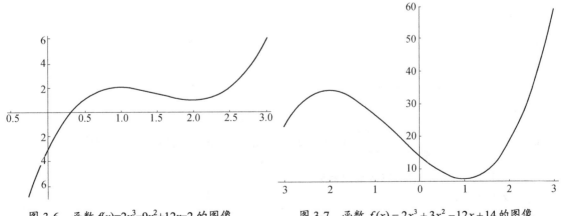

图 3-6 函数 $f(x)=2x^3-9x^2+12x-2$ 的图像   图 3-7 函数 $f(x)=2x^3+3x^2-12x+14$ 的图像

5. 函数的最值

如果函数在闭区间$[a,b]$上连续，那么它的最大值和最小值就可能在区间端点、驻点或不可导点处取得，可以利用Mathematic计算函数的最大值和最小值。

例3.30 求函数$y = x^4 - 8x^2 + 2$在区间$[-1,3]$上的最大值和最小值。

解：In[1]:=f[x_]=x^4-8x^2+2;
Solve[f'[x]= =0]
Out[1]={{x→-2}，{x→0}，{x→2}}
在$[-1,3]$上的驻点为$x = 0$，$x = 2$。
In[2]:= f[-1]; f[0]; f[2]; f[3]
Out[2]=-5
Out[3]=2
Out[4]= -14
Out[5]=11

经比较后可得，$f(x)$在$[-1,3]$上的最大值为$f(3) = 11$和最小值为$f(2) = -14$。

3.3.2 多元函数导数的应用

1. 空间曲线的切线与法平面

曲线Γ：$x = x(t), y = y(t), z = z(t)$在点$M_0$处的切线方程为

$$\frac{x-x_0}{x'(t_0)} = \frac{y-y_0}{y'(t_0)} = \frac{z-z_0}{z'(t_0)}$$

法平面的方程为

$$x'(t_0)(x-x_0) + y'(t_0)(y-y_0) + z'(t_0)(z-z_0) = 0$$

例3.31 求曲线$x = t, y = t^2, z = t^3$在$t = 1$处的切向量、切线方程和法平面方程。

解：In[1]:=x[t_]:=t;y[t_]:=t^2;z[t_]:=t^3;
r[t_]:={x[t], y[t], z[t]}
r'[t]
%/.t->1
(x-x[1])/x'[1]= =(y-y[1])/y'[1]= =(z-z[1])/z'[1]   切线方程
(x-x[1])x'[1]+(y-y[1])y'[1]+(z-z[1])z'[1]= =0   法平面方程
Simplify[%]
Out[1]={1，2 t，3 t²}
Out[2]={1，2，3} 切向量
Out[3]= -1+x= =1/2 (-1+y)= =1/3 (-1+z) 切线方程
Out[4]= -1+x+2 (-1+y)+3 (-1+z)= =0 法平面方程
Out[5]=x+2 y+3 z= =6

例3.32 求曲线$\begin{cases} x^2 + y^2 + z^2 = 6 \\ x + y + z = 0 \end{cases}$在$(1, -2, 1)$处的切向量和切线方程和法平面。

解：In[1]:=F[x_, y_, z_]:=x^2+y^2+z^2-6;
G[x_, y_, z_]:=x+y+z;
x0=1;y0=-2;z0=-1;

```
A=D[F[x, y, z], {{x, y, z}}]/.{x→x0, y→y0, z→z0}
B=D[G[x, y, z], {{x, y, z}}]/.{x→x0, y→y0, z→z0}
T=Cross[A, B]
(x-x0)/T[[1]]= =(y-y0)/T[[2]]= =(z-z0)/T[[3]]
(x-x[1]) T[[1]]+(y-y[1]) T[[2]]+(z-z[1]) T[[3]]= =0
Simplify[%]
```
Out[1]={2, -4, 2}
Out[2]={1, 1, 1}
Out[3]={ -6, 0, 6} 切向量
Power::infy: Infinite expression _1/0_ encountered.
Out[4]= (1-x)/6= =ComplexInfinity= =1/6 (-1+z) 切线方程
实际上在高等数学中该切线方程可表示为
$$(1-x)/6= =(y+2)/0= =1/6 (-1+z)$$
Out[5]= -6 (-1+x)+6 (-1+z)= =0 法平面方程
Out[6]=x= =z

2. 曲面的切平面与法线

空间曲面 $F(x,y,z)=0$，点 M_0 处切平面的方程为

$$F_x\big|_{M_0}(x-x_0)+F_y\big|_{M_0}(y-y_0)+F_z\big|_{M_0}(z-z_0)=0$$

法线方程为

$$\frac{x-x_0}{F_x\big|_{M_0}}=\frac{y-y_0}{F_y\big|_{M_0}}=\frac{z-z_0}{F_z\big|_{M_0}}$$

例 3.33 求曲面 $z=x^2+y^2-z-14$ 在 $(2,1,4)$ 处的法向量、切平面方程和法线方程。

解：
```
In[1]:=F[x_, y_, z_]:=x^2+y^2-z-14;
x0=2;y0=1;z0=4;
n=D[F[x, y, z], {{x, y, z}}]/.{x->x0, y->y0, z->z0}
(x-x0)n[[1]]+(y-y0)n[[2]]+(z-z0)n[[3]] = =0
Simplify[%]
(x-x0)/n[[1]]= =(y-y0)/n[[2]]= =(z-z0)/n[[3]]
```
Out[1]={4, 2, -1}   法向量
Out[2]=4+4 (-2+x)+2 (-1+y) -z= =0   切平面
Out[3]=4 x+2 y= =6+z
Out[4]=1/4 (-2+x)= =1/2 (-1+y)= =4-z   法线方程

3. 梯度与方向导数

例 3.34 设 $f(x)=\frac{1}{2}(x^2+y^2)$，求梯度 $\mathrm{grad}f(x,y)$ 和 $\mathrm{grad}f(1,1)$，并作梯度场的图形。

解：
```
In[1]:=f[x_, y_]:=1/2[x^2+y^2];
grad=D[f[x, y], {{x, y}}]
VectorPlot[%, {x, -1, 1}, {y, -1, 1}]
```

grad/.{x→1，y→1}
Out[1]={x，y}
Out[2]=
(输出结果如图3-8所示)
Out[3]={1，1}

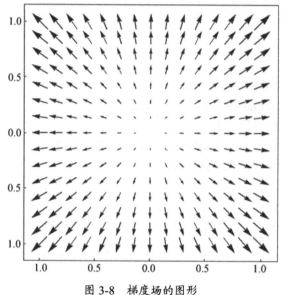

图 3-8　梯度场的图形

例 3.35　设 $f(x,y)=xe^{2y}$，求函数在 (1,0) 处沿方向 $\boldsymbol{a}=(1,-1)$ 的方向导数。

解：In[1]:=f[x_，y_]:=x×e^2y；
　　grad1=D[f[x，y]，{{x，y}}]
　　grad2=grad1/.{x→1，y→0}
　　a={1，-1}；
　　FXDS=grad2.a/Norm[a]
　　Out[1]={e^{2y}，2e^{2y} x}
　　Out[2]={1，2}
　　Out[3]= -(1/$\sqrt{2}$)

4．二元函数的极值

例 3.36　求函数 $f(x,y)=4(x-y)-x^2-y^2$ 的驻点和极值。

解：In[1]:=f[x_，y_]:=-x^2-y^2+4x-4y；
　　fx=D[f[x，y]，x]；
　　fy=D[f[x，y]，y]；
　　Zhudian=Solve[{fx==0，fy==0}]
Out[1]={{x→2，y→-2}}(驻点)
In[2]:=fxx=D[f[x，y]，x，x]；
　　fyy=D[f[x，y]，y，y]；
　　fxy=D[f[x，y]，x，y]；
　　delta=fxx fyy-fxy^2 (判别式)

Out[2]=4
In[3]:={delta, fxx, f[x, y]}/.{x→2, y→-2}
Out[3]={4, -2, 8}

判别式>0，$A<0$，在(2，-2)处有极大值 $f(2,-2)=8$。

3.4 积分的运算

3.4.1 求不定积分

求不定积分的函数为

$$\text{Integrate}[f, x]$$

用于求 $f(x)$ 的一个原函数。使用基本输入模板输入积分符号更为方便。

例 3.37 计算不定积分：(1) $\int x\sin x dx$；(2) $\int \frac{x^2}{(x+2)^3}dx$；(3) $\int \sqrt{a^2-x^2}\, dx$。

解：In[1]: = Integrate[x×Sin[x], x]

或 In[1]: = $\int$ x × sin x d x

  Out[1]= -x Cos[x]+Sin[x]
  In[2]: = $\int$ x^2/(x+2)^3 d x

  Out[2]= (6+4 x)/(2+x)^2+Log[2+x]
  In[3]: = $\int \sqrt{a^2 - x^2}$ d x

  Out[3]=1/2 (x $\sqrt{a^2-x^2}$ +a^2 ArcTan[x/$\sqrt{a^2-x^2}$])

求不定积分由于使用的方法不同，可能得到不同的答案，因此 Mathematica 求出的答案会出现与教科书上答案不同的情况。大多没有化简或使用了双曲函数，Mathematica 不会自动化简对数式或某些三角函数式。

3.4.2 求定积分

1. 定积分

求定积分与求不定积分的函数相同，只是多一些参数：

$$\text{Integrate}[f, \{x, a, b\}]$$

用于求 $\int_a^b f(x)dx$，但通常使用基本输入模板输入积分符号更方便。

例 3.38 计算下列定积分：(1) $\int_1^4 e^x dx$；(2) $\int_0^{\frac{\pi}{2}} \cos^5 x \sin x dx$；(3) $\int_0^a \sqrt{a^2-x^2}\, dx\ (a>0)$。

解：In[1]: =Integrate[e^x, {x, 1, 4}]
  Out[1]= e(-1+e^3)

  In[2]: = $\int_0^{\frac{\pi}{2}}$Cos[x]^5×Sin[x]dx

  Out[2]=1/6
  In[3]: = $\int_0^a \sqrt{a^2-x^2}$dx

  Out[3]= 1/4 a $\sqrt{a^2}$ π

2. 反常积分

例 3.39 计算反常积分：(1) 无穷限反常积分 $\int_{-\infty}^{\infty}\dfrac{1}{1+x^2}dx$ ；(2) 瑕积分 $\int_0^1 1/\sqrt{1-x^2}dx$。

解：In[1]： =$\int_{-\infty}^{\infty}$1/(1+x^2)dx

Out[1]=π

In[2]： = $\int_0^1$1/$\sqrt{1-x^2}$dx

Out[2]=π/2

3.4.3 二重积分

1. 利用直角坐标计算二重积分

对 X – 型区域：$\{(x,y)\,|\,a\leqslant x\leqslant b,\ \varphi_1(x)\leqslant y\leqslant \varphi_2(x)\}$，有

$$\iint_D f(x,y)\mathrm{d}x\mathrm{d}y = \int_a^b \mathrm{d}x \int_{\varphi_1(x)}^{\varphi_2(x)} f(x,y)\mathrm{d}y$$

对 Y – 型区域：$\{(x,y)\,|\,c\leqslant y\leqslant d,\ \psi_1(y)\leqslant x\leqslant \psi_2(y)\}$，有

$$\iint_D f(x,y)\mathrm{d}x\mathrm{d}y = \int_c^d \mathrm{d}y \int_{\psi_1(y)}^{\psi_2(y)} f(x,y)\mathrm{d}x$$

例 3.40 计算二次积分 $\int_0^1 \mathrm{d}x \int_x^1 x^2 \mathrm{e}^{-y^2}\mathrm{d}y$。

解：In[1]： =f[x_, y_]:=x^2 e^-y^2

x1=0; x2=1; y1[x_]:=x; y2[x_]:=1;

Integrate[f[x, y], {x, x1, x2}, {y, y1[x], y2[x]}]

Out[1]= (−2+e)/(6e)

2. 利用极坐标计算二重积分

极坐标系下的面积微元 $\mathrm{d}\sigma = r\mathrm{d}r\mathrm{d}\theta$，直角坐标与极坐标之间的转换关系为 $x=r\cos\theta$，$y=r\sin\theta$，从而得到极坐标系下二重积分公式

$$\iint_D f(x,y)\mathrm{d}x\mathrm{d}y = \iint_D f(r\cos\theta, r\sin\theta) r\mathrm{d}r\mathrm{d}\theta$$

例 3.41 计算二重积分 $\iint_D \ln(1+x^2+y^2)$，其中 $D=\{(x,y)\,|\,x^2+y^2\leqslant 1\}$。

解：In[1]： =f[x_, y_]:= Log[1+x^2+y^2];

a=1;

Integrate[r f[x, y]/.{x→r Cos[t], y→r Sin[t]}, {t, 0, 2Pi}, {r, 0, a}]

Out[1]= π (−1+Log[4])

3.4.4 三重积分

1. 利用直角坐标计算三重积分

$$\iiint_\Omega f(x,y,z)\mathrm{d}x\mathrm{d}y\mathrm{d}z = \int_{x_1}^{x_2}\mathrm{d}x\int_{y_1(x)}^{y_2(x)}\mathrm{d}y\int_{z_1(x,y)}^{z_2(x,y)} f(x,y,z)\mathrm{d}z$$

例 3.42 计算三次积分 $\int_{x_1}^{x_2}\mathrm{d}x\int_{y_1(x)}^{y_2(x)}\mathrm{d}y\int_{z_1(x,y)}^{z_2(x,y)} f(x,y,z)\mathrm{d}z$，其中 $\Omega=\{(x,y,z)\,|\,0\leqslant x\leqslant 1$,

$0 \leqslant y \leqslant 1-x, x+y \leqslant z \leqslant 1$，$f(x,y,z) = \dfrac{\sin z}{z}$。

解：In[1]: =f[x_, y_, z_]:=Sin[z]/z;
x1=0;x2=1;
y1[x_]:=0;y2[x_]:=(1-x);
z1[x_, y_]:=x+y;z2[x_, y_]:=1;
Integrate[f[x, y, z], {x, x1, x2}, {y, y1[x], y2[x]}, {z, z1[x, y], z2[x, y]}]
Out[1]= 1/2 (-Cos[1]+Sin[1])

2. 利用柱坐标计算三重积分

$$\iiint_\Omega f(r\cos\theta, r\sin\theta, z) r \mathrm{d}r\mathrm{d}\theta\mathrm{d}z = \iint_D r\mathrm{d}r\mathrm{d}\theta \int_{z_1(r,\theta)}^{z_2(r,\theta)} f(r\cos\theta, r\sin\theta, z)\mathrm{d}z$$

例3.43 计算三重积分 $\iiint_\Omega z\mathrm{d}v$，其中 Ω 是球面 $x^2+y^2+z^2=4$ 与抛物面 $x^2+y^2=3z$ 所围的立体。

解：由 $\begin{cases} x=r\cos\theta \\ y=r\sin\theta \\ z=z \end{cases}$，知交线为 $\begin{cases} r^2+z^2=4 \\ r^2=3z \end{cases}$，得 $z=1, r=\sqrt{3}$。

用极坐标表示 $\Omega: 0 \leqslant t \leqslant 2\pi$, $0 < r \leqslant \sqrt{3}$, $\dfrac{r^2}{3} \leqslant z \leqslant \sqrt{4-r^2}$，故利用柱坐标求解。

In[1]:=f[x_, y_, z_]:=z;
　t1=0;　t2=2Pi;
　r1[t_]:=0;　r2[t_]:=$\sqrt{3}$;
　z1[t_, r_]:=r^2/3;　z2[t_, r_]:=(4-r^2)^(1/2);
Integrate[r f[x, y, z]/.{x→r Cos[t], y→rSin[t]}, {t, t1, t2}, {r, r1[t], r2[t]}, {z, z1[t, r], z2[t.r]}]
Out[1]= (13π)/4

3. 利用球坐标计算三重积分

$$\iiint_\Omega f(x,y,z)\mathrm{d}x\mathrm{d}y\mathrm{d}z = \iiint_\Omega f(r\sin\varphi\cos\theta, r\sin\varphi\sin\theta, r\cos\varphi)r^2\sin\varphi \mathrm{d}r\mathrm{d}\varphi\mathrm{d}\theta$$

例3.44 计算 $I=\iiint_\Omega (x^2+y^2)\mathrm{d}x\mathrm{d}y\mathrm{d}z$，其中 Ω 是锥面 $x^2+y^2=z^2$ 与平面 $z=a\ (a>0)$ 所围的立体。

解：$z=a \Rightarrow r=\dfrac{a}{\cos\varphi}$，$x^2+y^2=z^2 \Rightarrow \varphi=\dfrac{\pi}{4}$，于是由球面坐标，得

$$\Omega: 0 \leqslant r \leqslant \dfrac{a}{\cos\varphi}, 0 \leqslant \varphi \leqslant \dfrac{\pi}{4}, 0 \leqslant t \leqslant 2\pi$$

In[1]:=f[x_, y_, z_]:= x^2+y^2;
t1=0;t2=2Pi;
phi1[t_]:=0;　phi2[t_]:=Pi/4;
r1[t_, phi_]:=0;　r2[t_, phi_]:=a/Cos[phi];
Integrate[r^2Sin[phi]f[x, y, z]/.{x→r Sin[phi] Cos[t], y→r Sin[phi]Sin[t], z→r Cos[phi]}, {t, t1, t2}, {phi, phi1[t], phi2[t]},
{r, r1[t, phi], r2[t, phi]}]
Out[1]= $a^5\pi/10$

3.4.5 曲线积分

1. 第一类曲线积分的计算

如果曲线 L 的方程为 $\begin{cases} x = x(t) \\ y = y(t) \end{cases}$ $(\alpha \leq t \leq \beta)$，则

$$\int_L f(x,y) \mathrm{d}s = \int_\alpha^\beta f[x(t), y(t)] \sqrt{x'^2(t) + y'^2(t)} \mathrm{d}t$$

例3.45 计算曲线积分 $\int_L (x^2 + y^2) \mathrm{d}s$，其中 L 是中心在 $(R, 0)$、半径为 R 的上半圆周。

解：由于上半圆周的参数方程为 $\begin{cases} x = R(1 + \cos t) \\ y = R \sin t \end{cases}$ $(0 \leq t \leq \pi)$，故

```
In[1]:=f[x_，y_]:=x^2+y^2;
a:=R;
x[t_]:=a (1+Cos[t]);   y[t_]:=a *Sin[t];
t1=0;   t2=2 Pi;
Integrate[Sqrt[x'[t]^2+y'[t]^2]*f[x，y]/.{x→x[t]，y→y[t]}，{t，t1，t2}]
Out[1]= 2π(R^2)^{3/2}
```

2. 第二类曲线积分的计算

如果曲线 L 的方程为 $x = x(t), y = y(t)$，起点为 α，终点为 β。

$$\int_L P(x,y) \mathrm{d}x + Q(x,y) \mathrm{d}y = \int_\alpha^\beta \{P[x(t), y(t)] x'(t) + Q[x(t), y(t)] y'(t)\} \mathrm{d}t$$

例 3.46 计算曲线积分计算 $\int_L y \mathrm{d}x + x \mathrm{d}y$，其中 L：抛物线 $y = 2(x-1)^2 + 1$，x 从 1 变到 2。

```
解：In[1]:=P[x_，y_]:= y;       Q[x_，y_]:= x ;
L[x_]:=2(x−1)^2+1;
a=1;   b=2;
Integrate[(P[x，y]/.{y→L[x]})+(L'[x]*Q[x，y]/.{y→L[x]})，{x，a，b}]
Out[1]=5
```

例 3.47 计算曲线积分 $\int_L x^2 \mathrm{d}x - xy \mathrm{d}y$，其中 L：$x = \cos t, y = \sin t$ $(0 \leq t \leq \pi/2)$。

```
解：In[1]:=P[x_，y_]:=x^2;
       Q[x_，y_]:=−xy;
x[t_]:=Cos[t];       y[t_]:=Sin[t];
t1=0;   t2=Pi/2;
Integrate[(x'[t]P[x，y]/.{x→x[t]，y→y[t]})+(y'[t]Q[x，y]/.{x→x[t]，y→y[t]})，{t，t1，t2}]
Out[1]= − (2/3)
```

3.4.6 曲面积分

1. 第一类曲面积分的计算

$$\iint_\Sigma f(x,y,z) \mathrm{d}S = \iint_{D_{xy}} f[x, y, z(x,y)] \sqrt{1 + z_x^2(x,y) + z_y^2(x,y)} \mathrm{d}x \mathrm{d}y$$

例3.48 计算曲面积分 $\iint_\Sigma \dfrac{1}{z}\mathrm{d}S$，$\Sigma: x^2+y^2+z^2=a^2, z\geqslant h$。

解：Σ 的方程为 $z=\sqrt{a^2-x^2-y^2}$。Σ 在 xOy 面上的投影区域 $D_{xy}:\{(x,y)|x^2+y^2\leqslant a^2-h^2\}$。

又 $\sqrt{1+z_x^2+z_y^2}=\dfrac{a}{\sqrt{a^2-x^2-y^2}}$，利用极坐标，有

```
In[1]:=f[x_, y_, z_]:=1/z;
a:=a;  h:=h;
F[x_, y_]:=Sqrt[a^2-x^2-y^2];
t1=0;t2=2 Pi;
r1[t_]:=0;  r2[t_]:=Sqrt[a^2-h^2];
A=Sqrt[1+D[F[x, y], x]^2+D[F[x, y], y]^2];
B=A f[x, y, z]/.{z→F[x, y]};
Integrate[ r B/.{x→r Cos[t], y→r Sin[t]}, {t, t1, t2}, {r, r1[t], r2[t]}]
Out[1]= √a² π(Log[a²] −Log[h²])
```

2. 第二类曲面积分的计算

(1) 设光滑曲面 Σ：$z=z(x,y)$，与平行于 z 轴的直线至多交于一点，它在 xOy 面上的投影区域为 D_{xy}，则 $\iint_\Sigma R(x,y,z)\mathrm{d}x\mathrm{d}y=\pm\iint_{D_{xy}}R[x,y,z(x,y)]\mathrm{d}x\mathrm{d}y$。取 "+" 号或 "−" 号要根据 γ 是锐角还是钝角而定。

(2) $\iint_\Sigma R(x,y,z)\mathrm{d}x\mathrm{d}y=\iint_\Sigma(P\cos\alpha+Q\cos\beta+R\cos\gamma)\mathrm{d}S=\iint_\Sigma \boldsymbol{A}\cdot\boldsymbol{n}\mathrm{d}S$，其中：

$$\boldsymbol{A}(x,y,z)=P(x,y,z)\boldsymbol{i}+Q(x,y,z)\boldsymbol{j}+R(x,y,z)\boldsymbol{k},\quad \boldsymbol{n}=\cos\alpha\boldsymbol{i}+\cos\beta\boldsymbol{j}+\cos\gamma\boldsymbol{k}$$

例3.49 计算 $\iint_\Sigma xyz\mathrm{d}x\mathrm{d}y$，其中 Σ：是球面 $x^2+y^2+z^2=1$ 外侧在 $x\geqslant 0, y\geqslant 0, z\geqslant 0$ 的部分。

解：$\Sigma: z=\sqrt{1-x^2-y^2}$，$\iint_\Sigma xyz\mathrm{d}x\mathrm{d}y=\iint_{D_{xy}} xy\sqrt{1-x^2-y^2}\mathrm{d}x\mathrm{d}y$，利用极坐标求其值，得

```
In[1]: =f[x_, y_]:= x*y Sqrt[1−x^2−y^2];
   a=1;
Integrate[r f[x, y]/.{x→r Cos[t], y→r Sin[t]}, {t, 0, 2Pi}, {r, 0, a}]
Out[1]=1/15.
```

例3.50 计算 $\iint_\Sigma(z^2+x)\mathrm{d}y\mathrm{d}z-z\mathrm{d}x\mathrm{d}y$，其中 Σ 是旋转抛物面 $z=(x^2+y^2)/2$ 介于平面 $z=0$ 及 $z=2$ 之间的部分的下侧。

解：
```
In[1]: =P[x_, y_, z_]:=z^2+x;
Q[x_, y_, z_]:=0;  R[x_, y_, z_]:=−z;
f[x_, y_]:= [x^2+y^2]/2 ;
F[x_, y_, z_]:=z−f[x, y];
A={P[x, y, z], Q[x, y, z], R[x, y, z]} ;
n=−D[F[x, y, z], {{x, y, z}}];
A.n ;
B=A.n/.{z→f[x, y]} ;
```

```
t1=0;   t2=2Pi;
r1=0;   r2=2;
Integrate[r B/.{x→r Cos[t], y→r Sin[t]}, {t, t1, t2}, {r, r1, r2}]
Out[1]=8π.
```

3.4.7 高斯公式与散度

1. 散度

一般地，设有向量场 $A(x,y,z) = P(x,y,z)\boldsymbol{i} + Q(x,y,z)\boldsymbol{j} + R(x,y,z)\boldsymbol{k}$，$\boldsymbol{n}^\circ$ 是曲面 Σ 的单位法向量。则沿曲面 Σ 的第二类曲面积分 $\Phi = \iint_\Sigma \boldsymbol{A} \cdot \boldsymbol{n}^\circ \mathrm{d}S = \iint_\Sigma P\mathrm{d}y\mathrm{d}z + Q\mathrm{d}z\mathrm{d}x + R\mathrm{d}x\mathrm{d}y$ 称为向量场 $\boldsymbol{A}$ 通过曲面 Σ 流向指定侧的通量。而 $\frac{\partial P}{\partial x} + \frac{\partial Q}{\partial y} + \frac{\partial R}{\partial z}$ 称为向量场 $\boldsymbol{A}$ 的散度，记为 $\mathrm{div}\boldsymbol{A}$，即 $\mathrm{div}\boldsymbol{A} = \frac{\partial P}{\partial x} + \frac{\partial Q}{\partial y} + \frac{\partial R}{\partial z}$。

例3.51 求向量场 $A = \{x^2, y^2, z^2\}$ 的散度 $\mathrm{div}\boldsymbol{A}$ 和 $\mathrm{div}\boldsymbol{A}|_{(1,2,-1)}$。

解：
```
In[1] :=P=x^2;   Q=y^2;   R=z^2;
A:={P, Q, R};
divA=D[P, x]+D[Q, y]+D[R, z]
%/.{x→1, y→2, z→-1}
Out[1]=2 x+2 y+2 z
Out[2]=4
```

2. 高斯公式

设空间闭区域 Ω 由分片光滑的闭曲面 Σ 围成，函数 $P(x,y,z)$、$Q(x,y,z)$、$R(x,y,z)$ 在 Ω 上具有一阶连续偏导数，则有公式 $\iiint_\Omega \left(\frac{\partial P}{\partial x} + \frac{\partial Q}{\partial y} + \frac{\partial R}{\partial z}\right)\mathrm{d}v = \iint_\Sigma P\mathrm{d}y\mathrm{d}z + Q\mathrm{d}z\mathrm{d}x + R\mathrm{d}x\mathrm{d}y$，$\Sigma$ 是 Ω 的整个边界曲面的外侧，$\cos\alpha, \cos\beta, \cos\gamma$ 是 Σ 上点 (x,y,z) 处的法向量的方向余弦。该式称为高斯公式。

例 3.52 计算积分 $\iint_\Sigma x^2\mathrm{d}y\mathrm{d}z + y^2\mathrm{d}z\mathrm{d}x + z^2\mathrm{d}x\mathrm{d}y$，其中 Σ 是长方体 $\Omega = \{(x,y,z) | 0 \leqslant x \leqslant a, 0 \leqslant y \leqslant b, 0 \leqslant z \leqslant c\}$ 的整个表面的外侧。

解：先求散度，由例3.51可知 $\mathrm{div}\boldsymbol{A} = 2x + 2y + 2z$。

用高斯公式，$\iint_\Sigma x^2\mathrm{d}y\mathrm{d}z + y^2\mathrm{d}z\mathrm{d}x + z^2\mathrm{d}x\mathrm{d}y = \iiint_\Omega 2(x+y+z)\mathrm{d}x\mathrm{d}y\mathrm{d}z$，再直角坐标计算散度的三重积分：
```
In[1] := f[x_, y_, z_]:=2(x+y+z);
x1=0;   x2=a;   y1=0;   y2=b;   z1=0;   z2=c;
Integrate[f[x, y, z], {x, x1, x2}, {y, y1, y2}, {z, z1, z2}]
Out[1]= a b c (a+b+c)
```

3.4.8 斯托克斯公式与旋度

1. 旋度

设向量场 $A(x,y,z) = P(x,y,z)\boldsymbol{i} + Q(x,y,z)\boldsymbol{j} + R(x,y,z)\boldsymbol{k}$，向量场 $\boldsymbol{A}$ 的旋度记为 $\mathrm{rot}\boldsymbol{A}$。

$$\text{rot}A = \left(\frac{\partial R}{\partial y} - \frac{\partial Q}{\partial z}\right)\boldsymbol{i} + \left(\frac{\partial P}{\partial z} - \frac{\partial R}{\partial x}\right)\boldsymbol{j} + \left(\frac{\partial Q}{\partial x} - \frac{\partial P}{\partial y}\right)\boldsymbol{k}$$

例3.53 求向量场 $A = \{z, x, y\}$ 的旋度 rot$A$ 。

解：In[1] :=P=z;   Q=x;   R=y;   A={P, Q, R} ;
    rotA={D[R, y] −D[Q, z], D[P, z] −D[R, x], D[Q, x] −D[P, y]}
Out[1]= {1, 1, 1}

2．斯托克斯公式

设 Γ 为分段光滑的空间有向闭曲线，Σ 是以 Γ 为边界的分片光滑的有向曲面，Γ 的正向与 Σ 的侧符合右手规则，函数 $P(x,y,z), Q(x,y,z), R(x,y,z)$ 在包含曲面 Σ 在内的一个空间区域内具有一阶连续偏导数，则有公式

$$\iint_{\Sigma}\left(\frac{\partial R}{\partial y} - \frac{\partial Q}{\partial z}\right)\mathrm{d}y\mathrm{d}z + \left(\frac{\partial P}{\partial z} - \frac{\partial R}{\partial x}\right)\mathrm{d}z\mathrm{d}x + \left(\frac{\partial Q}{\partial x} - \frac{\partial P}{\partial y}\right)\mathrm{d}x\mathrm{d}y = \oint_{L} P\mathrm{d}x + Q\mathrm{d}y + R\mathrm{d}z$$

该式称为斯托克斯公式。

例3.54 计算曲线积分 $\int_{L} z\mathrm{d}x + x\mathrm{d}y + y\mathrm{d}z$ ，其中 L 为平面 $x + y + z = 1$ 在第一卦限部分的整个边界(图 3-9)。

解：$\Sigma: z = 1 - x - y$ ($D: 0 \leqslant x \leqslant 1, 0 \leqslant y \leqslant 1 - x$) 先求旋度 rot$A$ ，由例 3.53 可知 rot$A = \{1, 1, 1\}$ ，再利用斯托克斯公式

$$\oint_{\Gamma} z\mathrm{d}x + x\mathrm{d}y + y\mathrm{d}z = \iint_{\Sigma} \mathrm{d}y\mathrm{d}z + \mathrm{d}z\mathrm{d}x + \mathrm{d}x\mathrm{d}y$$

In[1] := f[x_, y_]:=1−x−y;
F[x_, y_, z_]:=z−f[x, y];
rotA={1, 1, 1};
n=D[F[x, y, z], {{x, y, z}}] ;
x1=0; x2=1;   y1[x_]:=0;   y2[x_]:=1−x;
Integrate[rotA.n/.{z→f[x, y]}, {x, x1, x2}, {y, y1[x_], y2[x_]}]
Out[1]= 3/2

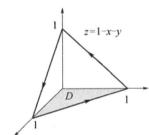

图 3-9　平面 $x+y+z=1$ 的第一卦限部分

3.5　积分的应用

3.5.1　定积分的应用

1．求平面图形的面积

1) 直角坐标形式

曲线 $y = f(x)$ ，$f(x) \geqslant 0$ ，$a \leqslant x \leqslant b$ 和 x 轴所围成的曲边梯形的面积为 $A = \int_{a}^{b} f(x)\mathrm{d}x$ 。

例3.55 求曲线 $y = \sin x$ ，$0 \leqslant x \leqslant \pi$ 与 x 轴所围成图形的面积，并作图(图 3-10)。

解：In[1]:= Plot[Sin[x], {x, 0, Pi}, Filling→Axis]
    A=Integrate[Sin[x], {x, 0, Pi}]
    Out[1] (输出的结果如图 3-10 所示)
    Out[1]=2

设 $f(x) \geqslant g(x)$ ($a \geqslant x \geqslant b$) ，则曲线 $y = f(x)$ 和 $y = g(x)$ 之间的图形的面积为

$$A = \int_{a}^{b} [f(x) - g(x)]\mathrm{d}x$$

例 3.56 计算由两条抛物线 $x=y^2$，$y=x^2$ 所围成图形的面积，并作图(图 3-11)。

解：In[1]:= f[x_]:=x^(1/2)
g[x_]:=x^2
Plot[{f[x], g[x]}, {x, 0, 1.2}, Filling->{1}]
Solve[f[x]= =g[x], x]
Out[1]= (输出的结果如图3-11所示)
Out[2]= {{x→0}, {x→1}}
In[2]:= A=Integrate[f[x] −g[x], {x, 0, 1}]
Out[3]= 1/3

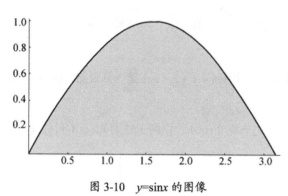

图 3-10　$y=\sin x$ 的图像　　　　　图 3-11　抛物线 $x=y^2$，$y=x^2$ 所围成的图形

2) 极坐标形式

由曲线 $\rho=\varphi(\theta)$，$\varphi(\theta)>0$，和射线 $\theta=\alpha$，$\theta=\beta$ 所围成的曲边梯形的面积为：

$$A=\int_\alpha^\beta \frac{1}{2}[\varphi(\theta)]^2 \mathrm{d}\theta$$

例 3.57 计算阿基米德螺线 $\rho=3\theta$ $(a>0)$ 上相应于 θ 从 0 变到 2π 的一段弧与极轴所围成的图形的面积并作图。

解：In[1]:= PolarPlot[3θ, {θ, 0, 2Pi}]
　　　A=Integrate [1/2(3θ)^2, {θ, 0, 2Pi}]
　　　Out[1]=(输出的结果如图 3-12 所示)
　　　Out[2]=12 π^3

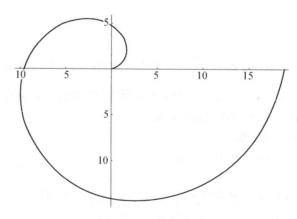

图 3-12　阿基米德螺线

2. 求体积

1) 旋转体的体积

曲线 $y = f(x)$ ($a \leq x \leq b$) 绕 x 轴旋转而成的旋转体的体积为 $V = \int_a^b \pi [f(x)]^2 dx$。

曲线 $x = \varphi(y)$、直线 $y = c$、$y = d$ 及 y 轴所围成的曲边梯形绕 y 轴旋转而成的立体的体积为
$$V = \int_c^d \pi [\varphi(y)]^2 dy$$

例 3.58 计算由椭圆 $\dfrac{x^2}{a^2} + \dfrac{y^2}{b^2} = 1$ 围成的平面图形绕 x 轴旋转而成的旋转椭球体的体积。

解：该旋转体可视为由上半椭圆 $y = \dfrac{b}{a}\sqrt{a^2 - x^2}$ 及 x 轴所围成的图形绕 x 轴旋转而成的立体。

故所求旋转椭球体的体积为 $V = \pi \int_{-a}^a f^2(x) dx$。

```
In[1]:= f[x_]:=b/a Sqrt[a^2 − x^2]
V = Pi Integrate[f[x]^2, {x, −a, a}]
Out[1]= 4/3 a b² π
```

2) 平行截面面积为已知的立体的体积

平行截面面积为已知的立体的体积为 $V = \int_a^b A(x) dx$。

例 3.59 一平面经过半径为 R 的圆柱体的底圆中心，并与底面交成角 α，计算这平面截圆柱体所得立体的体积(图 3-13)。

解：截面面积为 $A(x) = \dfrac{1}{2}(R^2 - x^2) \tan \alpha$。

```
In[1]:= A[x_]:=1/2(R^2−x^2)tanα;
V = Integrate[A[x], {x, −R, R}]
   Out[1]= (2 R³ tanα)/3
```

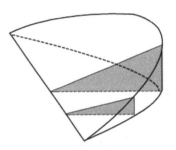

图 3-13　平面截圆柱体所得立体

3.5.2　重积分的应用

1. 曲面的面积

$$\iint_\Sigma 1 dS = \iint_{D_{xy}} \sqrt{1 + z_x^2(x,y) + z_y^2(x,y)} dx dy$$

例 3.60 求球面 $x^2 + y^2 + z^2 = a^2$ 的面积。

解：上半球面方程为 $z = \sqrt{a^2 - x^2 - y^2}$，故 $\sqrt{1 + z_x^2 + z_y^2} = \dfrac{a}{\sqrt{a^2 - x^2 - y^2}}$。

```
In[1]:= f[x_, y_]:=Sqrt[a^2−x^2−y^2];
a:=a ;
t1=0;  t2=2Pi;  r1[t_]:=0;  r2[x_]:=a;
A1 =Sqrt[1+D[f[x, y], x]^2+D[f[x, y], y]^2]
Integrate[r A1/.{x→r Cos[t], y→r Sin[t]}, {t, t1, t2}, {r, r1[t], r2[t]}]
Out[1]= 2 a² π
```

2. 体积

当 $f(x,y,z) \equiv 1$ 时，设积分区域 Ω 的体积为 V，则有 $V = \iiint_\Omega 1 \cdot dv = \iiint_\Omega dv$。

例3.61 求平面 $x = 0, y = 0, z = 0, x + y = 1$ 以及曲面 $z = 6 - x^2 - y^2$ 所围成的立体的体积。

解：体积 $V = \iiint_\Omega 1 \cdot dv = \iiint_\Omega dv$

In[1]: =f[x_, y_, z_]:=1;
x1=0; x2=1; y1[x_]:=0; y2[x_]:=(1-x); z1[x_, y_]:=0; z2[x_, y_]:=6-x^2-y^2;
Integrate[f[x, y, z], {x, x1, x2}, {y, y1[x], y2[x]}, {z, z1[x, y], z2[x, y]}]
Out[1]=17/6

3.6 空间解析几何

3.6.1 向量及其线性运算

1. 数量积、向量积、混合积

例 3.62 已知向量 $a = \{1,2,4\}$，$b = \{-2,3,6\}$，$c = \{2,4,-2\}$，求数量积 $a \cdot b$，向量积 $a \times b$ 和混合积 $(a \times b) \cdot c$。

解：In[1]: =a={1, 2, 4};b={-2, 3, 6};c={2, 4, -2};
　　　a.b　　Cross[a, b]　　Cross[a, b].c
Out[1]=28
Out[2]={0, -14, 7}
Out[3]= -70

2. 向量的模和单位化

向量的模 $|a| = \sqrt{a \cdot a}$；单位化 $a^0 = \dfrac{a}{|a|}$

例 3.63 求向量 $a = \{4, -3, 2\}$ 的模和单位向量。

解：In[1]: =a={4, -3, 2}
Norm[a]　（模）
Normalize[a]　（单位化）
Out[1]= $\sqrt{29}$
Out[2]= $\left\{\dfrac{4}{\sqrt{29}}, \dfrac{-3}{\sqrt{29}}, \dfrac{2}{\sqrt{29}}\right\}$

3. 两点的距离

例 3.64 求已知两点 $M_1(2,2,\sqrt{2})$ 和 $M_2(1,3,0)$ 的距离。

解：In[1]: =A={2, 2, Sqrt[2]};B={1, 3, 0};
a=B-A;
Sqrt[a.a];
Out[1]=2

3.6.2 直线和平面方程

1. 直线方程

已知方向向量 $s = \{m, n, p\}$，过点 (x_0, y_0, z_0) 的直线方程

$$\frac{x-x_0}{m} = \frac{y-y_0}{n} = \frac{z-z_0}{p}$$

例 3.65 求过点 $(-3, 2, 5)$ 且与两平面 $x-4z=3$ 和 $2x-y-5z=1$ 的交线平行的直线方程。

解：In[1]：= a={1, 0, 4}; b={2, -1, -5};
 s= Cross[a, b]
 x0= -3; y0=2; z0=5;
 (x-x0)/s[[1]]= =(y-y0)/s[[2]]= =(z-z0)/s[[3]]
Out[1]={ -4, -3, -1}
Out[2]= 1/4 (-3-x)= =(2-y)/3= =5-z

2．平面方程

已知法向量 $\mathbf{n} = \{A, B, C\}$，过点 (x_0, y_0, z_0) 的平面方程为

$$A(x-x_0)+B(y-y_0)+C(z-z_0)=0$$

例 3.66 求过三点 $A(2,-1,4)$、$B(-1,3,-2)$ 和 $C(0,2,3)$ 的平面方程。

解：In[1]：= a={2, -1, 4}; b={-1, 3, -2};c={0, 2, 3};
n1=c-a; n2=c-b;
n= Cross[n1, n2]
(x-a[[1]]) n[[1]]+(y-a[[2]]) n[[2]]+(z-a[[3]]) n[[3]] = =0;
Simplify[%]
Out[1]={14, 9, -1}
Out[2]=14 x+9 y= =15+z

3.7 级数的运算

3.7.1 常数项级数求和

级数求和的函数为 Sum[f[n], {n, 1, Infinity}]。

例 3.67 求级数 $\sum_{n=1}^{\infty}\frac{2+(-1)^n}{2^n}$ 的和。

解：In[1]：= f[n_]:={2+ (-1)^n}/2^n;
Sum[f[n], {n, 1, Infinity}]
Out[1]={5/3}

例 3.68 求调和级数 $\sum_{n=1}^{\infty}\frac{1}{n}$ 的和。

解：In[1]：=f[n_]:=1/n;
Sum[f[n], {n, 1, Infinity}]
Sum::div: Sum does not converge.   （级数发散）

Out[1]= $\sum_{n=1}^{\infty}\frac{1}{n}$

3.7.2 幂级数

1．幂级数的收敛半径与收敛域

求幂级数的收敛半径与收域的公式为 $\lim_{n\to\infty}\left|\frac{a_{n+1}}{a_n}\right|=\rho$ 或 $\lim_{n\to\infty}\sqrt[n]{|a_n|}=\rho$；如果幂级数有缺项，如缺

少奇数次幂的项等，则应将幂级数视为函数项级数并利用比值判别法或根值判别法其收敛域。

例 3.69 求幂级数 $\sum_{n=1}^{\infty} \dfrac{x^n}{n!}$ 收敛半径和收敛域。

解：In[1]：=a[n_]:=1/n!
f[x_, n_]:=a[n]x^n;
r=Limit[Abs[a[n+1]/a[n]], n->Infinity];
R=1/r
Sum[f[-1, n], {n, 1, Infinity}] (左端点)
Sum[f[1, n], {n, 1, Infinity}] (右端点)
Out[1]= ComplexInfinity 半径为正无穷。
(1-e)/e (左端点处收敛)
-1+e (右端点处收敛)
收敛域：$-\infty<x<+\infty$

例 3.70 求幂级数 $\sum_{n=0}^{\infty} \dfrac{(2n)!}{(n!)^2} x^{2n}$ 收敛半径和收敛域。

解：In[1]：=a[n_]:=(2 n)!/(n!)^2
f[x_, n_]:=a[n]x^(2n);
r=Limit[Abs[a[n+1]/a[n]], n->Infinity];
R=1/Sqrt[r]
Out[1]= 1/2
Sum[f[-1/2, n], {n, 0, Infinity}] (左端点)
Sum[f[1/2, n], {n, 0, Infinity}] (右端点)
Sum::div: Sum does not converge.

Out[1]= $\sum_{n=0}^{\infty} \dfrac{\left(-\dfrac{1}{2}\right)^{2n}(2n)!}{(n!)^2}$ (左端点处发散)

Sum::div: Sum does not converge.

Out[2]= $\sum_{n=0}^{\infty} \dfrac{2^{-2n}(2n)!}{(n!)^2}$ (右端点处发散)

收敛域：$-1/2<x<1/2$

2. 幂级数的和函数

例 3.71 求幂级数 $\sum_{n=1}^{\infty} \dfrac{x^n}{n!}$ 的和函数。

解：In[1]： = a[n_]:=1/n!
f[x_, n_]:=a[n]x^n;
Sum[f[x, n], {n, 1, Infinity}]
Out[1]= $-1+e^x$

3.7.3 函数展开成幂级数

1. 泰勒级数

求泰勒级数的函数为 Series[f[x], {x, x0, n}]，其中 n 为泰勒级数的阶数。

例 3.72 求出函数 $f(x) = \sin x$ 在 x0=2 处的三阶泰勒公式。

解：In[1]：=f[x_]:=Sin[x];   x0=0;
Series[f[x], {x, x0, 3}]
Out[1]= Sin[2]+Cos[2] (x-2)-1/2 Sin[2] (x-2)^2-1/6 Cos[2] (x-2)^3+O[x-2]^4

例 3.73 求函数 $f(x) = e^x$ 的 5 次麦克劳林级数。

解：In[1]：=f[x_]:=Exp[x];   x0=0;   k=5;
Normal[Series[f[x], {x, x0, k}]]
Out[1]=1+x+x^2/2+x^3/6+x^4/24+x^5/120

2．傅里叶级数

(1) 周期为 2π 的周期函数的傅里叶系数为

$$\begin{cases} a_n = \dfrac{1}{\pi}\int_{-\pi}^{\pi} f(x)\cos nx \mathrm{d}x, & n = 0,1,2,\cdots \\ b_n = \dfrac{1}{\pi}\int_{-\pi}^{\pi} f(x)\sin nx \mathrm{d}x, & n = 1,2,3,\cdots \end{cases}$$

例 3.74 求函数 $f(x) = \begin{cases} 1, & 0 \leqslant x < \pi \\ -1, & -\pi \leqslant x < 0 \end{cases}$ 的 5 次傅里叶级数。

解：In[1]：=f[x_]:=Which[-Pi<=x<0, -1, 0<=x<Pi, 1]
f[x_]:=f[x-2Pi]/;x>Pi
f[x_]:=f[x-2Pi]/;x<-Pi
k=5;
a[n_]:=(1/Pi)Integrate[f[x] Cos[n x], {x, -Pi, Pi}]
b[n_]:=(1/Pi)Integrate[f[x] Sin[n x], {x, -Pi, Pi}]
a[0]/2+Sum[a[n] Cos[n x]+b[n] Sin[n x], {n, 1, k}]
Out[1]= (4 Sin[x])/π +(4 Sin[3 x])/(3 π)+(4 Sin[5 x])/(5 π)

(2) 周期为 2l 的周期函数的傅里叶系数为

$$\begin{cases} a_n = \dfrac{1}{l}\int_{-l}^{l} f(x)\cos\dfrac{n\pi x}{l} \mathrm{d}x, & n = 0,1,2,\cdots \\ b_n = \dfrac{1}{l}\int_{-l}^{l} f(x)\sin\dfrac{n\pi x}{l} \mathrm{d}x, & n = 1,2,3,\cdots \end{cases}$$

例 3.75 设 $f(x)$ 是周期为 4 的周期函数，它在 [−2,2) 上的表达式为 $f(x) = \begin{cases} 0, & -2 \leqslant x < 0 \\ k, & 0 \leqslant x < 2 \end{cases}$，试将 $f(x)$ 展开成 5 次傅里叶级数。

解：In[1]：=f[x_]:=Which[-2<=x<0, 0, 0<=x<2, k]
f[x_]:=f[x-4]/;x>2
f[x_]:=f[x-4]/;x<-2
t=5;
a[0]=(1/2)Integrate[f[x], {x, -2, 2}];
a[n_]:=(1/2)Integrate[f[x] Cos[n π x/2], {x, -2, 2}]
b[n_]:=(1/2)Integrate[f[x] Sin[n π x/2], {x, -2, 2}]
a[0]/2+Sum[a[n] Cos[n π x/2]+b[n] Sin[n π x/2], {n, 1, t}]

Out[1]= k/2+(2 k Sin[(π x)/2])/π +(2 k Sin[(3 π x)/2])/(3 π)+(2 k Sin[(5 π x)/2])/(5 π)

3.8 本章小结

本章介绍了 Mathematica 在高等数学中的应用。3.1 节介绍了极限的运算；3.2 节介绍了导数的运算；3.3 节介绍了导数的应用；3.4 节介绍了积分的运算；3.5 节介绍了积分的应用；3.6 节介绍了空间解析几何的应用；3.7 节介绍了级数的运算。

习 题 3

1. 求极限 $\lim\limits_{n\to\infty}\left(1-\dfrac{1}{n}\right)^n$。

2. 求极限 (1) $\lim\limits_{x\to 0}\dfrac{\sin 3x}{5x}$；(2) $\lim\limits_{x\to\frac{\pi}{2}-0}\tan x$；(3) $\lim\limits_{x\to 0^+}\dfrac{\ln|x|}{x}$；(4) $\lim\limits_{x\to 0}\tan\dfrac{1}{x}$。

3. 求极限 (1) $\lim\limits_{x\to\infty}\left(1-\dfrac{1}{x}\right)^{kx}$；(2) $\lim\limits_{x\to +\infty}\arctan x$；(3) $\lim\limits_{x\to -\infty}\arctan x$。

4. 设 $f(x)=\begin{cases} x, & x<0 \\ \sin 2x, & x\geqslant 0\end{cases}$，求 $f(x)$ 在 $x=0$ 处左导数 $f'(0^-)$ 和右导数 $f'(0^+)$ 以及导数。

5. 求函数 $f(x)=(2x^2+3)\sin x$ 在 $x=3$ 处的一阶导数 $f'(3)$。

6. 求函数 $y=f(\sin x)+f(\cos x)$ 的一阶导数。

7. 设 $y=1-xe^y$，求 $\dfrac{dy}{dx}$。

8. 设 $f(x,y)=\sin(x^2+2y)$，求 $f_x(x,y)$，$f_y(x,y)$，$f_x(1,2)$，$f_{xx}(x,y)$，$f_{xy}(x,y)$，$f_{yx}(x,y)$，$f_{yy}(x,y)$，$f_{xy}(1,2)$。

9. 设 $z=e^{xy}$ 的全微分及在 $(2,1)$ 处的全微分。

10. 设 $u^2-v+x=0$，$u+v^2-y=0$，求 $\dfrac{\partial u}{\partial x}$，$\dfrac{\partial u}{\partial y}$，$\dfrac{\partial v}{\partial x}$，$\dfrac{\partial v}{\partial y}$。

11. 求 $y=\sin x$ 在 $(1,\sin 1)$ 处的切线和法线方程，并作图。

12. 验证罗尔定理对函数 $f(x)=\ln\sin x$ 在区间 $\left[\dfrac{\pi}{6},\dfrac{5\pi}{6}\right]$ 上的正确性，并求出 ξ。

13. 在区间 $[0,1]$ 上对函数 $f(x)=4x^3-5x^2+x-2$ 验证拉格朗日中值定理的正确性。

14. 在区间 $\left[0,\dfrac{\pi}{2}\right]$ 上对函数 $f(x)=\sin x$ 和 $F(x)=x+\cos x$ 验证柯西中值定理的正确性。

15. 求函数 $f(x)=2\sin^2(2x)-\dfrac{5}{2}\cos^2\left(\dfrac{x}{2}\right)$ 在 $(0,\pi)$ 内的极值，并作图。

16. 求函数 $f(x)=x^3-2x+3$ 的凹凸区间，并作图。

17. 求曲线 $\begin{cases} x^2+y^2+z^2=2 \\ x+y+z=0 \end{cases}$ 在 $(1,0,-1)$ 处的切向量和切线方程和法平面。

18. 求曲面 $x^2+y^2+z^2=14$ 在 $(1,2,3)$ 处的法向量、切平面方程和法线方程。

19. 设 $f(x,y)=x^2+\cos(2y)$，求梯度 $\mathrm{grad}f(x,y)$ 和 $\mathrm{grad}f(x,y)$，并作梯度场的图形。

20. 设 $f(x,y)=x^2+\cos(2y)$，求函数在 $(1,2)$ 处沿方向 $\boldsymbol{a}=\{2,-3\}$ 的方向导数。

21. 求函数 $f(x,y)=x^3-y^3+3x^2+3y^2-9x$ 的驻点和极值。

22. 计算下列积分。

(1) $\int\dfrac{2x^4+x^2+3}{x^2+1}dx$；(2) $\int_0^1\arcsin x\,dx$；(3) $\int_1^{+\infty}\dfrac{1}{x^4}dx$。

23. 计算二次积分 $\int_{x_1}^{x_2}dx\int_{y_1(x)}^{y_2(x)}f(x,y)dy$，其中 $D=\{(x,y)|1\leqslant x\leqslant 2,1\leqslant y\leqslant x\}$，$f(x,y)=xy$。

24. 计算二重积分 $\iint\limits_D\arctan\dfrac{y}{x}dxdy$，其中 $D=\{(x,y)|1\leqslant x^2+y^2\leqslant 4,0\leqslant y\leqslant x\}$。

25. 计算三重积分 $\iiint\limits_\Omega z\,dv$，其中 $\Omega:x^2+y^2\leqslant z\leqslant 4$。

26. 计算曲线积分 $\int_L\sqrt{y}\,ds$，其中 $L:y=x^2$ $(0\leqslant x\leqslant 1)$。

27. 求球面 $\Sigma:x^2+y^2+z^2=2^2$ 的面积 $\Sigma:x=a\sin\varphi\cos\theta,y=a\sin\varphi\sin\theta,z=a\cos\varphi$ $(0\leqslant\varphi\leqslant\pi,0\leqslant\theta\leqslant 2\pi)$

28. 已知向量 $\boldsymbol{a}=\{x_1,y_1,z_1\}$，$\boldsymbol{b}=\{x_2,y_2,z_2\}$，$\boldsymbol{c}=\{x_3,y_3,z_3\}$，求数量积 $\boldsymbol{a}\cdot\boldsymbol{b}$，向量积 $\boldsymbol{a}\times\boldsymbol{b}$ 和混合积 $(\boldsymbol{a}\times\boldsymbol{b})\cdot\boldsymbol{c}$。

29. 求幂级数 $\sum\limits_{n=1}^{\infty}\dfrac{x^{2n-1}}{2^n}$ 收敛域与和函数。

30. 求函数 $f(x)=\cos x$ 的 5 次麦克劳林多项式。

第 4 章　Mathematica 在线性代数中的应用

4.1　行 列 式

Mathematica 在线性代数的数值计算中有着广泛的应用，本章首先探讨利用 Mathematica 计算行列式及利用克拉默法则解特殊的线性方程组；然后利用 Mathematica 解决矩阵的线性运算，逆矩阵及求矩阵的秩，解齐次及非齐次线性方程组；通过化矩阵为行最简形矩阵来求向量组的秩、最大线性无关组以及研究向量组的线性相关性；最后通过求二次型矩阵的特征值和特征向量，将二次型的矩阵对角化，从而实现将二次型化为标准型的计算。

4.1.1　行列式的计算

行列式的计算中的一个重要命令是 Det[A]；表示对矩阵 A 取行列式。命令：A//MatrixForm 表示写出 A 的矩阵形式；Factor[%]因式分解；Det[Van]//Simplify 化简以上结果；Factor[Det[Van]] 因式分解以上结果。

例 4.1　计算三阶行列式 $|A| = \begin{vmatrix} 2 & 0 & 1 \\ 1 & -4 & -1 \\ -1 & 8 & 3 \end{vmatrix}$。

输入　　A={{2, 0, 1}, {1, -4, -1}, {-1, 8, 3}};
　　　　Det[A]
输出　　-4

例 4.2　计算四阶行列式 $|A| = \begin{vmatrix} 4 & 1 & 2 & 4 \\ 1 & 2 & 0 & 2 \\ 10 & 5 & 2 & 0 \\ 0 & 1 & 1 & 7 \end{vmatrix}$。

输入　　A={{4, 1, 2, 4}, {1, 2, 0, 2}, {10, 5, 2, 0}, {0, 1, 1, 7}};
　　　　Det[A]
输出　　0

例 4.3　求解方程 $\begin{vmatrix} x+1 & 2 & -1 \\ 2 & x+1 & 1 \\ -1 & 1 & x+1 \end{vmatrix} = 0$。

输入　　A={{x+1, 2, -1}, {2, x+1, 1}, {-1, 1, x+1}}
　　　　Solve[Det[A]= =0, x]
输出　　{{1+x, 2, -1}, {2, 1+x, 1}, {-1, 1, 1+x}}
　　　　{{x->-3}, {x->-$\sqrt{3}$ }, {x->$\sqrt{3}$ }}

例 4.4 计算行列式 $\begin{vmatrix} a & b & c & d \\ a & a+b & a+b+c & a+b+c+d \\ a & 2a+b & 3a+2b+c & 4a+3b+2c+d \\ a & 3a+b & 6a+3b+c & 10a+6b+3c+d \end{vmatrix}$。

输入 A={{a, b, c, d}, {a, a+b, a+b+c, a+b+c+d}, {a, 2a+b, 3a+2b+c, 4a+3b+2c+d}, {a, 3a+b, 6a+3b+c, 10a+6b+3c+d}};

  A//MatrixForm

  Det[A]

输出 (a b c   d

  a a+b a+b+c a+b+c+d

  a 2 a+b 3 a+2 b+c 4 a+3 b+2 c+d

  a 3 a+b 6 a+3 b+c 10 a+6 b+3 c+d)

  a^4

例 4.5 计算行列式 $\begin{vmatrix} a^2 & ab & b^2 \\ 2a & a+b & 2b \\ 1 & 1 & 1 \end{vmatrix}$。

输入 A={{a2, ab, b2}, {2a, a+b, 2b}, {1, 1, 1}};

  A//MatrixForm

  Det[A]

  Factor[%]

输出 $\begin{pmatrix} a2 & ab & b2 \\ 2a & a+b & 2b \\ 1 & 1 & 1 \end{pmatrix}$

  a a2−2 a ab−a2 b+2 ab b+a b2−b b2

(a−b) (a2−2 ab+b2)

例 4.6 计算范德蒙行列式 $\begin{vmatrix} 1 & 1 & 1 & 1 \\ a_1 & a_2 & a_3 & a_4 \\ a_1^2 & a_2^2 & a_3^2 & a_4^2 \\ a_1^3 & a_2^3 & a_3^3 & a_4^3 \end{vmatrix}$。

输入 Van=Table[a[j]^k, {k, 0, 3}, {j, 1, 4}]

  %//MatrixForm

  Det[Van]

输出 {{1, 1, 1, 1}, {a[1], a[2], a[3], a[4]}, {a[1]2, a[2]2, a[3]2, a[4]2}, {a[1]3, a[2]3, a[3]3, a[4]3}}

$\begin{pmatrix} 1 & 1 & 1 & 1 \\ a[1] & a[2] & a[3] & a[4] \\ a[1]2 & a[2]2 & a[3]2 & a[4]2 \\ a[1]3 & a[2]3 & a[3]3 & a[4]3 \end{pmatrix}$

a[1]3 a[2]2 a[3]−a[1]2 a[2]3 a[3]−a[1]3 a[2] a[3]2+a[1] a[2]3 a[3]2+a[1]2 a[2] a[3]3−a[1] a[2]2 a[3]3−a[1]3 a[2]2 a[4]+a[1]2 a[2]3 a[4]+a[1]3 a[3]2 a[4]−a[2]3 a[3]2 a[4]−a[1]2 a[3]3 a[4]+a[2]2 a[3]3 a[4]+a[1]3 a[2] a[4]2−a[1] a[2]3 a[4]2−a[1]3 a[3] a[4]2+a[2]3 a[3] a[4]2+a[1] a[3]3 a[4]2−a[2] a[3]3 a[4]2−a[1]2 a[2] a[4]3+a[1] a[2]2 a[4]3+a[1]2 a[3] a[4]3−a[2]2 a[3] a[4]3−a[1] a[3]2 a[4]3+a[2] a[3]2 a[4] 3 结果太复杂，应化简。

输入　Det[Van]//Simplify (化简以上结果)
输出　(a[1]−a[2]) (a[1]−a[3]) (a[2]−a[3]) (a[1]−a[4]) (a[2]−a[4]) (a[3]−a[4])
输入　Factor[Det[Van]] (因式分解以上结果)
输出　(a[1] −a[2]) (a[1]−a[3]) (a[2]−a[3]) (a[1]−a[4]) (a[2]−a[4]) (a[3]−a[4])

4.1.2 克拉默法则

例 4.7　用克拉默法则解线性方程组

$$\begin{cases} x_1 + x_2 + x_3 + x_4 = 5 \\ x_1 + 2x_2 - x_3 + 4x_4 = -2 \\ 2x_1 - 3x_2 - x_3 - 5x_4 = -2 \\ 3x_1 + x_2 + 2x_3 + 11x_4 = 0 \end{cases}$$

输入　A={{1, 1, 1, 1}, {1, 2, −1, 4}, {2, −3, −1, −5}, {3, 1, 2, 11}};
　　　A1={{5, 1, 1, 1}, {−2, 2, −1, 4}, {−2, −3, −1, −5}, {0, 1, 2, 11}};
　　　A2={{1, 5, 1, 1}, {1, −2, −1, 4}, {2, −2, −1, −5}, {3, 0, 2, 11}};
　　　A3={{1, 1, 5, 1}, {1, 2, −2, 4}, {2, −3, −2, −5}, {3, 1, 0, 11}};
　　　A4={{1, 1, 1, 5}, {1, 2, −1, −2}, {2, −3, −1, −2}, {3, 1, 2, 0}};
　　　D0=Det[A]
　　　D1=Det[A1]
　　　D2=Det[A2]
　　　D3=Det[A3]
　　　D4=Det[A4]
　　　x1=D1/D0
　　　x2=D2/D0
　　　x3=D3/D0
　　　x4=D4/D0
输出　−142
　　　−142
　　　−284
　　　−426
　　　142
　　　1
　　　2
　　　3
　　　−1

4.2 矩阵及其运算

矩阵的运算是线性代数的重要而又基础的内容，其中主要涉及到矩阵的线性运算、乘积、转置、矩阵求逆等，表 4-1 给出本节中的常用命令。

表 4-1　4.2 节常用命令

命令形式	功能
MatrixPower[A，n]	计算方阵 A 的 n 次幂
A+B	矩阵加法运算
A.B	矩阵乘法运算
KA	数乘矩阵
Transpose[A]	矩阵 A 的转置
Inverse[A]	求矩阵的逆矩阵

4.2.1 矩阵的线性运算

例 4.8 设 $A=\begin{pmatrix}1&4&7\\2&5&8\\3&6&9\end{pmatrix}$，$B=\begin{pmatrix}2&3&1\\1&2&4\\-1&4&3\end{pmatrix}$，求 $A+2B$ 和 $3A+4B$。

输入　A={{1, 4, 7}, {2, 5, 8}, {3, 6, 9}};
　　　B={{2, 3, 1}, {1, 2, 4}, {-1, 4, 3}};
　　　A+2B
　　　3A+4B
　　　A+2B//MatrixForm
　　　3A+4B//MatrixForm

输出　{{5, 10, 9}, {4, 9, 16}, {1, 14, 15}}
　　　{{11, 24, 25}, {10, 23, 40}, {5, 34, 39}}

$$\begin{pmatrix}5&10&9\\4&9&16\\1&14&15\end{pmatrix}$$

$$\begin{pmatrix}11&24&25\\10&23&40\\5&34&39\end{pmatrix}$$

4.2.2 矩阵的乘积

例 4.9 设 $A=\begin{pmatrix}2&1&4&0\\1&-1&3&4\end{pmatrix}$，$B=\begin{pmatrix}1&3&1\\0&-1&2\\1&-3&1\\4&0&-2\end{pmatrix}$，求 AB。

输入　A={{2, 1, 4, 0}, {1, -1, 3, 4}};

```
A//MatrixForm
B={{1, 3, 1}, {0, -1, 2}, {1, -3, 1}, {4, 0, -2}};
B//MatrixForm
A.B
A.B//MatrixForm
```

输出 $\begin{pmatrix} 2 & 1 & 4 & 0 \\ 1 & -1 & 3 & 4 \end{pmatrix}$

$\begin{pmatrix} 1 & 3 & 1 \\ 0 & -1 & 2 \\ 1 & -3 & 1 \\ 4 & 0 & -2 \end{pmatrix}$

{{6, -7, 8}, {20, -5, -6}}

$\begin{pmatrix} 6 & -7 & 8 \\ 20 & -5 & -6 \end{pmatrix}$

例 4.10 设 $A = \begin{pmatrix} 1 & 2 \\ 1 & 3 \end{pmatrix}$，$B = \begin{pmatrix} 1 & 0 \\ 1 & 2 \end{pmatrix}$，求 AB 和 BA。

输入
```
A={{1, 2}, {1, 3}};
B={{1, 0}, {1, 2}};
A.B
B.A
A.B//MatrixForm
B.A//MatrixForm
```

输出　{{3, 4}, {4, 6}}

{{1, 2}, {3, 8}}

$\begin{pmatrix} 3 & 4 \\ 4 & 6 \end{pmatrix}$

$\begin{pmatrix} 1 & 2 \\ 3 & 8 \end{pmatrix}$

例 4.11 $A = \begin{pmatrix} 1 & 1 \\ 0 & 1 \end{pmatrix}$，计算 A^{20}。

输入
```
A={{1, 1}, {0, 1}};
MatrixPower[A, 20]
```

输出　{{1, 20}, {0, 1}}

即 $$A^{20} = \begin{pmatrix} 1 & 20 \\ 0 & 1 \end{pmatrix}$$

例 4.12 证明：$\begin{pmatrix} \cos t & -\sin t \\ \sin t & \cos t \end{pmatrix}^n = \begin{pmatrix} \cos nt & -\sin nt \\ \sin nt & \cos nt \end{pmatrix}$。

解：取 $n=6$。

输入
```
A={{Cos[t], -Sin[t]}, {Sin[t], Cos[t]}};
B=MatrixPower[A, 6]
Simplify[%]
```

%//MatrixForm

输出　{{(−2 Cos[t] Sin[t]^2+Cos[t] (Cos[t]^2−Sin[t]^2))^2+(−2 Cos[t]^2 Sin[t] −Sin[t] (Cos[t]^2−Sin[t]^2)) (2 Cos[t]^2 Sin[t]+Sin[t] (Cos[t]^2−Sin[t]^2)), 2 (−2 Cos[t] Sin[t]^2+Cos[t] (Cos[t]^2−Sin[t]^2)) (−2 Cos[t]^2 Sin[t] −Sin[t] (Cos[t]^2-Sin[t]^2))}, {2 (−2 Cos[t] Sin[t]^2+Cos[t] (Cos[t]^2−Sin[t]^2)) (2 Cos[t]^2 Sin[t]+Sin[t] (Cos[t]^2−Sin[t]^2)), (−2 Cos[t] Sin[t]^2+Cos[t] (Cos[t]^2−Sin[t]^2))^2+(−2 Cos[t]^2 Sin[t] −Sin[t] (Cos[t]^2−Sin[t]^2)) (2 Cos[t]^2 Sin[t]+Sin[t] (Cos[t]^2−Sin[t]^2))}}

{{Cos[6 t], −Sin[6 t]}, {Sin[6 t], Cos[6 t]}}

$$\begin{pmatrix} Cos[6\ t] & -Sin[6\ t] \\ Sin[6\ t] & Cos[6\ t] \end{pmatrix}$$

4.2.3 矩阵的转置

例 4.13　设 $A = \begin{pmatrix} 1 & -1 & 5 \\ 2 & 3 & 6 \\ 3 & 4 & 7 \end{pmatrix}$，求其转置矩阵 A^T。

输入　A={{1, −1, 5}, {2, 3, 6}, {3, 4, 7}}
　　　A//MatrixForm
　　　AT=Transpose[A]
　　　%//MatrixForm

输出　{{1, −1, 5}, {2, 3, 6}, {3, 4, 7}}

$$\begin{pmatrix} 1 & -1 & 5 \\ 2 & 3 & 6 \\ 3 & 4 & 7 \end{pmatrix}$$

{{1, 2, 3}, {−1, 3, 4}, {5, 6, 7}}

$$\begin{pmatrix} 1 & 2 & 3 \\ -1 & 3 & 4 \\ 5 & 6 & 7 \end{pmatrix}$$

即　$A^\mathrm{T} = \begin{pmatrix} 1 & 2 & 3 \\ -1 & 3 & 4 \\ 5 & 6 & 7 \end{pmatrix}$

例 4.14　设 $A = \begin{pmatrix} 2 & 1 & 4 & 0 \\ 1 & -1 & 3 & 4 \end{pmatrix}$, $B = \begin{pmatrix} 1 & 3 & 1 \\ 0 & -1 & 2 \\ 1 & -3 & 1 \\ 4 & 0 & -2 \end{pmatrix}$，求 $AB, (AB)^\mathrm{T}$，并验证：$(AB)^\mathrm{T} = B^\mathrm{T} A^\mathrm{T}$。

输入　A={{2, 1, 4, 0}, {1, −1, 3, 4}};
　　　B={{1, 3, 1}, {0, −1, 2}, {1, −3, 1}, {4, 0, −2}};
　　　A.B
　　　Transpose[A.B]
　　　%//MatrixForm
　　　Transpose[B].Transpose[A]
　　　%//MatrixForm

输出　　{{6, -7, 8}, {20, -5, -6}}

{{6, 20}, {-7, -5}, {8, -6}}

$$\begin{pmatrix} 6 & 20 \\ -7 & -5 \\ 8 & -6 \end{pmatrix}$$

{{6, 20}, {-7, -5}, {8, -6}}

$$\begin{pmatrix} 6 & 20 \\ -7 & -5 \\ 8 & -6 \end{pmatrix}$$

即

$$AB = \begin{pmatrix} 6 & -7 & 8 \\ 20 & -5 & -6 \end{pmatrix}, (AB)^{\mathrm{T}} = \begin{pmatrix} 6 & 20 \\ -7 & -5 \\ 8 & -6 \end{pmatrix}$$

4.2.4　逆矩阵的计算

例 4.15　设 $A = \begin{pmatrix} 1 & 2 & -1 \\ 3 & 4 & -2 \\ 5 & -4 & 1 \end{pmatrix}$，求其逆矩阵 A^{-1}，并验证 $AA^{-1} = E$（单位矩阵）。

输入　　A={{1, 2, 3}, {2, 2, 1}, {3, 4, 3}};
　　　　B=Inverse[A]
　　　　B//MatrixForm
　　　　A.B
　　　　%//MatrixForm

输出　　{{1, 3, -2}, {-(3/2), -3, 5/2}, {1, 1, -1}}

$$\begin{pmatrix} 1 & 3 & -2 \\ -(3/2) & -3 & 5/2 \\ 1 & 1 & -1 \end{pmatrix}$$

{{1, 0, 0}, {0, 1, 0}, {0, 0, 1}}

$$\begin{pmatrix} 1 & 0 & 0 \\ 0 & 1 & 0 \\ 0 & 0 & 1 \end{pmatrix}$$

例 4.16　设 $A = \begin{pmatrix} 6 & 4 & 0 & 0 \\ 4 & 3 & 0 & 0 \\ 0 & 0 & 5 & 2 \\ 0 & 0 & 8 & 3 \end{pmatrix}$，求其逆矩阵 A^{-1}。

输入　　A={{6, 4, 0, 0}, {4, 3, 0, 0}, {0, 0, 5, 2}, {0, 0, 8, 3}};
　　　　B=Inverse[A]
　　　　B//MatrixForm

输出　　{{3/2, -2, 0, 0}, {-2, 3, 0, 0}, {0, 0, -3, 2}, {0, 0, 8, -5}}

$$\begin{pmatrix} 3/2 & -2 & 0 & 0 \\ -2 & 3 & 0 & 0 \\ 0 & 0 & -3 & 2 \\ 0 & 0 & 8 & -5 \end{pmatrix}$$

即
$$A^{-1} = \begin{pmatrix} \dfrac{3}{2} & -2 & 0 & 0 \\ -2 & 3 & 0 & 0 \\ 0 & 0 & -3 & 2 \\ 0 & 0 & 8 & -5 \end{pmatrix}$$

4.2.5 解矩阵方程

例 4.17 设 $A = \begin{pmatrix} 2 & 1 & -1 \\ 2 & 1 & 0 \\ 1 & -1 & 1 \end{pmatrix}$，$B = \begin{pmatrix} 1 & -1 & 3 \\ 4 & 3 & 2 \end{pmatrix}$ 且 $XA = B$，求矩阵 X。

解：$XA = B \Rightarrow X = BA^{-1}$

输入　A={{2, 1, -1}, {2, 1, 0}, {1, -1, 1}};
　　　B={{1, -1, 3}, {4, 3, 2}};
　　　X=B.Inverse[A]
　　　%//MatrixForm

输出　{{-2, 2, 1}, {-(8/3), 5, -(2/3)}}

$$\begin{pmatrix} -2 & 2 & 1 \\ -\dfrac{8}{3} & 5 & -\dfrac{2}{3} \end{pmatrix}$$

例 4.18 设 $A = \begin{pmatrix} 0 & 1 & 0 \\ 1 & 0 & 0 \\ 0 & 0 & 1 \end{pmatrix}$，$B = \begin{pmatrix} 1 & 0 & 0 \\ 0 & 0 & 1 \\ 0 & 1 & 0 \end{pmatrix}$，$C = \begin{pmatrix} 1 & -4 & 3 \\ 2 & 0 & -1 \\ 1 & -2 & 0 \end{pmatrix}$，求解矩阵方程 $AXB = C$。

解：$AXB = C \Rightarrow X = A^{-1}CB^{-1}$

输入　A={{0, 1, 0}, {1, 0, 0}, {0, 0, 1}};
　　　B={{1, 0, 0}, {0, 0, 1}, {0, 1, 0}};
　　　C1={{1, -4, 3}, {2, 0, -1}, {1, -2, 0}};
　　　X=Inverse[A].C1.Inverse[B]
　　　%//MatrixForm

输出　{{2, -1, 0}, {1, 3, -4}, {1, 0, -2}}

$$\begin{pmatrix} 2 & -1 & 0 \\ 1 & 3 & -4 \\ 1 & 0 & -2 \end{pmatrix}$$

4.3 矩阵的初等变换与线性方程组

利用初等变换解线性方程组是求解大型线性方程组的一种重要方法，它的主要步骤就是将方程组的系数矩阵进行初等变换化为行最简形矩阵，从而写出其同解方程组，由同解方程组求出其解。表 4-2 给出本节中的常用命令。

表 4-2　4.3 节常用命令

命令形式	功　　能
MatrixRank[A]	矩阵 A 的秩
RowReduce[A]	矩阵 A 的行最简形
NullSpace[A]	以矩阵 A 为系数矩阵的齐次线性方程组的基础解系

4.3.1　求矩阵的秩

例 4.19　设 $A=\begin{pmatrix} 1 & -2 & 2 & 9 & 2 \\ 2 & -4 & 8 & 6 & 1 \\ -2 & 4 & -2 & 3 & 4 \\ 3 & -6 & 0 & 5 & 3 \end{pmatrix}$，求 A 的秩，并求 A 的一个最高阶非零子式。

输入　A={{1, -2, 2, 9, 2}, {2, -4, 8, 6, 1}, {-2, 4, -2, 3, 4}, {3, -6, 0, 5, 3}};
　　　A//MatrixForm
　　　MatrixRank[A]

输出　$\begin{pmatrix} 1 & -2 & 2 & 9 & 2 \\ 2 & -4 & 8 & 6 & 1 \\ -2 & 4 & -2 & 3 & 4 \\ 3 & -6 & 0 & 5 & 3 \end{pmatrix}$
　　　4

为求 A 的一个最高阶非零子式，求 A 的行最简形：

输入　A={{1, -2, 2, 9, 2}, {2, -4, 8, 6, 1}, {-2, 4, -2, 3, 4}, {3, -6, 0, 5, 3}};
　　　RowReduce[A]//MatrixForm

输出　$\begin{pmatrix} 1 & -2 & 0 & 0 & 0 \\ 0 & 0 & 1 & 0 & 0 \\ 0 & 0 & 0 & 1 & 0 \\ 0 & 0 & 0 & 0 & 1 \end{pmatrix}$

由行最简形中四个 1 的位置，知原矩阵的前四行以及 1、3、4、5 列的子式不为零。

4.3.2　求解齐次线性方程组

例 4.20　求齐次线性方程组 $\begin{cases} x_1+x_2-x_3-x_4=0 \\ 2x_1-5x_2+3x_3+2x_4=0 \\ 7x_1-7x_2+3x_3+x_4=0 \end{cases}$ 的基础解系与通解。

解：先将系数矩阵化为行最简形。

输入　A={{1, 1, -1, -1}, {2, -5, 3, 2}, {7, -7, 3, 1}};
　　　A//MatrixForm
　　　RowReduce[A]//MatrixForm

则输出 A 的行最简形：

$\begin{pmatrix} 1 & 0 & -\dfrac{2}{7} & -\dfrac{3}{7} \\ 0 & 1 & -\dfrac{5}{7} & -\dfrac{4}{7} \\ 0 & 0 & 0 & 0 \end{pmatrix}$

由 A 的行最简形可知，原方程组化为

$$\begin{cases} x_1 - \frac{2}{7}x_3 - \frac{3}{7}x_4 = 0 \\ x_2 - \frac{5}{7}x_3 - \frac{4}{7}x_4 = 0 \end{cases} \quad \text{或} \quad \begin{cases} x_1 = \frac{2}{7}x_3 + \frac{3}{7}x_4 \\ x_2 = \frac{5}{7}x_3 + \frac{4}{7}x_4 \end{cases} \quad \text{或} \quad \begin{cases} x_1 = \frac{2}{7}x_3 + \frac{3}{7}x_4 \\ x_2 = \frac{5}{7}x_3 + \frac{4}{7}x_4 \\ x_3 = \quad x_3 \\ x_4 = \quad x_4 \end{cases}$$

方程组的通解为

$$\begin{cases} x_1 = \frac{2}{7}c_1 + \frac{3}{7}c_2 \\ x_2 = \frac{5}{7}c_1 + \frac{4}{7}c_2 \\ x_3 = c_1 \\ x_4 = c_2 \end{cases} \quad \text{或} \quad \begin{pmatrix} x_1 \\ x_2 \\ x_3 \\ x_4 \end{pmatrix} = c_1 \begin{pmatrix} \frac{2}{7} \\ \frac{5}{7} \\ 1 \\ 0 \end{pmatrix} + c_2 \begin{pmatrix} \frac{3}{7} \\ \frac{4}{7} \\ 0 \\ 1 \end{pmatrix}$$

其中 $\boldsymbol{\xi}_1 = \begin{pmatrix} \frac{2}{7} \\ \frac{5}{7} \\ 1 \\ 0 \end{pmatrix}$, $\boldsymbol{\xi}_2 = \begin{pmatrix} \frac{3}{7} \\ \frac{4}{7} \\ 0 \\ 1 \end{pmatrix}$ 是方程组的基础解系。

例 4.21 求齐次线性方程组 $\begin{cases} x_1 + 2x_2 + 2x_3 + x_4 = 0 \\ 2x_1 + x_2 - 2x_3 - 2x_4 = 0 \\ x_1 - x_2 - 4x_3 - 3x_4 = 0 \end{cases}$ 的基础解系与通解。

Mathematica 有一个求基础解系的命令:NullSpace[A]。

输入　A={{1, 2, 2, 1}, {2, 1, -2, -2}, {1, -1, -4, -3}};
　　　NullSpace[A]

输出　{{5, -4, 0, 3}, {2, -2, 1, 0}} (这个基础解系不理想)

现将 A 先化为行最简形，再用 NullSpace 求基础解系：

输入　A={{1, 2, 2, 1}, {2, 1, -2, -2}, {1, -1, -4, -3}};
　　　A=RowReduce[A];
　　　A//MatrixForm
　　　NullSpace[A]

输出　$\begin{pmatrix} 1 & 0 & -2 & -\frac{5}{3} \\ 0 & 1 & 2 & \frac{4}{3} \\ 0 & 0 & 0 & 0 \end{pmatrix}$

{{5/3, -(4/3), 0, 1}, {2, -2, 1, 0}}

其中 $\xi_1 = \begin{pmatrix} \frac{5}{3} \\ -\frac{4}{3} \\ 0 \\ 1 \end{pmatrix}, \xi_2 = \begin{pmatrix} 2 \\ -2 \\ 1 \\ 0 \end{pmatrix}$ 是方程组的基础解系。

通解为

$$\begin{pmatrix} x_1 \\ x_2 \\ x_3 \\ x_4 \end{pmatrix} = c_1 \begin{pmatrix} \frac{5}{3} \\ -\frac{4}{3} \\ 0 \\ 1 \end{pmatrix} + c_2 \begin{pmatrix} 2 \\ -2 \\ 1 \\ 0 \end{pmatrix}$$

4.3.3 求解非齐次线性方程组

例 4.22 求线性方程组 $\begin{cases} x_1 - 2x_2 + 3x_3 - x_4 = 1 \\ 3x_1 - x_2 + 5x_3 - 3x_4 = 2 \\ 2x_1 + x_2 + 2x_3 - 2x_4 = 3 \end{cases}$ 的通解。

解：先将增广矩阵化为行最简形。

输入　　A={{1, -2, 3, -1, 1}, {3, -1, 5, -3, 2}, {2, 1, 2, -2, 3}};
　　　　A//MatrixForm

　　　　RowReduce[A]//MatrixForm

输出 $\begin{pmatrix} 1 & -2 & 3 & -1 & 1 \\ 3 & -1 & 5 & -3 & 2 \\ 2 & 1 & 2 & -2 & 3 \\ 1 & 0 & \frac{7}{5} & -1 & 0 \\ 0 & 1 & -\frac{4}{5} & 0 & 0 \\ 0 & 0 & 0 & 0 & 1 \end{pmatrix}$

可见 $R(A) = 2, R(B) = 3$，故方程组无解。

例4.23 求解线性方程组 $\begin{cases} x_1 + 2x_2 + 3x_3 = 6 \\ 2x_1 + 3x_2 + 4x_3 = 9 \\ 3x_1 + 5x_2 + 7x_3 = 14 \end{cases}$。

输入　　A={{1, 2, 3}, {2, 3, 4}, {3, 5, 7}};
　　　　A1={{1, 2, 3, 6}, {2, 3, 4, 9}, {3, 5, 7, 14}};
　　　　RowReduce[A]

输出　　{{1, 0, -1}, {0, 1, 2}, {0, 0, 0}}

可知 A 的秩是 2。

输入　　A1={{1, 2, 3, 6}, {2, 3, 4, 9}, {3, 5, 7, 14}};
　　　　RowReduce[A1]

输出　{{1, 0, -1, 0}, {0, 1, 2, 0}, {0, 0, 0, 1}}
可知 A_1 的秩是 3。

方程组矛盾，所以没有通常意义下的解。

例 4.24　求线性方程组 $\begin{cases} x_1 - x_2 - x_3 + x_4 = 0 \\ x_1 - x_2 + x_3 - 3x_4 = 1 \\ x_1 - x_2 + 2x_3 + 3x_4 = -\dfrac{1}{2} \end{cases}$ 的通解。

解：先将增广矩阵化为行最简形。

输入　A={{1, -1, -1, 1, 0}, {1, -1, 1, -3, 1}, {1, -1, -2, 3, -1/2}};
　　　A//MatrixForm
　　　RowReduce[A]//MatrixForm

输出 $\begin{pmatrix} 1 & -1 & -1 & 1 & 0 \\ 1 & -1 & 1 & -3 & 1 \\ 1 & -1 & -2 & 3 & -\dfrac{1}{2} \end{pmatrix}$

$\begin{pmatrix} 1 & -1 & 0 & -1 & \dfrac{1}{2} \\ 0 & 0 & 1 & -2 & \dfrac{1}{2} \\ 0 & 0 & 0 & 0 & 0 \end{pmatrix}$

由增广矩阵的行最简形可知，原方程组化为

$$\begin{cases} x_1 - x_2 \quad - x_4 = \dfrac{1}{2} \\ x_3 - 2x_4 = \dfrac{1}{2} \end{cases} \text{ 或 } \begin{cases} x_1 = x_2 + x_4 + \dfrac{1}{2} \\ x_3 = 2x_4 + \dfrac{1}{2} \end{cases} \text{ 或 } \begin{cases} x_1 = x_2 + x_4 + \dfrac{1}{2} \\ x_2 = x_2 \\ x_3 = 2x_4 + \dfrac{1}{2} \\ x_4 = x_4 \end{cases}$$

原方程组的通解为

$$\begin{cases} x_1 = c_1 + c_2 + \dfrac{1}{2} \\ x_2 = c_1 \\ x_3 = 2c_2 + \dfrac{1}{2} \\ x_4 = c_2 \end{cases} \text{ 或 } \begin{pmatrix} x_1 \\ x_2 \\ x_3 \\ x_4 \end{pmatrix} = c_1 \begin{pmatrix} 1 \\ 1 \\ 0 \\ 0 \end{pmatrix} + c_2 \begin{pmatrix} 1 \\ 0 \\ 2 \\ 1 \end{pmatrix} + \begin{pmatrix} \dfrac{1}{2} \\ 0 \\ \dfrac{1}{2} \\ 0 \end{pmatrix}$$

其中 $\xi_1 = \begin{pmatrix} 1 \\ 1 \\ 0 \\ 0 \end{pmatrix}, \xi_2 = \begin{pmatrix} 1 \\ 0 \\ 2 \\ 1 \end{pmatrix}$ 是对应齐次方程组的基础解系，$\eta^* = \begin{pmatrix} \dfrac{1}{2} \\ 0 \\ \dfrac{1}{2} \\ 0 \end{pmatrix}$ 是原方程组的一个特解。

例 4.25 用 LinearSolve[A，b]命令求线性方程组 $\begin{cases} 2x_1 + x_2 - x_3 + x_4 = 1, \\ 4x_1 + 2x_2 - 2x_3 + x_4 = 2, \\ 2x_1 + x_2 - x_3 - x_4 = 1, \end{cases}$ 的特解。

用LinearSolve[A，b]命令可以得到非齐次线性方程组 $AX = b$ 的一个特解。

输入　A={{2，1，-1，1}，{4，2，-2，1}，{2，1，-1，-1}}；
　　　b={1，2，1}；
　　　LinearSolve[A，b]

输出　{1/2，0，0，0}

线性方程组 $AX = b$ 的一个特解为 $\begin{pmatrix} \frac{1}{2} \\ 0 \\ 0 \\ 0 \end{pmatrix}$。

4.4　向量组的线性相关性

以所给向量组为列向量做出矩阵 A，用 RowReduce[A]命令将矩阵 A 化为行最简形矩阵，由行最简形矩阵非零行的个数即知 A 的秩，也就是向量组的秩。若秩数小于向量的个数，则向量组线性相关，否则线性无关。

4.4.1　向量的线性表示

例 4.26 设

$$\boldsymbol{\alpha} = \begin{pmatrix} 1 \\ 2 \\ 1 \\ 1 \end{pmatrix}, \quad \boldsymbol{\beta}_1 = \begin{pmatrix} 1 \\ 1 \\ 1 \\ 1 \end{pmatrix}, \boldsymbol{\beta}_2 = \begin{pmatrix} 1 \\ 1 \\ -1 \\ -1 \end{pmatrix}, \boldsymbol{\beta}_3 = \begin{pmatrix} 1 \\ 1 \\ 1 \\ -1 \end{pmatrix}, \boldsymbol{\beta}_4 = \begin{pmatrix} 1 \\ -1 \\ -1 \\ 1 \end{pmatrix}$$

试将 $\boldsymbol{\alpha}$ 表示成 $\boldsymbol{\beta}_1, \boldsymbol{\beta}_2, \boldsymbol{\beta}_3, \boldsymbol{\beta}_4$ 的线性组合。

解：只需将矩阵 $A = \begin{pmatrix} 1 & 1 & 1 & 1 & 1 \\ 1 & 1 & -1 & -1 & 2 \\ 1 & -1 & 1 & -1 & 1 \\ 1 & -1 & -1 & 1 & 1 \end{pmatrix}$ 化为行最简形。

输入　A={{1，1，1，1，1}，{1，1，-1，-1，2}，{1，-1，1，-1，1}，{1，-1，-1，1，1}}；
　　　A//MatrixForm
　　　RowReduce[A]
　　　%//MatrixForm

输出　$\begin{pmatrix} 1 & 1 & 1 & 1 & 1 \\ 1 & 1 & -1 & -1 & 2 \\ 1 & -1 & 1 & -1 & 1 \\ 1 & -1 & -1 & 1 & 1 \end{pmatrix}$

　　　{{1，0，0，0，5/4}，{0，1，0，0，1/4}，{0，0，1，0，-(1/4)}，{0，0，0，1，-(1/4)}}

$$\begin{pmatrix} 1 & 0 & 0 & 0 & \frac{5}{4} \\ 0 & 1 & 0 & 0 & \frac{1}{4} \\ 0 & 0 & 1 & 0 & -\frac{1}{4} \\ 0 & 0 & 0 & 1 & -\frac{1}{4} \end{pmatrix}$$

容易看出：行最简形的第五列可以表示成第一列的 $\frac{5}{4}$ 倍，加上第二列的 $\frac{1}{4}$ 倍，加上第三列的 $-\frac{1}{4}$ 倍，加上第四列的 $-\frac{1}{4}$ 倍，于是 A 的第五列也可以表示成第一列的 $\frac{5}{4}$ 倍，加上第二列的 $\frac{1}{4}$ 倍，加上第三列的 $-\frac{1}{4}$ 倍，加上第四列的 $-\frac{1}{4}$ 倍。

即

$$\boldsymbol{\alpha} = \frac{5}{4}\boldsymbol{\beta}_1 + \frac{1}{4}\boldsymbol{\beta}_2 - \frac{1}{4}\boldsymbol{\beta}_3 - \frac{1}{4}\boldsymbol{\beta}_4$$

4.4.2 向量组的线性相关性

例 4.27 判断向量组的线性相关性。

$$\boldsymbol{\alpha}_1 = \begin{pmatrix} 1 \\ -1 \\ 2 \\ 4 \end{pmatrix}, \boldsymbol{\alpha}_2 = \begin{pmatrix} 0 \\ 3 \\ 1 \\ 2 \end{pmatrix}, \boldsymbol{\alpha}_3 = \begin{pmatrix} 3 \\ 0 \\ 7 \\ 14 \end{pmatrix}, \boldsymbol{\alpha}_4 = \begin{pmatrix} 1 \\ -2 \\ 2 \\ 0 \end{pmatrix}, \boldsymbol{\alpha}_5 = \begin{pmatrix} 2 \\ 1 \\ 5 \\ 10 \end{pmatrix}$$

解：只需将矩阵 $\boldsymbol{A} = \begin{pmatrix} 1 & 0 & 3 & 1 & 2 \\ -1 & 3 & 0 & -2 & 1 \\ 2 & 1 & 7 & 2 & 5 \\ 4 & 2 & 14 & 0 & 10 \end{pmatrix}$ 化为行最简形。

输入　A={{1, 0, 3, 1, 2}, {-1, 3, 0, -2, 1}, {2, 1, 7, 2, 5}, {4, 2, 14, 0, 10}};
　　　A//MatrixForm
　　　RowReduce[A]
　　　%//MatrixForm

输出　$\begin{pmatrix} 1 & 0 & 3 & 1 & 2 \\ -1 & 3 & 0 & -2 & 1 \\ 2 & 1 & 7 & 2 & 5 \\ 4 & 2 & 14 & 0 & 10 \end{pmatrix}$

{{1, 0, 3, 0, 2}, {0, 1, 1, 0, 1}, {0, 0, 0, 1, 0}, {0, 0, 0, 0, 0}}

$\begin{pmatrix} 1 & 0 & 3 & 0 & 2 \\ 0 & 1 & 1 & 0 & 1 \\ 0 & 0 & 0 & 1 & 0 \\ 0 & 0 & 0 & 0 & 0 \end{pmatrix}$

容易看出：行最简形矩阵的秩为3，所以原向量组的秩为3，向量组线性相关。

4.4.3 向量组的秩与向量组的最大无关组

例 4.28 设

$$\boldsymbol{\alpha}_1 = \begin{pmatrix} 1 \\ 1 \\ 2 \\ 3 \end{pmatrix}, \boldsymbol{\alpha}_2 = \begin{pmatrix} 1 \\ -1 \\ 1 \\ 1 \end{pmatrix}, \boldsymbol{\alpha}_3 = \begin{pmatrix} 1 \\ 3 \\ 3 \\ 5 \end{pmatrix}, \boldsymbol{\alpha}_4 = \begin{pmatrix} 4 \\ -2 \\ 5 \\ 6 \end{pmatrix}, \boldsymbol{\alpha}_5 = \begin{pmatrix} 3 \\ 1 \\ 5 \\ 7 \end{pmatrix}$$

求向量组的秩并确定一个最大无关组，将其余向量用最大无关组线性表出。

解：由向量组做成矩阵 $\boldsymbol{A} = \begin{pmatrix} 1 & 1 & 1 & 4 & 3 \\ 1 & -1 & 3 & -2 & 1 \\ 2 & 1 & 3 & 5 & 5 \\ 3 & 1 & 5 & 6 & 7 \end{pmatrix}$，将 $\boldsymbol{A}$ 化为行最简形矩阵。

输入   A={{1, 1, 1, 4, 3}, {1, -1, 3, -2, 1}, {2, 1, 3, 5, 5}, {3, 1, 5, 6, 7}};

      A//MatrixForm

      RowReduce[A]

      %//MatrixForm

输出 $\begin{pmatrix} 1 & 1 & 1 & 4 & 3 \\ 1 & -1 & 3 & -2 & 1 \\ 2 & 1 & 3 & 5 & 5 \\ 3 & 1 & 5 & 6 & 7 \end{pmatrix}$

{{1, 0, 2, 1, 2}, {0, 1, -1, 3, 1}, {0, 0, 0, 0, 0}, {0, 0, 0, 0, 0}}

$\begin{pmatrix} 1 & 0 & 2 & 1 & 2 \\ 0 & 1 & -1 & 3 & 1 \\ 0 & 0 & 0 & 0 & 0 \\ 0 & 0 & 0 & 0 & 0 \end{pmatrix}$

由行最简形矩阵可知，$\boldsymbol{A}$ 的 1、2 列即 $\boldsymbol{\alpha}_1, \boldsymbol{\alpha}_2$ 构成 $\boldsymbol{A}$ 的列向量组的最大无关组，向量组的秩为 2，$\boldsymbol{\alpha}_3 = 2\boldsymbol{\alpha}_1 - \boldsymbol{\alpha}_2, \boldsymbol{\alpha}_4 = \boldsymbol{\alpha}_1 + 3\boldsymbol{\alpha}_2, \boldsymbol{\alpha}_5 = 2\boldsymbol{\alpha}_1 + \boldsymbol{\alpha}_2$。

例 4.29 设 $\boldsymbol{A} = \begin{pmatrix} 2 & -1 & -1 & 1 & 2 \\ 1 & 1 & -2 & 1 & 4 \\ 4 & -6 & 2 & -2 & 4 \\ 3 & 6 & -9 & 7 & 9 \end{pmatrix}$，求 $\boldsymbol{A}$ 的列向量组的一个最大无关组。

解：用初等行变换得到 $\boldsymbol{A}$ 的行最简形，则由行最简形可以看出 $\boldsymbol{A}$ 列向量组的最大无关组。

输入   A={{2, -1, -1, 1, 2}, {1, 1, -2, 1, 4}, {4, -6, 2, -2, 4}, {3, 6, -9, 7, 9}};

      A//MatrixForm；

      RowReduce[A]//MatrixForm

输出 $\begin{pmatrix} 1 & 0 & -1 & 0 & 4 \\ 0 & 1 & -1 & 0 & 3 \\ 0 & 0 & 0 & 1 & -3 \\ 0 & 0 & 0 & 0 & 0 \end{pmatrix}$

$$\begin{pmatrix} 2 & -1 & -1 & 1 & 2 \\ 1 & 1 & -2 & 1 & 4 \\ 4 & -6 & 2 & -2 & 4 \\ 3 & 6 & -9 & 7 & 9 \end{pmatrix}$$

由此可知，A的1、2、4列构成A的列向量组的最大无关组。

4.5 相似矩阵及二次型

化二次型为标准形的本质就是将二次型的矩阵化为对角形矩阵的问题，而矩阵化为对角形矩阵的过程就是求特征值与特征向量的过程。表4-3 给出本节常用的命令。

表4-3 4.5节常用命令

命令形式	功能
Eigenvalues[A]	求矩阵A的全部特征值
Eigenvectors[A]	求矩阵A的全部特征向量
Orthogonalize[A]	对矩阵A正交化
Simplify[%]	对结果化简

4.5.1 求矩阵的特征值与特征向量

例4.30 求矩阵 $A = \begin{pmatrix} 4 & 1 \\ 2 & 3 \end{pmatrix}$ 的特征值和特征向量。

输入　　A={{4，1}，{2，3}};
　　　　Eigenvalues[A]
　　　　Eigenvectors[A]
输出　　{5，2}
　　　　{{1，1}，{-1，2}}

结果：
{5，2}(特征值)
{{1，1}，{-1，2}}(特征向量)

例4.31 求矩阵 $A = \begin{pmatrix} 2 & -1 & 2 \\ 5 & -3 & 3 \\ -1 & 0 & -2 \end{pmatrix}$ 的特征值和特征向量。

输入　　A={{2，-1，2}，{5，-3，3}，{-1，0，-2}};
　　　　Eigenvalues[A]
　　　　Eigenvectors[A]
输出　　{-1，-1，-1}
　　　　{{-1，-1，1}，{0，0，0}，{0，0，0}}

结果：
{-1，-1，-1}(特征值)

{{-1, -1, 1}, {0, 0, 0}, {0, 0, 0}}

(特征向量)(将最后两个零向量删去)。

例4.32 求矩阵 $A = \begin{pmatrix} 0 & 0 & 0 & 1 \\ 0 & 0 & 1 & 0 \\ 0 & 1 & 0 & 0 \\ 1 & 0 & 0 & 0 \end{pmatrix}$ 的特征值和特征向量。

输入　　A={{0, 0, 0, 1}, {0, 0, 1, 0}, {0, 1, 0, 0}, {1, 0, 0, 0}};
　　　　Eigenvalues[A]
　　　　Eigenvectors[A]

输出　　{-1, -1, 1, 1}
　　　　{{-1, 0, 0, 1}, {0, -1, 1, 0}, {1, 0, 0, 1}, {0, 1, 1, 0}}

结果：

{-1, -1, 1, 1}(特征值)

{{-1, 0, 0, 1}, {0, -1, 1, 0}, {1, 0, 0, 1}, {0, 1, 1, 0}}(特征向量)。

4.5.2 矩阵的对角化

例4.33 设 $A = \begin{pmatrix} -1 & 4 & -2 \\ -3 & 4 & 0 \\ -3 & 1 & 3 \end{pmatrix}$，求矩阵$P$，使得$P^{-1}AP$为对角阵，并验证结果。

输入　　A={{-1, 4, -2}, {-3, 4, 0}, {-3, 1, 3}};
　　　　Eigenvalues[A] (求A的特征值)
　　　　P=Eigenvectors[A] (求A的特征向量(为行向量))
　　　　P=Transpose[P] (将特征向量的矩阵转置)
　　　　P//MatrixForm
　　　　Inverse[P].A.P//MatrixForm(验证结果)

输出　　{3, 2, 1}
　　　　{{1, 3, 4}, {2, 3, 3}, {1, 1, 1}}
　　　　{{1, 2, 1}, {3, 3, 1}, {4, 3, 1}}

$\begin{pmatrix} 1 & 2 & 1 \\ 3 & 3 & 1 \\ 4 & 3 & 1 \end{pmatrix}$

$\begin{pmatrix} 3 & 0 & 0 \\ 0 & 2 & 0 \\ 0 & 0 & 1 \end{pmatrix}$

结果：

{3, 2, 1}特征值

{{1, 3, 4}, {2, 3, 3}, {1, 1, 1}}(特征向量，为行向量)

$\begin{pmatrix} 1 & 2 & 1 \\ 3 & 3 & 1 \\ 4 & 3 & 1 \end{pmatrix}$(矩阵P)

$$\begin{pmatrix} 3 & 0 & 0 \\ 0 & 2 & 0 \\ 0 & 0 & 1 \end{pmatrix}$$(对角矩阵)

例4.34 设 $A = \begin{pmatrix} 2 & 2 & -2 \\ 2 & 5 & -4 \\ -2 & -4 & 5 \end{pmatrix}$，求正交矩阵 P，使得 $P^{-1}AP$ 为对角阵，并验证结果。

输入　　A={{2，2，-2}，{2，5，-4}，{-2，-4，5}};

Eigenvalues[A] (特征值)

P=Eigenvectors[A] (特征向量)

P=Orthogonalize[P] (特征向量的矩阵正交单位化)

P=Transpose[P] (转置)

Inverse[P].P//MatrixForm(验证P是正交矩阵)

P//MatrixForm(把P写成矩阵形式)

Inverse[P].A.P//MatrixForm(计算 $P^{-1}AP$)

Simplify[%]//MatrixForm(化简 $P^{-1}AP$ 的计算结果)

输出　　{10，1，1}

{{-1，-2，2}，{2，0，1}，{-2，1，0}}

{{-(1/3)，-(2/3)，2/3}，{2/Sqrt[5]，0，1/Sqrt[5]}，{-(2/(3 Sqrt[5]))，Sqrt[5]/3，4/(3 Sqrt[5])}}

{{-(1/3)，2/Sqrt[5]，-(2/(3 Sqrt[5]))}，{-(2/3)，0，Sqrt[5]/3}，{2/3，1/Sqrt[5]，4/(3 Sqrt[5])}}

$$\begin{pmatrix} 1 & 0 & 0 \\ 0 & 1 & 0 \\ 0 & 0 & 1 \end{pmatrix}$$

$$\begin{pmatrix} -\dfrac{1}{3} & \dfrac{2}{\sqrt{5}} & -\dfrac{2}{3\sqrt{5}} \\ -\dfrac{2}{3} & 0 & \dfrac{\sqrt{5}}{3} \\ \dfrac{2}{3} & \dfrac{1}{\sqrt{5}} & \dfrac{4}{3\sqrt{5}} \end{pmatrix}$$

-(2/(3 Sqrt[5]))+2/3 (-(4/Sqrt[5])+Sqrt[5])　4/5+(-(4/Sqrt[5])+Sqrt[5])/Sqrt[5]　-(4/15)+(4 (-(4/Sqrt[5])+Sqrt[5]))/(3 Sqrt[5])

8/(9 Sqrt[5])-(2 Sqrt[5])/9+1/3 (4/Sqrt[5]-(2 Sqrt[5])/3)　4/15+(2 (-(4/Sqrt[5])+(2 Sqrt[5])/3))/Sqrt[5]　41/45-(2 (-(4/Sqrt[5])+(2 Sqrt[5])/3))/(3 Sqrt[5])

$$\begin{pmatrix} 10 & 0 & 0 \\ 0 & 1 & 0 \\ 0 & 0 & 1 \end{pmatrix}$$

结果：

{10，1，1}(特征值)

{{-1，-2，2}，{2，0，1}，{-2，1，0}}(特征向量)

{{-(1/3)，-(2/3)，2/3}，{2/Sqrt[5]，0，1/Sqrt[5]}，{-(2/(3 Sqrt[5]))，Sqrt[5]/3，4/(3 Sqrt[5])}}

(特征向量正交单位化)

$$\begin{pmatrix} -1/3 & 2/\text{Sqrt}[5] & -(2/(3\ \text{Sqrt}[5])) \\ -(2/3) & 0 & \text{Sqrt}[5]/3 \\ 2/3 & 1/\text{Sqrt}[5] & 4/(3\ \text{Sqrt}[5]) \end{pmatrix}$$ 正交矩阵P

(10 0 0

-(2/(3 Sqrt[5]))+2/3 (-(4/Sqrt[5])+Sqrt[5]) 4/5+(-(4/Sqrt[5])+Sqrt[5])/Sqrt[5] -(4/15)+(4 (-(4/Sqrt[5])+Sqrt[5]))/(3 Sqrt[5])

8/(9 Sqrt[5]) -(2 Sqrt[5])/9+1/3 (4/Sqrt[5] -(2 Sqrt[5])/3)   4/15+(2 (-(4/Sqrt[5])+(2 Sqrt[5])/3))/Sqrt[5]   41/45-(2 (-(4/Sqrt[5])+(2 Sqrt[5])/3))/(3 Sqrt[5])

(计算 $P^{-1}AP$)

$$\begin{pmatrix} 10 & 0 & 0 \\ 0 & 1 & 0 \\ 0 & 0 & 1 \end{pmatrix}$$ (化简 $P^{-1}AP$ 的计算结果)

例4.35 设 $A = \begin{pmatrix} 2 & -2 & 0 \\ -2 & 1 & -2 \\ 0 & -2 & 0 \end{pmatrix}$，求正交矩阵 P，使得 $P^{-1}AP$ 为对角阵，并验证结果。

输入　A={{2, -2, 0}, {-2, 1, -2}, {0, -2, 0}};
　　　Eigenvalues[A]
　　　P=Eigenvectors[A]
　　　P=Orthogonalize[P]
　　　P=Transpose[P]
　　　Inverse[P].P//MatrixForm
　　　P//MatrixForm
　　　Inverse[P].A.P//MatrixForm
　　　Simplify[%]//MatrixForm

输出　{4, -2, 1}
　　　{{2, -2, 1}, {1, 2, 2}, {-2, -1, 2}}
　　　{{2/3, -(2/3), 1/3}, {1/3, 2/3, 2/3}, {-(2/3), -(1/3), 2/3}}
　　　{{2/3, 1/3, -(2/3)}, {-(2/3), 2/3, -(1/3)}, {1/3, 2/3, 2/3}}

$$\begin{pmatrix} 1 & 0 & 0 \\ 0 & 1 & 0 \\ 0 & 0 & 1 \end{pmatrix}$$

$$\begin{pmatrix} \dfrac{2}{3} & \dfrac{1}{3} & -\dfrac{2}{3} \\ -\dfrac{2}{3} & \dfrac{2}{3} & -\dfrac{1}{3} \\ \dfrac{1}{3} & \dfrac{2}{3} & \dfrac{2}{3} \end{pmatrix}$$

$$\begin{pmatrix} 4 & 0 & 0 \\ 0 & -2 & 0 \\ 0 & 0 & 1 \end{pmatrix}$$

$$\begin{pmatrix} 4 & 0 & 0 \\ 0 & -2 & 0 \\ 0 & 0 & 1 \end{pmatrix}$$

4.5.3 化二次型为标准形

例4.36 求正交变换 $x = Py$，将下列二次型化为标准形：
$$f(x_1, x_2, x_3) = 2x_1^2 + 3x_2^2 + 3x_3^2 + 4x_2x_3$$

解：
$$f(x) = (x_1, x_2, x_3)\begin{pmatrix} 2 & 0 & 0 \\ 0 & 3 & 2 \\ 0 & 2 & 3 \end{pmatrix}\begin{pmatrix} x_1 \\ x_2 \\ x_3 \end{pmatrix} = x^T\begin{pmatrix} 2 & 0 & 0 \\ 0 & 3 & 2 \\ 0 & 2 & 3 \end{pmatrix}x = x^T A x$$

其中
$$A = \begin{pmatrix} 2 & 0 & 0 \\ 0 & 3 & 2 \\ 0 & 2 & 3 \end{pmatrix}$$

输入
```
A={{2, 0, 0}, {0, 3, 2}, {0, 2, 3}};
Eigenvalues[A]
P=Eigenvectors[A]
P=Orthogonalize[P]
P=Transpose[P]
Inverse[P].P//MatrixForm
P//MatrixForm
Inverse[P].A.P//MatrixForm
Simplify[%]//MatrixForm
```

输出 {5，2，1}

{{0，1，1}，{1，0，0}，{0，-1，1}}

{{0，1/Sqrt[2]，1/Sqrt[2]}，{1，0，0}，{0，-(1/Sqrt[2])，1/Sqrt[2]}}

{{0，1，0}，{1/Sqrt[2]，0，-(1/Sqrt[2])}，{1/Sqrt[2]，0，1/Sqrt[2]}}

$$\begin{pmatrix} 1 & 0 & 0 \\ 0 & 1 & 0 \\ 0 & 0 & 1 \end{pmatrix}$$

$$\begin{pmatrix} 0 & 1 & 0 \\ \dfrac{1}{\sqrt{2}} & 0 & -\dfrac{1}{\sqrt{2}} \\ \dfrac{1}{\sqrt{2}} & 0 & \dfrac{1}{\sqrt{2}} \end{pmatrix}$$

$$\begin{pmatrix} \sqrt{2}\left(\dfrac{3}{\sqrt{2}}+\sqrt{2}\right) & 0 & 0 \\ 0 & 2 & 0 \\ \dfrac{\dfrac{3}{\sqrt{2}}-\sqrt{2}}{\sqrt{2}}+\dfrac{-\dfrac{3}{\sqrt{2}}+\sqrt{2}}{\sqrt{2}} & 0 & \dfrac{\dfrac{3}{\sqrt{2}}-\sqrt{2}}{\sqrt{2}}-\dfrac{-\dfrac{3}{\sqrt{2}}+\sqrt{2}}{\sqrt{2}} \end{pmatrix}$$

$$\begin{pmatrix} 5 & 0 & 0 \\ 0 & 2 & 0 \\ 0 & 0 & 1 \end{pmatrix}$$

{5, 2, 1}(A 的特征值)

{{0, 1, 1}, {1, 0, 0}, {0, -1, 1}}(A 的特征向量)

{{0, 1/Sqrt[2], 1/Sqrt[2]}, {1, 0, 0}, {0, -(1/Sqrt[2]), 1/Sqrt[2]}} (A 的特征向量正交单位化)

{{0, 1, 0}, {1/Sqrt[2], 0, -(1/Sqrt[2])}, {1/Sqrt[2], 0, 1/Sqrt[2]}}(正交矩阵 P 的转置)

(0　　　　　1　　　0

1/Sqrt[2]　　0　　-(1/Sqrt[2])

1/Sqrt[2]　　0　　1/Sqrt[2]) (正交矩阵 P)

(5　　0　　0

0　　2　　0

0　　0　　1)(对角矩阵)

二次型化的标准形为
$$f = 5y_1^2 + 2y_2^2 + y_3^2$$

例4.37 求一个正交变换 $x = Py$，将下列二次型化为标准形。

$$f(x_1, x_2, x_3, x_4) = x_1^2 + x_2^2 + x_3^2 + x_4^2 + 2x_1x_2 - 2x_1x_4 - 2x_2x_3 + 2x_3x_4$$

解：

$$f(\boldsymbol{x}) = (x_1, x_2, x_3, x_4)\begin{pmatrix} 1 & 1 & 0 & -1 \\ 1 & 1 & -1 & 0 \\ 0 & -1 & 1 & 1 \\ -1 & 0 & 1 & 1 \end{pmatrix}\begin{pmatrix} x_1 \\ x_2 \\ x_3 \\ x_4 \end{pmatrix} = \boldsymbol{x}^{\mathrm{T}}\begin{pmatrix} 1 & 1 & 0 & -1 \\ 1 & 1 & -1 & 0 \\ 0 & -1 & 1 & 1 \\ -1 & 0 & 1 & 1 \end{pmatrix}\boldsymbol{x} = \boldsymbol{x}^{\mathrm{T}}\boldsymbol{A}\boldsymbol{x}$$

其中

$$\boldsymbol{A} = \begin{pmatrix} 1 & 1 & 0 & -1 \\ 1 & 1 & -1 & 0 \\ 0 & -1 & 1 & 1 \\ -1 & 0 & 1 & 1 \end{pmatrix}$$

现在求一个正交矩阵 $\boldsymbol{P}$，使得 $\boldsymbol{P}^{-1}\boldsymbol{A}\boldsymbol{P}$ 为对角阵。

输入　A={{1, 1, 0, -1}, {1, 1, -1, 0}, {0, -1, 1, 1}, {-1, 0, 1, 1}};

```
Eigenvalues[A]
P=Eigenvectors[A]
P=Orthogonalize[P]
P=Transpose[P]
Inverse[P].P//MatrixForm
P//MatrixForm
Inverse[P].A.P//MatrixForm
Simplify[%]//MatrixForm
```

输出　{3，-1，1，1} (A的特征值)

{{-1，-1，1，1}，{1，-1，-1，1}，{0，1，0，1}，{1，0，1，0}}(A的特征向量)

特征向量的矩阵正交单位化：

{{-(1/2)，-(1/2)，1/2，1/2}，{1/2，-(1/2)，-(1/2)，1/2}，{0，$1/\sqrt{2}$，0，$1/\sqrt{2}$}，{$1/\sqrt{2}$，0，$1/\sqrt{2}$，0}}

{{-(1/2)，1/2，0，$1/\sqrt{2}$}，{-(1/2)，-(1/2)，$1/\sqrt{2}$，0}，{1/2，-(1/2)，0，$1/\sqrt{2}$}，{1/2，1/2，$1/\sqrt{2}$，0}}

$$\begin{pmatrix} 1 & 0 & 0 & 0 \\ 0 & 1 & 0 & 0 \\ 0 & 0 & 1 & 0 \\ 0 & 0 & 0 & 1 \end{pmatrix}$$

$$\begin{pmatrix} -\frac{1}{2} & \frac{1}{2} & 0 & \frac{1}{\sqrt{2}} \\ -\frac{1}{2} & -\frac{1}{2} & \frac{1}{\sqrt{2}} & 0 \\ \frac{1}{2} & -\frac{1}{2} & 0 & \frac{1}{\sqrt{2}} \\ \frac{1}{2} & \frac{1}{2} & \frac{1}{\sqrt{2}} & 0 \end{pmatrix}$$

(P的矩阵形式，即 $P = \begin{pmatrix} -\frac{1}{2} & \frac{1}{2} & 0 & \frac{1}{\sqrt{2}} \\ -\frac{1}{2} & -\frac{1}{2} & \frac{1}{\sqrt{2}} & 0 \\ \frac{1}{2} & -\frac{1}{2} & 0 & \frac{1}{\sqrt{2}} \\ \frac{1}{2} & \frac{1}{2} & \frac{1}{\sqrt{2}} & 0 \end{pmatrix}$)

$$\begin{pmatrix} 3 & 0 & 0 & 0 \\ 0 & -1 & 0 & 0 \\ 0 & 0 & 1 & 0 \\ 0 & 0 & 0 & 1 \end{pmatrix}$$

(验证了 $P^{-1}AP$ 为对角阵)

令

$$x = Py = \begin{pmatrix} -\dfrac{1}{2} & \dfrac{1}{2} & 0 & \dfrac{1}{\sqrt{2}} \\ -\dfrac{1}{2} & -\dfrac{1}{2} & \dfrac{1}{\sqrt{2}} & 0 \\ \dfrac{1}{2} & -\dfrac{1}{2} & 0 & \dfrac{1}{\sqrt{2}} \\ \dfrac{1}{2} & \dfrac{1}{2} & \dfrac{1}{\sqrt{2}} & 0 \end{pmatrix} \begin{pmatrix} y_1 \\ y_2 \\ y_3 \\ y_4 \end{pmatrix}$$

则原二次型化为

$$f = 3y_1^2 - y_2^2 + y_3^2 + y_4^2$$

4.6 本章小结

Mathematica 是一个科学计算的平台(犹如一台高级的计算器)，它的功能非常强大，可以快捷、准确地进行数值、符号的计算，图像处理，以及针对模拟系统进行仿真处理(如电子芯片、元件功能的模拟)。本章主要探讨 Mathematica 在线性代数中的应用。

在 Mathematica 中计算行列式，用内建函数命令 Det[A]，在中括号里键入行列式，确认执行即可。利用克拉默法则求解线性方程组的主要问题是行列式的计算。

矩阵的运算中重点是矩阵的乘积、逆矩阵的计算及解矩阵方程。求矩阵的逆矩阵用函数命令 Inverse[A]。

矩阵的初等变换与线性方程组是线性代数中的核心部分，其重点内容是求矩阵的秩，矩阵的秩(Rank)在线性代数中作用很大，如判断线性方程组解的情况、向量组的线性相关性等。

一般求秩采用的办法是：①利用初等变换把矩阵转换成行阶梯形矩阵；②观察非零行的行数。在 Mathematica 软件中，用 MatrixRank[A]命令求矩阵的秩。

求解齐次线性方程组，用 RowReduce [A]命令先化为行最简形矩阵，再用 NullSpace[A]命令计算齐次线性方程组的基础解系；求解非齐次线性方程组用函数命令 LinearSolve[A，b]。

向量组的线性相关性、向量组的秩与向量组的最大无关组的讨论是线性代数解决问题的重要工具，而其中主要问题是计算矩阵的秩和化矩阵为行最简形矩阵。

本章最后探讨了相似矩阵及二次型，主要介绍了求矩阵的特征值与特征向量，用函数命令 Eigenvalues[A]求A的特征值，用函数命令Eigenvectors[A] 求A的特征向量；矩阵的对角化，化二次型为标准形是本章所有内容的综合，其主要部分是可逆(正交)矩阵的计算，若仅求可逆矩阵，只需求特征向量即可，若求正交矩阵则要用到函数命令Orthogonalize[P]，即将矩阵P正交化。

本章主要用到的函数命令见表4-4。

表 4-4 第 4 章常用命令

命令形式	功能
Det [A]	求解行列式(方阵的行列式)
A+B	矩阵加法运算
A.B	矩阵乘法运算
Inverse[A]	求矩阵的逆矩阵

(续)

命令形式	功能
MatrixRank[A]	求矩阵的秩
Transpose[A]	求矩阵 A 的转置
RowReduce	化简矩阵为行最简形矩阵
MatrixPower[A, n]	求矩阵 A 的 n 次幂
LinearSolve[A, b]	求线性方程组的解
Orthogonalize[P]	将矩阵 P 正交化

习 题 4

1. 计算三阶行列式 $|A| = \begin{vmatrix} 3 & 1 & -2 \\ 2 & 4 & 3 \\ 5 & 0 & 1 \end{vmatrix}$。

2. 求解方程 $\begin{vmatrix} x & 1 & 1 & 1 \\ 1 & x & 1 & 1 \\ 1 & 1 & x & 1 \\ 1 & 1 & 1 & x \end{vmatrix} = 0$。

3. 计算范德蒙行列式 $\begin{vmatrix} 1 & 1 & 1 \\ x_1 & x_2 & x_3 \\ x_1^2 & x_2^2 & x_3^2 \end{vmatrix}$。

4. 用克拉默法则解线性方程组 $\begin{cases} x_1 - 2x_2 + x_3 = 1 \\ 2x_1 + x_2 - x_3 = 1 \\ x_1 - 3x_2 - 4x_3 = -10 \end{cases}$。

5. 设 $A = \begin{pmatrix} 4 & -2 \\ 2 & 1 \\ 6 & 5 \end{pmatrix}$, $B = \begin{pmatrix} 5 & 4 \\ 1 & 3 \\ 2 & 5 \end{pmatrix}$，求 $A - B$ 和 $2A - 3B$。

6. 设 $A = \begin{pmatrix} 2 & 1 & 4 \\ -3 & 0 & 2 \end{pmatrix}$, $B = \begin{pmatrix} 3 & 5 \\ 2 & -1 \\ 4 & 2 \end{pmatrix}$，求 AB。

7. 设 $A = \begin{pmatrix} 3 & -1 & 0 \\ -2 & 1 & 1 \\ 2 & -1 & 4 \end{pmatrix}$，求其逆矩阵 A^{-1}，并验证 $AA^{-1} = E$ (单位矩阵)。

8. 设 $A = \begin{pmatrix} 1 & -1 \\ 2 & 4 \end{pmatrix}$, $B = \begin{pmatrix} 2 & 1 \\ 0 & 1 \end{pmatrix}$, $C = \begin{pmatrix} 2 & 1 \\ 3 & -1 \end{pmatrix}$ 且 $AXB = C$，求矩阵 X。

9. 设 $A = \begin{pmatrix} 2 & 5 & -2 & 6 & 1 & 2 \\ 1 & 2 & 3 & 4 & 2 & 1 \\ 4 & 4 & 5 & 2 & 4 & -2 \\ 3 & 5 & 2 & 1 & 3 & 1 \end{pmatrix}$，求 A 的秩，并求 A 的一个最高阶非零子式。

10. 求齐次线性方程组 $\begin{cases} x_1 + 2x_2 + x_3 + x_4 = 0 \\ x_1 + 3x_2 - x_3 + 2x_4 = 0 \\ 2x_1 + 5x_2 + 3x_4 = 0 \end{cases}$ 的基础解系与通解。

11. 求线性方程组 $\begin{cases} x_1 + x_2 + x_3 + x_4 = 1 \\ x_2 - x_3 + 2x_4 = 1 \\ 2x_1 + 3x_2 + x_3 + 4x_4 = 3 \end{cases}$ 的通解。

12. 设 $\boldsymbol{\beta}_1 = \begin{pmatrix} 1 \\ 1 \\ 2 \end{pmatrix}, \boldsymbol{\beta}_2 = \begin{pmatrix} 2 \\ 1 \\ 3 \end{pmatrix}, \boldsymbol{\beta}_3 = \begin{pmatrix} -1 \\ 1 \\ 1 \end{pmatrix}, \boldsymbol{\alpha} = \begin{pmatrix} 3 \\ 2 \\ 5 \end{pmatrix}$，试将 $\boldsymbol{\alpha}$ 表示成 $\boldsymbol{\beta}_1, \boldsymbol{\beta}_2, \boldsymbol{\beta}_3$ 的线性组合。

13. 判断向量组的线性相关性：$\boldsymbol{\alpha}_1 = \begin{pmatrix} 1 \\ 1 \\ 2 \end{pmatrix}, \boldsymbol{\alpha}_2 = \begin{pmatrix} 0 \\ 4 \\ 4 \end{pmatrix}, \boldsymbol{\alpha}_3 = \begin{pmatrix} 2 \\ 3 \\ 5 \end{pmatrix}$。

14. 设 $\boldsymbol{A} = \begin{pmatrix} 2 & 0 & 3 & 1 & 4 \\ 3 & 5 & 5 & 1 & 7 \\ 1 & 5 & 2 & 0 & 1 \end{pmatrix}$，求 $\boldsymbol{A}$ 的列向量组的一个最大无关组，并将不属于最大无关组的向量用最大无关组线性表示。

15. 求矩阵 $\boldsymbol{A} = \begin{pmatrix} 1 & -2 & 2 \\ -2 & -2 & 4 \\ 2 & 4 & -2 \end{pmatrix}$ 的特征值和特征向量。

16. 设 $\boldsymbol{A} = \begin{pmatrix} 2 & -2 & 0 \\ -2 & 1 & -2 \\ 0 & -2 & 0 \end{pmatrix}$，求正交矩阵 $\boldsymbol{P}$，使得 $\boldsymbol{P}^{-1}\boldsymbol{AP}$ 为对角阵，并验证结果。

17. 求一个正交变换 $\boldsymbol{x} = \boldsymbol{Py}$，将下列二次型化为标准形：
$$f(x_1, x_2, x_3) = 2x_1x_2 + 2x_1x_3 + 2x_2x_3$$

第 5 章 Mathematica 在概率统计中的应用

Mathematica 主要以符号运算为主,是进行科学数值计算的主要工具之一,在高等数学、线性代数、概率统计的数学基础课中得到了广泛的应用。特别在概率统计中,Mathematica 具有强大的统计功能函数和程序包,对数据的精确处理、高精度的数值计算、有效的准确分析和统计图形的描绘起到了不可替代的重要作用。本章针对概率统计中的数学问题、运用 Mathematica 中的与概率统计相关的命令和程序,详细地给出了解决问题的方法及程序实现。

5.1 随机数的生成

5.1.1 随机整数

随机数生成的命令为 Random[type,range],生成指定类型和范围内的随机数。
Type 包括:Integer(整数)、Real(实数)、Complex(复数)。
Range:{a,b}其中 a,b 为任意的数,a 与 b 的大小任意。
随机整数生成的命令为 Random[Integer,{a,b}],生成 a 与 b 之间的随机整数。
Random[Integer] 生成 0 或 1。

例 5.1 在[-3.4,6.8]内生成随机整数。
输出结果可能是:
{-3,-2,-1,0,1,2,3,4,5,6}
输入   Random[Integer,{-3.4,6.8}]
输出   2
输入   Random[Integer,{-3.4,6.8}]
输出   -2
输入   Random[Integer,{-3.4,6.8}]
输出   0

例 5.2 生成随机整数 0 或 1。
输出结果可能是:
{0,1}
输入   Random[Integer]
输出   1
输入   Random[Integer]
输出   0

5.1.2 随机实数

随机实数生成的命令为 Random[Real,{a,b}],生成 a 与 b 之间的随机实数。

Random[ ]命令生成 0~1 之间的随机实数。

例 5.3 在[-1.25，2.65]内生成随机实数。

输入　　Random[Real，{-1.25，2.65}]
输出　　2.15853
输入　　Random[Real，{-1.25，2.65}]
输出　　0.207098
输入　　Random[Real，{-1.25，2.65}]
输出　　-0.855647

例 5.4 生成 0~1 之间的随机实数。

输入　　Random[ ]
输出　　0.0429067
输入　　Random[ ]
输出　　0.744169

5.1.3 随机复数

随机复数生成的命令为 Random[Complex，{a，b}]，生成随机的复数。
生成复数的实部介于 a 与 b 的实部之间，生成复数的虚部介于 a 与 b 的虚部之间。
Random[Complex]命令在[0，1]×[0，1]的单位正方形内生成随机复数。

例 5.5 在 2-3i 与 6+2i 之间生成随机复数。

输入　　Random[Complex，{2-3*i, 6+2*i}]
输出　　3.33861+1.84474 i
输入　　Random[Complex，{2-3*i, 6+2*i}]
输出　　4.41139+1.07194 i
输入　　Random[Complex，{2-3*i, 6+2*i}]
输出　　3.68137-1.1689 i

例 5.6 在[0，1]×[0，1]的单位正方形内生成随机复数。

输入　　Random[Complex]
输出　　0.771272+0.849537 i
输入　　Random[Complex]
输出　　0.0926644+0.632504 i

5.2　数据的最大值、最小值、极差

5.2.1 数据的录入与长度

数据的录入格式命令为 data = $\{x_1, x_2, \cdots, x_n\}$。
数据的长度(个数)命令为 Length[data]。

例 5.7 给定一组数据：

$$34, 56, 28, 62, 32$$
$$90, 20, 10, 12, 35$$
$$63, 78, 12, 25, 68$$

请在 Mathematica 中正确录入，并统计其长度。

输入　<<Statistics`
　　　　data={34，56，28，62，32，90，20，10，12，35，63，78，12，25，68}
　　　　Length[data]
输出　{34，56，28，62，32，90，20，10，12，35，63，78，12，25，68}
　　　　15

5.2.2 数据的最大值、最小值、极差

Max[data]命令计算数据的最大值。
Min[data]命令计算数据的最小值。
SampleRange[data]命令计算数据的极差= Max[data]- Min[data]。

例 5.8　计算数据

$$34，56，28，62，32$$
$$90，20，10，12，35$$
$$63，78，12，25，68$$

的最大值、最小值和极差。

输入　<<Statistics`
　　　　data={34，56，28，62，32，90，20，10，12，35，63，78，12，25，68};
　　　　Max[data]
　　　　Min[data]
　　　　SampleRange[data]
输出　90
　　　　10
　　　　80

5.3　数据的中值、平均值

5.3.1　数据的中值

Median[data]命令计算数据的中值。

例 5.9　计算数据

$$34，56，28，62，32$$
$$90，20，10，12，35$$
$$63，78，12，25，68$$

的中值。

输入　<<Statistics`
　　　　data={34，56，28，62，32，90，20，10，12，35，63，78，12，25，68};
　　　　Median[data]
输出　34

5.3.2　数据的平均值

Mean[data]命令计算数据的平均值。

例 5.10 计算数据

$$34,56,28,62,32$$
$$90,20,10,12,35$$
$$63,78,12,25,68$$

的平均值。

输入　<<Statistics`
　　　data={34,56,28,62,32,90,20,10,12,35,63,78,12,25,68};
　　　P1=Mean[data]
　　　P2=N[P1]

输出　125/3
　　　41.6667

5.4 数据的方差、标准差、中心矩

5.4.1 数据的方差

Variance[data]命令计算数据的方差(无偏估计)。

VarianceMLE[data]命令计算数据的方差。

例 5.11 计算数据

$$34,56,28,62,32$$
$$90,20,10,12,35$$
$$63,78,12,25,68$$

的方差。

输入　<<Statistics`
　　　data={34,56,28,62,32,90,20,10,12,35,63,78,12,25,68};
　　　F1=Variance[data]
　　　P1=N[F1]
　　　F2=VarianceMLE[data]
　　　P2=N[F2]

输出　13976/21
　　　665.524
　　　27952/45
　　　621.156

5.4.2 数据的标准差

StandardDeviation[data]命令计算数据的标准差(无偏估计)。

StandardDeviationMLE[data]命令计算数据的标准差。

例 5.12 计算数据

$$34,56,28,62,32$$
$$90,20,10,12,35$$
$$63,78,12,25,68$$

的标准差。

输入　<<Statistics`

data={34，56，28，62，32，90，20，10，12，35，63，78，12，25，68}；

S1= StandardDeviation[data]

P1=N[S1]

S2= StandardDeviationMLE[data]

P2=N[S2]

输出　$2\sqrt{\dfrac{3494}{21}}$

25.7977

$\dfrac{4}{3}\sqrt{\dfrac{1747}{5}}$

24.923

5.4.3　数据的中心矩

CentralMoment[data，k]命令计算数据的 k 阶中心矩。

例 5.13　计算数据

$$34，56，28，62，32$$
$$90，20，10，12，35$$
$$63，78，12，25，68$$

的二阶、三阶中心距。

输入　<<Statistics`

data={34，56，28，62，32，90，20，10，12，35，63，78，12，25，68}；

Z1= CentralMoment[data，2]

P1=N[Z1]

Z2= CentralMoment[data，3]

P2=N[Z2]

输出

27952/45

621.156

174994/27

6481.26

5.5　数据的频率直方图

首先在 Mathematica 中调用统计命令<<Statistics`和作图命令<<Graphics`。BarChart[{{x_1, y_1}, {x_2, y_2}, ⋯, {x_n, y_n}}]命令作出给定数据组的条形图。

例 5.14　作出下列数据的频率直方图：

141，148，132，138，154，142，150，146，155，158，150，140，

147，148，144，150，149，145，149，158，143，141，144，144，

126，140，144，142，141，140，145，135，147，146，141，136，

140，146，142，137，148，154，137，139，143，140，131，143，
141，149，148，135，148，152，143，144，141，143，147，146，
150，132，142，142，143，153，149，146，149，138，142，149，
142，137，134，144，146，147，140，142，140，137，152，145

输入　<<Statistics`

<<Graphics`

data={141,148,132,138,154,142,150,146,155,158,150,140,147,148,144,150,149,145,149,158,143,141,
144,144,126,140,144,142,141,140,145,135,147,146,141,136,140,146,142,137,148,154,137,139,
143,140,131,143,141,149,148,135,148,152,143,144,141,143,147,146,150,132,142,142,143,153,
149,146,149,138,142,149,142,137,134,144,146,147,140,142,140,137,152,145};

Length[data]

Min[data]

Max[data]

fi=BinCounts[data,{124.5,159.5,5}]

center=Table[124.5+j*5−2.5,{j,1,7}]

k=Transpose[{fi/Length[data]/5,center}]

BarChart[k]

输出(图 5-1)　　84

126

158

{1,4,10,33,24,9,3}

{127.,132.,137.,142.,147.,152.,157.}

{{1/420,127.},{1/105,132.},{1/42,137.},{11/140,142.},{2/35,147.},{3/140,152.},{1/140,157.}}

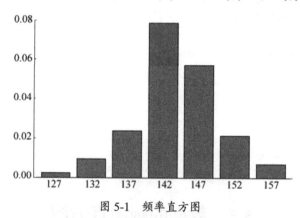

图 5-1　频率直方图

5.6　协方差与相关系数

5.6.1　协方差

Covariance[x，y]命令计算 x，y 的协方差(无偏估计)。

CovarianceMLE[x，y]命令计算 x，y 的协方差。

例 5.15 计算表 5-1 中数据的协方差。

表 5-1 数据表 1

x	1.23	1.22	1.08	1.09	1.25
y	2.12	2.32	2.26	2.28	2.42
z	3.21	3.32	3.33	3.51	3.42

输入　　<<Statistics`
　　　　data={{1.23,2.12,3.21},{1.22,2.32,3.32},{1.08,2.26,3.33},{1.09,2.28,3.51},{1.25,2.42,3.42}};
　　　　x=data[[All,1]];
　　　　y=data[[All,2]];
　　　　z=data[[All,3]];
　　　　Covariance[x,y]
　　　　Covariance[x,z]
　　　　Covariance[y,z]
　　　　Covariance[x,x]
　　　　Covariance[y,y]
　　　　Covariance[z,z]
　　　　CovarianceMLE[x,y]
　　　　CovarianceMLE[x,z]
　　　　CovarianceMLE[y,z]
　　　　CovarianceMLE[x,x]
　　　　CovarianceMLE[y,y]
　　　　CovarianceMLE[z,z]

输出　　0.00135
　　　　−0.003865
　　　　0.00785
　　　　0.00673
　　　　0.0118
　　　　0.01277
　　　　0.00108
　　　　−0.003092
　　　　0.00628
　　　　0.005384
　　　　0.00944
　　　　0.010216

5.6.2 相关系数

Correlation[x，y]命令计算 x，y 的相关系数。

例 5.16 计算表 5-2 数据的相关系数。

表 5-2　数据表 2

x	1.23	1.22	1.08	1.09	1.25
y	2.12	2.32	2.26	2.28	2.42
z	3.21	3.32	3.33	3.51	3.42

输入　<<Statistics`
　　　data={{1.23,2.12,3.21},{1.22,2.32,3.32},{1.08,2.26,3.33},{1.09,2.28,3.51},{1.25,2.42,3.42}};
　　　x=data[[All,1]];
　　　y=data[[All,2]];
　　　z=data[[All,3]];
　　　Correlation[x,y]
　　　Correlation[x,z]
　　　Correlation[y,z]
　　　Correlation[x,x]
　　　Correlation[y,y]
　　　Correlation[z,z]
输出　0.15149
　　　−0.416914
　　　0.639489
　　　1
　　　1
　　　1

5.7　分　　布

5.7.1　分布相关函数

Domain[dist]命令计算分布 dist 的定义域。
Mean[dist]命令计算分布 dist 的期望。
Variance[dist]命令计算分布 dist 的方差。
StandardDeviation[dist]命令计算分布 dist 的标准差。
PDF[dist,x]命令求点 x 处的分布 dist 的密度值。
CDF[dist,x]命令求点 x 处的分布函数值。

5.7.2　伯努利分布

伯努利分布的命令为 BernoulliDistribution[p]。
例 5.17　计算伯努利分布的定义域、期望、方差、标准差。
输入　<<Statistics`
　　　dist=BernoulliDistribution[p];
　　　Domain[dist]
　　　Mean[dist]
　　　Variance[dist]
　　　StandardDeviation[dist]

输出　{0,1}
　　　p
　　　(1−p)p
　　　$\sqrt{(1-p)p}$

例 5.18　分别描绘伯努利分布在 $p=0.2$、$p=0.6$、$p=0.8$ 时的分布函数曲线。并求出伯努利分布在 $p=0.15$、$x=0.16$ 处的概率密度值与分布函数值。

输入　<<Statistics`

　　　<<Graphics`

　　　dist=BernoulliDistribution[0.2];

　　　Plot[{CDF[dist,x]},{x,0,1},PlotStyle→{Thickness[0.006],RGBColor[0,0,1]},PlotRange→All]

输出的图形如图 5-2 所示。

输入　<<Statistics`

　　　<<Graphics`

　　　dist=BernoulliDistribution[0.6];

　　　Plot[{CDF[dist,x]},{x,0,1},PlotStyle→{Thickness[0.006],RGBColor[0,0,1]},PlotRange→All]

输出的图形如图 5-3 所示。

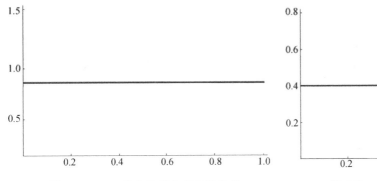

图 5-2　*p*=0.2 的伯努利分布函数曲线　　　　图 5-3　*p*=0.6 的伯努利分布函数曲线

输入　<<Statistics`

　　　<<Graphics`

　　　dist=BernoulliDistribution[0.8];

　　　Plot[{CDF[dist,x]},{x,0,1},PlotStyle→
　　　{Thickness[0.006],RGBColor[0,0,1]},
　　　PlotRange→All]

输出的图形如图 5-4 所示。

输入　<<Statistics`

　　　dist=BernoulliDistribution[0.15];

　　　x=0.16;

　　　PDF[dist,x]

　　　CDF[dist,x]

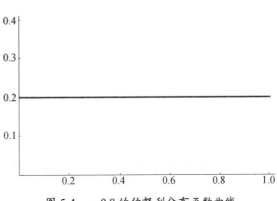

图 5-4　*p*=0.8 的伯努利分布函数曲线

输出　0

　　　0.85

5.7.3 二项分布

二项分布的命令为 BinomialDistribution[n,p]。

例 5.19 计算二项分布的定义域、期望、方差、标准差。

输入　　<<Statistics`

　　　　dist=BinomialDistribution[n,p];

　　　　Domain[dist]

　　　　Mean[dist]

　　　　Variance[dist]

　　　　StandardDeviation[dist]

输出　　Range[0,n]

　　　　np

　　　　n(1−p)p

　　　　$\sqrt{n(1-p)p}$

例 5.20 分别描绘二项分布在 $n=8$、$p=0.2$；$n=12$、$p=0.8$ 时的分布函数曲线。并求出二项分布在 $n=15$、$p=0.6$、$x=10$ 处的概率密度值与分布函数值。

输入　　<<Statistics`

　　　　<<Graphics`

　　　　dist=BinomialDistribution[8，0.2];

　　　　Plot[{CDF[dist,x]},{x,0,8},PlotStyle→{Thickness[0.006],RGBColor[0,0,1]},PlotRange→All]

输出的图形如图 5-5 所示。

输入　　<<Statistics`

　　　　<<Graphics`

　　　　dist=BinomialDistribution[12,0.8];

　　　　Plot[{CDF[dist,x]},{x,0,12},PlotStyle→{Thickness[0.006],RGBColor[0,0,1]},PlotRange→All]

输出的图形如图 5-6 所示。

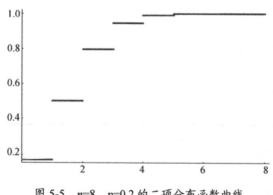

图 5-5 $n=8$、$p=0.2$ 的二项分布函数曲线

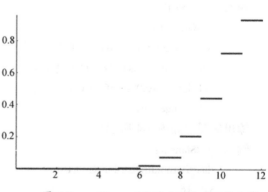

图 5-6 $n=12$、$p=0.8$ 的二项分布函数曲线

输入　　<<Statistics`

　　　　dist=BinomialDistribution[15,0.6];

　　　　x=10;

PDF[dist,x]

CDF[dist,x]

输出　0.185938

0.782722

5.7.4 几何分布

几何分布的命令为 GeometricDistribution[p]。

例 5.21 计算几何分布的定义域、期望、方差、标准差。

输入　<<Statistics`

dist=GeometricDistribution[p];

Domain[dist]

Mean[dist]

Variance[dist]

StandardDeviation[dist]

输出　Range[0, ∞]

$-1+\dfrac{1}{p}$

$\dfrac{1-p}{p^2}$

$\dfrac{\sqrt{1-p}}{p}$

例 5.22 分别描绘几何分布在 $p=0.1$、$p=0.5$ 时的分布函数曲线。并求出几何分布在 $p=0.3$、$x=5$ 处的概率密度值与分布函数值。

输入　<<Statistics`

<<Graphics`

dist=GeometricDistribution[0.1];

Plot[{CDF[dist,x]},{x,0,80},PlotStyle→{Thickness[0.006],RGBColor[0,0,1]},PlotRange→All]

输出的图形如图 5-7 所示。

输入　<<Statistics`

<<Graphics`

dist=GeometricDistribution[0.5];

Plot[{CDF[dist,x]},{x,0,15},PlotStyle→{Thickness[0.006],RGBColor[0,0,1]},PlotRange→All]

输出的图形如图 5-8 所示。

输入　<<Statistics`

dist=GeometricDistribution[0.3];

x=5;

PDF[dist,x]

CDF[dist,x]

输出　0.050421

0.882351

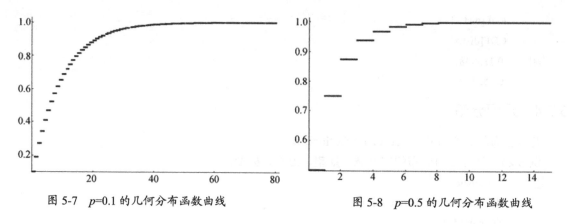

图 5-7 *p*=0.1 的几何分布函数曲线　　　　图 5-8 *p*=0.5 的几何分布函数曲线

5.7.5 超几何分布

超几何分布的命令为 HypergeometricDistribution[n，M，N]。

例 5.23　计算超几何分布的定义域、期望、方差、标准差。

输入　<<Statistics`

　　　　dist=HypergeometricDistribution[n,M,N];

　　　　Domain[dist]

　　　　Mean[dist]

　　　　Variance[dist]

　　　　StandardDeviation[dist]

输出　Range[Max[0,M+n−N],Min[M,n]]

$$\frac{Mn}{N}$$

$$\frac{Mn\left(1-\frac{M}{N}\right)(-n+N)}{(-1+N)N}$$

$$\frac{\sqrt{\frac{Mn(-M+N)(-n+N)}{-1+N}}}{N}$$

5.7.6 泊松分布

泊松分布的命令为 PoissonDistribution[μ]。

例 5.24　计算泊松分布的定义域、期望、方差、标准差。

输入　<<Statistics`

　　　　dist=PoissonDistribution[μ];

　　　　Domain[dist]

　　　　Mean[dist]

　　　　Variance[dist]

　　　　StandardDeviation[dist]

输出　Range[0,∞]

μ
μ
$\sqrt{\mu}$

5.7.7 正态分布

正态分布的命令为 NormalDistribution[μ，σ]。

例 5.25 计算正态分布的定义域、期望、方差、标准差。

输入　<<Statistics`
　　　dist=NormalDistribution[μ, σ];
　　　Domain[dist]
　　　Mean[dist]
　　　Variance[dist]
　　　StandardDeviation[dist]

输出　Interval[{$-\infty$，∞}]
　　　μ
　　　σ^2
　　　σ

5.7.8 负二项分布

负二项分布的命令为 NegativeBinomialDistribution[n，p]。

例 5.26 计算负二项分布的定义域、期望、方差、标准差。

输入　<<Statistics`
　　　dist=NegativeBinomialDistribution[n, p];
　　　Domain[dist]
　　　Mean[dist]
　　　Variance[dist]
　　　StandardDeviation[dist]

输出　Range[0，∞]

$$\frac{n(1-p)}{p}$$

$$\frac{n(1-p)}{p^2}$$

$$\frac{\sqrt{n(1-p)}}{p}$$

5.7.9 均匀分布

均匀分布的命令为 UniformDistribution[{min，max}]。

例 5.27 计算均匀分布的定义域、期望、方差、标准差。

输入　<<Statistics`
　　　dist=UniformDistribution[{min, max}];
　　　Domain[dist]

          Mean[dist]

          Variance[dist]

          StandardDeviation[dist]

输出   Interval[{min, max}]

$$\frac{\max + \min}{2}$$

$$\frac{1}{12}(\max - \min)^2$$

$$\frac{\max - \min}{2\sqrt{3}}$$

5.7.10 指数分布

指数分布的命令为 ExponentialDistribution[λ]。

例 5.28 计算指数分布的定义域、期望、方差、标准差。

输入   <<Statistics`

          dist=ExponentialDistribution[λ];

          Domain[dist]

          Mean[dist]

          Variance[dist]

          StandardDeviation[dist]

输出   Interval[{0, ∞}]

$$\frac{1}{\lambda}$$

$$\frac{1}{\lambda^2}$$

$$\frac{1}{\lambda}$$

5.7.11 t 分布

t 分布的命令为 StudentTDistribution[ν]。

例 5.29 计算 t 分布的定义域、期望、方差、标准差。

输入   <<Statistics`

          dist=StudentTDistribution[ν];

          Domain[dist]

          Mean[dist]

          Variance[dist]

          StandardDeviation[dist]

输出   Interval[{$-\infty, \infty$}]

$$\begin{cases} 0 & \nu > 1 \\ \text{Indeterminate} & \text{True} \end{cases}$$

$$\begin{cases} \dfrac{\nu}{-2+\nu} & \nu > 2 \\ \text{Indeterminate} & \text{True} \end{cases}$$

$$\begin{cases} \sqrt{\dfrac{v}{-2+v}} & v>2 \\ \text{Indeterminate} & \text{True} \end{cases}$$

5.7.12 χ^2 分布

χ^2 分布的命令为 ChiSquareDistribution[ν]。

例 5.30 计算 χ^2 分布的定义域、期望、方差、标准差。

输入　<<Statistics`
　　　dist=ChiSquareDistribution[ν];
　　　Domain[dist]
　　　Mean[dist]
　　　Variance[dist]
　　　StandardDeviation[dist]

输出　Interval[{0，∞}]
　　　ν
　　　2ν
　　　$\sqrt{2}\sqrt{v}$

5.7.13 F 分布

F 分布的命令为 FRatioDistribution[n，m]。

例 5.31 计算 F 分布的定义域、期望、方差、标准差。

输入　<<Statistics`
　　　dist=FRatioDistribution[n，m];
　　　Domain[dist]
　　　Mean[dist]
　　　Variance[dist]
　　　StandardDeviation[dist]

输出　Interval[{0，∞}]

$$\begin{cases} \dfrac{m}{-2+m} & m>2 \\ \text{Indeterminate} & \text{True} \end{cases}$$

$$\begin{cases} \dfrac{2m^2(-2+m+n)}{(-4+m)(-2+m)^2 n} & m>4 \\ \text{Indeterminate} & \text{True} \end{cases}$$

$$\begin{cases} \dfrac{\sqrt{2}m\sqrt{-2+m+n}}{\sqrt{-4+m}(-2+m)\sqrt{n}} & m>4 \\ \text{Indeterminate} & \text{True} \end{cases}$$

5.7.14 Γ 分布

Γ 分布的命令为 GammaDistribution[α,β]。

例 5.32 计算 Γ 分布的定义域、期望、方差、标准差。

输入　<<Statistics`
　　　dist= GammaDistribution[α,β];
　　　Domain[dist]
　　　Mean[dist]
　　　Variance[dist]
　　　StandardDeviation[dist]

输出　Interval[{0，∞}]
　　　αβ
　　　αβ²
　　　√αβ

5.8　置信区间

用 MeanCI[data]命令求置信水平为 0.95 的置信区间。

例 5.33　有一大批糖果，现从中随机地取 16 袋，称得质量(单位：g)如下：
　　　506　508　499　503　504　510　497　512
　　　514　505　493　496　506　502　509　496

设袋装糖果的质量近似地服从正态分布，试求总体均值 μ 的置信水平为 0.95 的置信区间。

输入　<<Statistics`
　　　data={506，508，499，503，504，510，497，512，514，505，493，496，506，502，509，496};
　　　MeanCI[data]

输出　{500.445，507.055}

5.9　数学期望与方差

例 5.34　离散型随机变量分布如表 5-3 所示。

表 5-3　离散型随机变量分布

X	10	30	50	70	90
P_K	$\frac{3}{6}$	$\frac{1}{3}$	$\frac{1}{36}$	$\frac{1}{12}$	$\frac{1}{18}$

求 $E(X)$。

输入　X={10，30，50，70，90};
　　　P={3/6，1/3，1/36，1/12，1/18};
　　　EX1=X.P//MatrixForm
　　　EX2=N[EX1]

输出　245/9
　　　27.2222

例 5.35　某商店对某种家用电器的销售采用先使用后付款的方式。记使用寿命为 X(单位：年)，规定：
$$X \leq 1, \text{一台付款 } 1500 \text{ 元}$$
$$1 < X \leq 2, \text{一台付款 } 2000 \text{ 元}$$
$$2 < X \leq 3, \text{一台付款 } 2500 \text{ 元}$$
$$X > 3, \text{一台付款 } 3000 \text{ 元}$$

设寿命 X 服从指数分布，概率密度为

$$f(x) = \begin{cases} \dfrac{1}{10}e^{-x/10}, & x > 0 \\ 0, & x \leq 0 \end{cases}$$

试求该商店一台这种家用电器收费 Y 的数学期望 $E(Y)$。

输入　P1=N$\left[\int_0^1 1/10*E\wedge(-x/10)dx, 3\right]$

P2=N$\left[\int_1^2 1/10*E\wedge(-x/10)dx, 3\right]$

P3=N$\left[\int_2^3 1/10*E\wedge(-x/10)dx, 3\right]$

P4=N$\left[\int_2^3 1/10*E\wedge(-x/10)dx, 4\right]$

X={1500，2000，2500，3000}；
P={P1，P2，P3，P4}；
EX=X.P//MatrixForm

输出　0.0952

0.0861

0.0779

0.7408

2732

例 5.36　设 $X \sim U(a,b)$，求 $E(X)$。

输入　EX=Simplify$\left[\int_a^b x/(b-a)dx\right]$

输出　(a+b)/2

例 5.37　设随机变量 (X,Y) 的概率密度为

$$f(x,y) = \begin{cases} \dfrac{3}{2x^3y^2}, & \dfrac{1}{x} < y < x, x > 1 \\ 0, & \text{其他} \end{cases}$$

求 $E(Y)$，$E\left(\dfrac{1}{XY}\right)$。

输入　EY=Integrate[3/(2*x^3*y), {x, 1, ∞}, {y, 1/x, x}]
　　　E1XY=Integrate[3/(2*x^4*y^3), {x, 1, ∞}, {y, 1/x, x}]

输出　3/4

3/5

例 5.38　设 $X \sim U(a,b)$，求 $D(X)$。

输入　　EX=Simplify[Integrate[x/(b-a), {x, a, b}]];
　　　　EX2=Simplify[Integrate[x^2/(b-a), {x, a, b}]];
　　　　DX=Simplify[EX2-EX^2]
输出　　1/12 (a-b)²

例 5.39　设随机变量 $X \sim N(\mu,\sigma^2)$，求 $E(X)$，$D(X)$。

输入　　dist=NormalDistribution[μ,σ];
　　　　EX=Mean[dist]
　　　　DX=Variance[dist]
输出　　μ
　　　　σ²

5.10　本章小结

本章介绍了 Mathematica 在概率统计中的应用。5.1 节介绍了随机数的生成；5.2 节介绍了数据的最大值、最小值、极差；5.3 节介绍了数据的中值、平均值；5.4 节介绍了数据的方差、标准差、中心矩；5.5 节介绍了数据的频率直方图；5.6 节介绍了协方差与相关系数；5.7 节介绍了常见的分布；5.8 节介绍了置信区间；5.9 节介绍了数学期望与方差。

习 题 5

1. 在[2，6]内生成随机实数。
2. 给定一组数据：

$$102, 103, 101, 88, 210$$
$$125, 213, 126, 136, 240$$
$$123, 106, 128, 103, 102$$
$$120, 98, 87, 196, 118$$

计算其长度、最大值、最小值、极差、中值、平均值。

3. 计算伯努利分布在 $p=0.5$ 时的期望、方差、标准差。
4. 计算下列数据的协方差与相关系数。

X	1.86	1.87	1.62
y	1.56	1.92	1.58
z	1.97	2.35	3.26

5. 有一批水果，现从中随机地取 10 袋，称得质量(单位：g)如下：

　　　　1200　1205　1208　1207　1220
　　　　1108　1203　1208　1212　1218

设袋装水果的质量近似地服从正态分布，试求总体均值 μ 的置信水平为 0.95 的置信区间。

第 6 章　Mathematica 编程

与其他程序设计语言类似，Mathematica 编程主要包括两个方面的内容。

(1) 对数据的描述。在程序中要指定数据的类型和数据的组织形式。数据是操作的对象，在 Mathematica 中操作的数据包括数值型数据、非数值型数据，数学常数以及一些比较复杂的数据组织形式如向量、矩阵、表等。

(2) 对操作的描述。即操作步骤，也就是算法。操作的目的是对数据进行加工处理，以得到期望的结果。对应比较简单的数值运算，可以直接使用 Mathematica 提供的运算符完成相应操作。对于一些常用的数学运算与操作，Mathematica 系统提供了许多数学函数，通过这些函数可以很容易完成相应的操作。另外，对于相当一部分需要处理的问题，系统并没有提供相应的处理函数，不过 Mathematica 提供了定义函数或过程的工具，程序设计人员可以根据所处理的问题自己定义函数或过程解决相关问题。

除了这两个因素之外，在程序设计过程中还需考虑程序设计方法与源程序代码的编写。在 Mathematica 中提供了与结构化程序设计相配套的语句，因此编者认为采用结构化程序设计的思路进行程序设计还是比较好的，即一个复杂的应用问题可以化解成顺序结构、选择结构和循环结构。本章将主要从这些方面进行介绍。

6.1　Mathematica 中的数据类型

如前所述，程序设计的对象主要为数据，而数据是以某种特定的形式存在的(如整数、实数、字符串)。不同的数据之间往往还存在某些联系(例如由若干个整数组成一个向量或矩阵)，在 Mathematica 中提供了一些常用的数据类型：

在程序中用到的所有数据都有其具体的数据类型，也可将数据分为常量与变量。

6.2　常量与变量

6.2.1　常量

在程序运行过程中，其值不能被改变的量称为常量。常量区分为不同的类型，如 12、0、-3 为整数常量，2/3、5/6 为有理数常量，2.34、3.56 为实数常量，"abcdef" "student" 为字符串常量。除此之外，Mathematica 还定义了许多符号常量，即以标识符形式对一些数学常数进行表示。表 6-1 中列出了一些常用的数学常数。

表 6-1 数学常数

数学常数	说明
Degree	角度到弧度的转换系数 $\pi/180$
E	自然对数的底数 $e = 2.7182818\cdots$
EulerGamma	欧拉常数 $\gamma = 0.57721566\cdots$
GoldenRatio	黄金分割数 1.61803
I	虚数单位 $i = \sqrt{-1}$
Infinity	无穷大 ∞
-Infinity	负的无穷大 ∞
Pi	圆周率 $\pi = 3.1415926\cdots$

Mathematica 中的数学常数都是以大写字母开头，使用这种符号常量的含义非常清楚，如在程序中看到 Pi，就知道它代表圆周率。

6.2.2 变量

1. 变量的命名

变量代表内存中具有特定属性的一个存储单元，用来存放数据，也就是变量的值。在程序运行期间，这些值是可以改变的。每个变量有唯一的变量名，以便被引用。Mathematica 中为变量名通常是英文字母开头，后面是字母或数字，长度不限。希腊字符和中文字符也可以用在变量名中。例如 "sum" "abcdfeg" "x1" "$\alpha\beta\gamma$" "小张" 均是合法变量名，但 "e-3" "2w" "x y"（x 与 y 之间有空格）均不是合法变量名。

Mathematica 中变量名区别大小写，即 a 和 A 是不同的变量名。由于内部函数和命令均为大写字母开头的标识符，为了避免混淆，建议用户变量名以小写字母开头。如果一定要用大写字母作为变量开头，请避免使用 C、D、E、I、N、O 等系统已经使用的字符。

2. 变量的定义

在 Mathematica 中变量不仅可存放数值、字符串、向量、矩阵或函数，还可存放复杂的计算数据或图形图像。Mathematica 中变量名即取即用，不需要先说明变量的类型再使用，系统会根据变量所赋的值做出正确的处理。另外，Mathematica 提供了 Head 函数，用于判断变量的类型。例如在 Mathematica 的笔记本中输入

```
x=2.5;      (*定义整数型变量x*)
y=2;        (*定义实数型变量y*)
z=2+3I;     (*定义复数型变量z*)
u="abc";    (*定义字符串型变量z*)
v           (*定义符号变量v*)
{Head[x],Head[y],Head[z],Head[u],Head[v]}    (*获取变量类型*)
```

则输出

{Real,Integer,Complex,String,Symbol }

需要注意的是，变量的类型并不是一成不变的，变量类型会随着它所存储的内容发生改变。

3. 变量赋值

程序中常需要用变量设置初值、保存中间结果或最终结果，即需要对变量进行赋值。Mathematica 为变量赋值提供了"="与":="两个运算符，这两个运算符也称为赋值运算符，其中前一个运算符为"立即赋值"运算符，后一个运算符为"延迟赋值"运算符。立即赋值指的是赋值符"="右侧的表达式立即被求值，延时赋值指的是赋值运算符":="右侧表达式在定义时不求值，只是在调用该语句时才进行求值(见 6.5 节)。具体使用方法为

变量=表达式

或 变量 1=变量 2=表达式

执行步骤：先计算赋值号右端的表达式的值，再将结果送给变量。特别要提醒的是这里的表达式可为一个数值、一个表达式、一个数组和一个图形等。例如在 Mathematica 的笔记本中输入

```
x=3                     (*给变量 x 赋值*)
y=x^2+2*x               (*将一多项式赋给变量 y*)
z={1,2,3}               (*将一数组赋给变量 z*)
f=Plot[Sin[x],{x,-3,3}];(*将一图像赋给变量 f*)
Show[f]
```

则输出

3

15

{1,2,3}

输出的图形如图 6-1 所示。

变量一旦赋值，这个值便永久保留，直到它被清除或重新赋值为止，保留期间，无论如何使用这个变量，它将被已赋的值所取代。例如在 Mathematica 笔记本中输入

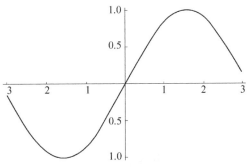

图 6-1 函数 $f(x)=\sin(x)$ 的在[-3,3]的函数图形

```
x=.                    (*清除变量 x 的值*)
p3=x^3+2*x^2+3         (*将一多项式赋给变量 p3*)
p4=p3+x^2
```

执行后输出

3+2 x^2+x^3

3+3 x^2+x^3

从输出结果可以看出，p3 一旦被赋值为多项式 3+2x^2+x^3，在以后的运算中，凡是用到 p3 的地方，也就相当于在那里写了这个多项式。

对于已赋值的变量，可以用"Unset"或"=."清除它的值，或用 Clear 函数清除关于它的值和定义。及时地清除变量可以释放被占用的内存空间，提高 Mathematica 的运行效率，同时也可以减少由于重复使用变量名称而可能带来的编程错误。表 6-2 给出了变量清除函数的用法及说明。

表 6-2 变量清除函数

用 法	说 明
Unset[x]或 x=.	清除 x 的值
Clear[x1, x2, ...]	清除 x1, x2, ...的值和定义
Clear["p1", "p2", ...]	清除与模式 p1, p2, ...相匹配的值和定义

4. 变量替换

在数学运算中，常常需要将表达式中的某一符号用数值来替换，或将符号替换为其他的表达式。如将 $p3=3+2x^2+x^3$ 中的 x 替换成 t+1，有 $p3=3+2(t+1)^2+(t+1)^3$，或者将 p3 中的 x 换成 2，即计算 p3 在 x=2 处的函数值。在 Mathematica 中把这种替换机制称为变换规则，即按给定的规则对变量进行替换。变量替换的一般方法是：

ReplaceAll[表达式，规则]

或　表达式/.规则

其中替换规则是一个或一组形如 lhs→rhs 的表达式，例如 "x→4" 可理解为 x 用 4 来替换。

例 6.1　输入一表达式 $x^2+2xy+y^2$，用数值 2 替换 x，用 $\sin(z)$ 替换 y。

输入　x^2+2*x*y+y^2

　　　x^2+2*x*y+y^2/.{x→2，y→sin[z]}

输出　$x^2+2xy+y^2$

　　　$4+4\sin[z]+\sin[z]^2$

例 6.2　输入一表达式 $\sin^2(x)+\cos^2(y)$，用表达式 $2x^2+x$ 替换 x，用 x^3 替换 y。

输入　sin[x]^2+cos[y]^2

　　　ReplaceAll[sin[x]^2+cos[y]^2，{x→2*x^2+x，y→x^3}]

输出　$\cos[y]^2+\sin[x]^2$

　　　$\cos[x^3]^2+\sin[x+2\,x^2]^2$

6.3　字　符　串

6.3.1　字符串的输入

字符串是一串由双引号括起来的字符。字符串中可以包含任意编码的字符，如希腊字母、中文字符等，还可以包含一些特殊字符如换行符"\n"、制表符"\t"等。

例 6.3　输入字符串"abcdef"与字符串"a\b　b\d　e\f"。

输入　"abcdef"

　　　"a\\b\tb\\d\te\\f"

输出　abcdef

　　　a\b　　b\d　　e\f

输入的字符串要放在引号之中，但 Mathematica 输出字符串时没有引号，可以通过输入形式的调用来显示引号，另外在 Mathematica 的笔记本中，引号在编辑字符串时自动出现。

6.3.2　字符串的运算

Mathematica 提供了各种字符串处理函数，如字符串的编辑函数、字符串的查找函数等。

1. 字符串的生成函数

可以把一个字符串拆成字符列表，或者把多个字符串连接成一个字符串，字符串生成函数如表 6-3 所列。

例 6.4　将字符串"this is my first program"分割为字符列表。

输入　Characters["this is my first program"]

输出　{t,h,i,s,,i,s,,m,y,,f,i,r,s,t,,p,r,o,g,r,a,m}

表 6-3 字符串生成函数

函 数	说 明
Characters[s]	把字符串分割为字符列表
StringJoint[s1, s2, ...,]	把多个字符串拼接为一个字符串
StringLength[s]	字符串长度
StringSplit[s]	依空白字符分割字符串
ToExpression[s]	把字符串化为表达式
ToString[expr]	把表达式转化为字符串

例 6.5 将字符串"aa", "bb", "cc"连接成一个字符串。

输入　　StringJoin["aa", "bb", "cc"]

输出　　aabbcc

例 6.6 将字符串"this is a string"按空格分隔成子串列表。

输入　　StringSplit["this is a string"]

输出　　{this, is, a, string}

例 6.7 将表达式 "6!" 转化为字符串。

输入　　ToExpression["6! "]

输出　　720

2. 字符串编辑函数

Mathematica 提供了许多函数可以实现字符串中字符的提取、字符的删除、字符的替换、字母大小写转化等功能。表 6-4 给出了常用的字符串编辑函数。

表 6-4 常用的字符串编辑函数

函 数	说 明
StringDrop[s,i]、StringDrop[s, −i]	删除 s 的前 i 个、后 i 个字符
StringDrop[s,{i}]	删除 s 的第 i 个字符
StringInsert[s,t,p]	在 s 的位置 p 插入 t
StringReplace[s,rule]	根据 rule 替换 s 子串
StringReplacePart[s,t,p]	把 s 在位置 p 处的字串替换成 t
StringReverse[s]	颠倒 s 中字符顺序
StringTake[s,i]、 StringTake[s, −i]	s 的前 i 个、后 i 个字符构成子串
StringTake[s,{i}]	提前 s 的第 i 个字符
StringTrim[s]	删除首尾两端空白字符
ToLowerCase[s]、ToUpperCase[s]	把字母转化为小写字母、大写字母

例 6.8 完成对字符串的编辑

输入　　s="helloyou"

输出　　helloyou

输入　　StringTake[s,3]

输出　　hel

输入　　StringTake[s, −3]

输出　　you

输入	StringTake[s,{3}]
输出	l
输入	StringTake[s,3]
输出	hel
输入	StringDrop[s,3]
输出	loyou
输入	StringDrop[s, -3]
输出	hello
输入	StringTrim["\t i love you\t"]
输出	i love you
输入	StringInsert[s, " **",3]
输出	he**lloyou
输入	StringReplacePart[s, "**",3]
输出	**loyou
输入	ToUpperCase[s]
输出	HELLOYOU

需要注意的是，对字符串应用上述函数之后，字符串本身并没有发生变化，需要使用赋值语句来保存函数结果。

3. 字符串查找函数

Mathematica 提供了相关函数用来实现对字符串中某个字母或子串出现的位置或其在字符串中的个数，表 6-5 给出了常用的字符串查找函数。

表 6-5 字符串查找函数

函　　数	说　　明
StringCount[s,t]	s 中 t 的个数
StringPosition[s,t]	s 中 t 出现的起点和终点位置

例 6.9 完成字符串的查找操作。

输入	s="hello,this is the first program,the my first,the what i want"
	StringPosition[s, "the"]　　(*查找字符串 s 中子串 "the" 的位置*)
输出	{{16,18},{35,37},{49,51}}
输入	StringCount[s, "the"]　(*查找字符串 s 中子串 "the" 的个数*)
输出	3

6.4　表　达　式

几乎所有的 Mathematica 对象都可以被认为是表达式。常量、变量是最基本的表达式单元，多个表达式通过函数或运算符连接成为一个复合表达式。Mathematica 的运算过程就是表达式的求值过程，下面介绍比较常用的算术表达式、逻辑表达式。

6.4.1　算术运算符和算术表达式

一个算术表达式是由常量、变量、函数、算术运算符和括号组成。常量和变量的类型可以是整型、有理型、实型、复数型、表、向量和矩阵,函数包括系统定义的函数、用户自定义函数、程序包中的函数。其中方括号[]内放函数的变量,花括号{}是组成表所用的定界符,用圆括号( )组织运算量之间的顺序。Mathematica 中提供的常用算术运算符如表 6-6 所列。

表 6-6 算术运算符

运算优先级	符号	意 义
1	[]、{}、()	函数、列表、分隔符
2	!、!!	阶乘、双阶乘
3	++、--	变量自加1、变量自减1
4	+=、-=、*=、/=	运算后赋值给左边变量
5	^	乘方
6	.	矩阵乘积或向量内积
7	*、/	乘法、除法
8	+、-	加法、减法

例 6.10 计算表达式 $10\left(\cos\dfrac{2\pi}{3}+\dfrac{1}{1+\ln 2}\right)\div 8\left(\cos\dfrac{\pi}{6}-\dfrac{e^{-5}}{2+\sqrt[5]{3}}\right)$ 的值。

输入　N[(10*(Sin[2*Pi/3]+1/(1+Log[2])))/(8*(Cos[Pi/6] −Exp[−5]/(2+2^(1/5))))]
输出　2.10769

算术运算符的优先级遵从数学习惯,同级运算符按照从左到右的顺序,赋值则按照从右到左的顺序。例如输入

x=2;x*=x+=x++

则输出

In[1]:=x=2;x*=x+=x++
Out[1]=25

6.4.2　关系运算符和关系表达式

所谓关系运算实际上是比较运算,将两个值进行比较,判断其比较结果是否符合给定的条件,例如,a>3 是一个关系表达式,大于号(>)是一个关系运算符,如果 a 的值为 5,则满足给定的"a>3",因此关系表达式的值为 True;如果 a 的值为 2,则不满足给定的"a>3"条件,则称关系表达式的值为 False。常用关系运算符见表 6-7。

表 6-7 关系运算符

关系运算符	实例	意 义
==	x==y	比较==两端是否相等
!=	x!=y	比较!=两端是否不相等
>	x>y	大于
>=	x>=y	大于等于
<	x<y	小于
<=	x<=y	小于等于

关系表达式也可以看作最简单的逻辑表达式，表达式计算结果是 True 或 False，当一个表达式的值为 True，也称该表达式为真，当其值为 False 时，也称其为假。

6.4.3 逻辑运算符和逻辑表达式

用逻辑运算符将关系表达式或逻辑量连接起来的式子就是逻辑表达式。Mathematica 中常见的逻辑运算符如表 6-8 所列。

表 6-8 逻辑运算符

逻辑运算符	实例	意义
Not 或 !	!A	非，当且仅当 A 为假时 !A 为真
And 或 &&	A&&B	与，A&&B 为真当且仅当 A 和 B 均为真
Or 或 ||	A||B	或，A||B 为真当且仅当 A 或 B 均为真
Xor	Xor[e1，e2，…]	异与，Xor[e1，e2，…]为真当且仅当 e1，e2，…中有偶数个真
Implies	Implies[A，B]	隐含，Implies[A，B]为假当且仅当 A 真 B 假

例 6.11 写出与下列数学条件等价的 Mathematica 逻辑表达式。

(1) $m>s$ 且 $m<t$，即 $m\in(s,t)$。

输入　　And[m>s, m<t]

输出　　m>s&&m<t

(2) $x\leqslant -10$ 或 $x\geqslant 10$，即 $x\notin(10,10)$。

输入　　Or[x<=-10，x>=10]

输出　　x -10\|\|x 10

(3) $x\in(-3,6]$ 且 $y\notin[-2,7)$。

输入　　And[And[x>-3，x<6]，Or[y<-2，y>=7]]

输出　　x>-3&&x<6&&(y<-2\|\|y>=7)

6.5　函　　数

Mathematica 中的函数可以分为两大类，一类是在数学中常用并且明确给出定义的函数，如三角函数、反三角函数等；另一类是在 Mathematica 中给出定义，具有计算和操作性质的函数，如画图函数、方程求根函数。Mathematica 函数的类型及使用实例已经在第 2 章中有较详细的介绍。除了这种 Mathematica 已经定义、功能明确且用户可以直接使用的函数之外，在实际应用中有很多函数需要根据用户的特殊要求进行自定义，本节主要介绍后者的定义与使用方法。

6.5.1 自定义一元函数

自定义一元函数的方法如下：

　　　　f[x_]:=自选表达式

例如"f[x_]:=2x-1"定义了数学函数 f(x)=2x-1。其中"x_"称为模式。这是一类重要实体，它可以表示函数定义中的变量，可以看成高级语言函数定义的形式参数。模式"x_"表示匹配任何形式参数的表达式。"x_"可为实数、向量或矩阵。下面给出常用的函数定义形式及实例。

例 6.12 定义函数 $f(x)=x*\sin(1/x)+x^2$，计算 $x=\pi/2$ 时的函数值，并绘出 $x\in[-0.03,0.03]$ 时的函数图像。

输入　　f[x_]=x*Sin[1/x]+x^2;
　　　　f[2/Pi]
　　　　Plot[f[x]，{x，−0.03，0.03}]
输出　x²+x Sin[1/x]

$$\frac{2}{\pi^2}+\frac{2}{\pi}$$

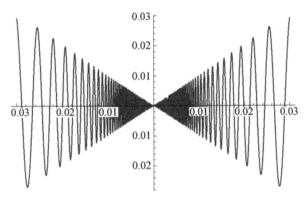

图 6-2　函数 $f(x)$ 在 $x\in[-0.03,0.03]$ 的图形

当我们要定义的函数存在明显的选择或分支结构时，可以使用条件运算符或条件语句进行定义，其中条件运算符定义的一般格式为：

格式：f[x_]:=自定义表达式/; 条件

功能：当条件满足时才把自定义表达式赋给 f。下面的定义方法，通过图形可以验证所定义函数的正确性。

例 6.13　定义一分段函数 $f(x)=\begin{cases}3x-1 & (x>0)\\ x^2+2 & (-1<x\leqslant 0)\\ \sin(1/x) & (x\leqslant -1)\end{cases}$，并在区间[-3，3]绘制函数图形。

输入　　f[x_]:=3x−1/;x>0
　　　　f[x_]:=x^2+2 /; (x>−1)&&(x<0)
　　　　f[x_]:=Sin[1/x] /; x<= −1
　　　　Plot[f[x]，{x，−3，3}]

则输出如图 6-3 所示图形。

例 6.14　通过执行下面语句区别 x_ 与 x 功能上的差别。

输入　　f[x_]:=2x+3b;
输入　　f[x]
输出　　3 b+2 x
输入　　f[y]
输出　　3 b+2 y
输入　　f[b]
输出　　5 b

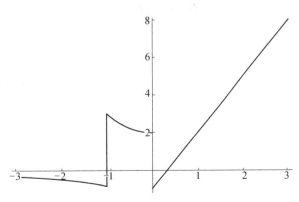

图 6-3　分段函数 $f(x)$ 在区间[-3，3]上的函数图形

输入　　f[{1, 2, 3}]
输出　　{2+3 b, 4+3 b, 6+3 b}

输入　　g[x]:=2x+3b;
输入　　g[x]
输出　　3 b+2 x
输入　　g[y]
输出　　g[y]　　　(*无定义，找不到与右端表达式相匹配的y，原样输出*)
输入　　g[b]
输出　　g[b]　　　(*无定义，同上*)
输入　　g[{1, 2, 3}]
输出　　g[{1, 2, 3}]　　(*无定义，同上*)

说明：从上面的例子可以看出，f[x_]:=2x+3b 中的 x_同数学函数 f(x)中的 x 的功能基本相同，都起着自变量的作用，在 Mathematica 中将 x_称为规则变量或模式变量。而 f[x]中的 x 类似于数学里的一个常量。即 f[x]只代表 f[x_]在某一点的值。

例 6.15 通过执行下面语句区别"="与":="功能上的差别。

输入　　Clear[f, g]; (*清除掉前面所有对f和g的定义*)
　　　　x=2;
　　　　f[x_]=x^2;
　　　　g[x_]:=x^2;
　　　　f[3]
　　　　g[3]
输出　　4
　　　　9

上面的例子说明，f[x_]=x^2在定义时便被赋值x=2，在调用它时，f[3]中的值已是2^2了，而g[x_]:=x^2在定义时暂不赋值，直到调用时g[3]才被赋值g[3]=3^2。

说明："="与":="功能上的主要差别为，前者为立即赋值，后者为延迟赋值，即在使用"="号时，右面表达式在定义时被立即赋值；而在使用":="号时，右边表达式在定义时暂不赋值，直到被调用时才赋值。

6.5.2 自定义多元函数

Mathematica 可以定义单变量函数，也可以定义多个变量的函数，格式为
$$f[x\_, y\_, z\_, \ldots]=函数表达式$$
自变量为 x, y, z, …，相应的函数表达式中的自变量会被替换。

例 6.16 定义函数 $f(x,y) = xy + y\cos x$，并计算 $\dfrac{3\sqrt{3}}{2}+\dfrac{\pi}{2}$ 时的函数值。

输入　　f[x_, y_]:=x*y+y*Cos[x]
　　　　f[Pi/6, 3]
输出　　x*y+y*Cos[x]
　　　　$\dfrac{3\sqrt{3}}{2}+\dfrac{\pi}{2}$

上面例子定义了一个二元函数，类似的我们还可以定义三元、四元以及更多元的自定义函数。

6.5.3 参数数目可变函数的定义

1. 定少用多

在 Mathematica 中定少用多的函数是指，在定义时的一个形式参量位置，调用函数时可以放多个实在参量。表 6-9 给出了 Mathematica 中提供的表示形式参量数目的标记，利用这些标记可以实现定少用多函数的定义。

表 6-9　形式参量数目的标记

标记	意　义
_	任何单一表达式
x_	任何名为 x 的单一表达式
__	表示一个或多个表达式的序列
___	表示零个或多个表达式的序列

例 6.17　函数参数定少用多实例。

输入　f[x_，y__]:=5(x+y)

输入　f[1，2]

输出　15

输入　f[1，2，w]

输出　5 (3+w)

输入　f[a，b，c，d]

输出　5 (a+b+c+d)

2. 定多用少

这里定多用少是指在调用函数时实在参量的个数少于定义时形式参量的数目。Mathematica 中函数中每个参量的意义由其位置确定，在调用时允许省略参量而由其默认值代替。参数省略表示常用的形式如表 6-10 所列。

表 6-10　参数省略的常用形式

参数省略形式	意　义
x_:v	省略 x 时取缺省值 v
x_h:v	头部为 h 的取缺省值
x_.	系统对模式自定义的缺省值，通常为 0 或 1

例 6.18　函数参数定多用少实例。

输入　g[x_，y_:1，z_:2]:=x+Cos[y]+Sin[z]

　　　　g[a，b，c]

　　　　g[a，b]　　　　(*第3个参数取缺省值2*)

　　　　g[a]　　　　　(*第2个参数取缺省值1，第3个参数取缺省值2*)

输出　a+Cos[b]+Sin[c]

　　　　a+Cos[b]+Sin[2]

　　　　a+Cos[1]+Sin[2]

6.5.4 自定义函数的保存与重新调用

已经定义好的函数，如果希望以后多次使用，这就需要妥善保存与重新调出，保存的方法如下：Save["filename", 函数名序列]命令把自定义的函数序列添加到文件 filename 中 Mathematica 没有对文件名 filename 后缀提出任何要求，通常取为后缀".m"，也可以不取后缀。

例 6.19 将函数定义"f[x_]:=Sin[x]"与"g[x_, y_]:= x+y"保存到文件 file1 中。

输入　f[x_]:= Sin[x]
　　　Save["file1.m", f]
　　　g[x_,y_]:= x+y
　　　Save["file1.m",g]
　　　FilePrint["file1.m"] 　　(* 查看文件 file1.m 的内容 *)

输出　f[x_]:= Sin[x]
　　　g[x_,y_]:= x+y

Save 命令将文件 file1.m 保存在当前默认目录下，可用 Directory[ ]命令查看 file1.m 所处位置。在 Mathematica 笔记本中输入 Directory[ ]命令，执行后则输出 D:\My Documents。

例 6.20 调用保存在 file1 文件中的"g[x_, y_]:= x+y"，并计算当 x=3, y=4 时的函数值。

输入　<< file1.m　　(*将文件 file1.m 调入到 Mathematica 中*)
　　　g[3,4]　　　　(*调用 file1.m 中的函数 g[x, y]*)

输出　7

如果将文件 file1.m 放在指定目录下，则调入时输入路径和文件名。

6.5.5 纯函数

在 Mathematica 中还常用到一种没有函数名的函数，这种特殊形式的函数称为纯函数，它的一般形式如下。

1. 纯函数的一般形式

Function[自变量，函数表达式] 或 Function[自变量表，函数表达式]

例 6.21 定义纯函数函数 x^2+x，计算 $x=2$ 处的函数值：

输入　Function[x, x^2+x][2]
输出　6

例 6.22 计算 $x^2 + y^2 - xy$ 在 $x=1, y=2$ 处的函数值。

输入　Function[{x, y}, x^2+y^2- x*y][1, 2]
输出　3

2. 纯函数的缩写形式

上述纯函数的一般书写形式比通常函数的书写形式稍复杂，至少需要输入更多的字符，如果采用函数的缩写形式就会简便得多，缩写形式如下：

函数表达式 &式中 & 代替了 Function，省略了自变量，如果是一元函数自变量，用符号#表示，多元时则用#n 表示第 n 个自变量。例 6.21、例 6.22 的输入内容缩写形式为

f= (#^2 + #) &
f[2]=6
g=(#1^2+#2^2-#1*#2)&
g[1, 2]=3

另外##表示所有的自变量，##n 表示第 n 个往后的所有自变量。

6.6 过程与局部变量

6.6.1 过程与复合表达式

简单地说，在 Mathematica 中的一个过程是用分号隔开的表达式序列，一个表达式序列也称为一个复合表达式。在 Mathematica 的各种结构中，任何一个表达式的位置都能放一个复合表达式，运行时按复合表达式顺序依次求值，输出最后一个表达式的值。在程序设计中也称这种复合表达式为语句序列。Mathematica 中过程的定义和调用方便灵活，在一个输入行中就可以放一个过程，调用一个过程就像调用一个函数。如在 Mathematica 笔记本中输入

    a1=1;a2=a1+2;a3=a2+3;a4=a3+4

执行后输出

  10 (*只输出最后一个表达式a3+4的计算结果*)

在函数定义中如果要用一串命令，即一个复合表达式完成计算，可将该复合表达式用圆括号括起来，并以最后一个表达式的值作为函数值。例如：

  输入 f [x_]:=u=x^2;y=5x   (* 自定义函数 f[x_]:=u=x^2 *)

  输出 5 x

  输入 g[x_]:=(u=x^2;y=5x)   (* 自定义函数g[x_]:=过程(u=x^2;y=5x) *)

      {f[3], g[3]}

  输出 {9，15}

6.6.2 模块与局部变量

前面学习了有关 Mathematica 的各种基本运算及操作，为了使 Mathematica 更有效的工作，还需要学习 Mathematica 中的全局变量与局部变量。

在 Mathmatica 中，如果不使用 Clear[]等命令删除的话，整个程序中都存在的变量称为全局变量，察看某变量是否为全局变量，可以键入命令：

  ? 变量名

如果输出结果是"Global`变量名…"，则说明该变量是全局变量，否则，就不是全局变量。

例 6.23 判断变量 w 是否为全局变量。

  输入 w=2

      ? w

  输出 Global`w (*说明 w 是全局变量*)

      w = 2   (*w 的值为2*)

不同于全局变量，称变量的赋值效果只在某一模块内有效的变量为局部变量。即用 Module[]或者 Block[]定义的变量称为局部变量，这里的"模块"就是其他计算机语言中的函数或者子程序。

一般情况下，Mathematica 假设所有变量都为全局变量。也就是说无论何时使用一个自定义的变量，Mathematica 都假设是同一个目标。然而在编制程序时，用户不会想把所有的变量都当做全局变量，因为如果这样程序可能就不具有通用性，因此可能在调用程序时陷入混乱状态，表 6-11 给出定义模块或块和局部变量的常用形式。

表 6-11 模块或块和局部变量的常用形式

Module[{x, y, ...}, body]	具有局部变量x, y, ...的模块
Module[{x=x0, y=y0, ...}, body]	具有初始值的局部变量的模块
lhs:=Module[vars, rhs/:cond]	rhs和cond共享局部变量
Block[{x, y, ... }, body]	运用局部值x, y, ...计算body
Block[{x=x0, y=y0, ...}, bddy]	给x, y, ...赋初始值

其中 body 中可含有多个语句,除最后一个语句外,各语句间以分号结尾,可以多个语句占用一行,也可一个语句占用多行。但这两个命令略有差别,当 Module[]申请的局部变量与全局变量重名时,它会在内存中重新建立一个新的变量,Module[]运行完毕,这个新的局部变量也会从内存中消失,而 Block[]此时不会建立新的变量,它将重名的全局变量的值存起来,然后使用全局变量作为局部变量,当 Block[]运行完毕后,再恢复全局变量的值。另外,如果在 Module[]或 Block[]中有 Return[expr]命令,则程序执行到 Return[expr]后,将会跳出模块,并返回 expr 的值;则模块中无 Return[]命令,则返回模块中最后一个语句的计算结果(注:最后一个语句不能用分号结束,否则将返回 Null,即空信息)。

下面这段程序是用 Module 编写的,它不需要输入任何信息,也不返回任何值,但运行此程序,能够打印出程序的计算结果。

例 6.24 用 Module 定义一模块,计算 $x=1$, $y=2$ 时 $x+y$ 的执行结果。

输入　　mmm := Module [{x, y, z} , x = 1; y = 2;
　　　　　　　　　　z = x + y; Print [z];　];

　　mmm

输出　3

此段程序与程序 "x=1;y=2;z=x+y;Print[z];" 的运行结果相同,但上面的程序中的 x,y,z 是局部变量,而在后面的程序中是全局变量。如果将例 24 的程序变为如下形式:

输入　　f [x_, y_] := Module[{z}, z = x + y; Return (z);];

　　f [1, 2]

　　f [a + 1, b + 2]

输出　3

　　3 + a + b

则它就是一个既有输入又有输出的子程序,其中的 f[x_, y_]中的下划线是必不可少的,那么,程序中的参数 x,y 是什么类型的变量? 实际上,它们是函数参数,可以是 Mathematica 中的任意合法表达式。

例 6.25 已知有 n 个元素的一个数表 $x=\{a_1, a_2, \cdots, a_n\}$,定义一个计算此类数表最大数与最小数平方差的函数。

输入　　g[x_]:=Module[{m, n}, m=Max[x];n=Min[x];m*m−n*n]

　　x={1, 2, 3, 4, 5};

　　g[x]

输出　24

Mathematica 中的模块工作很简单,每当使用模块时,就产生一个新的符号来表示它的每一个局部变量。产生的新符号具有唯一的名字,互不冲突,有效地保护了模块内外的每个变量的作用范围。首先我们来看 Module 函数,这个函数的第一部分参数里说明的变量只在 Module 内起作用,body 执行体(包含合法的 Mathematica 语句)中的多个语句之间可用 " ;" 分割。

例 6.26 举例说明全局变量与局部变量的不同。

输入　x=10;
　　　Module[{x}，x=Sin[Pi/3];Print[x]]

输出　$\dfrac{\sqrt{3}}{2}$

输入　x

输出　10

由例 6.26 可以看出，在模块中局部变量"x"的值 Sin[Pi/3]不会改变全局变量"x"的值。Mathematica 中的模块允许用户把某变量名看作局部变量名。然而又存在有时用户又希望它们为全局变量时，但变量值为局部变量的矛盾，这时我们可以用 Block[]函数。下面是一个含有全局变量 x 表达式，使用 x 的局部值计算上面的表达式，如例 6.27 所示。

例6.27　测试下列语句的执行结果。

输入　x^2+1

输出　$1+x^2$

输入　Block[{x=a+1}，%]　　　　(*为x局部赋值*)

输出　$1+(1+a)^2$

输入　x　　　　　　　　　　　(*x为全局变量*)

输出　x

6.7　条件控制结构程序设计

在进行复杂计算时，常常需要根据表达式的情况(它是否满足一定条件)，确定是否做某些处理，或是在满足不同的条件下做不同的处理。Mathematica 提供了多种设置条件的方法与条件控制语句，这些语句常用在程序中控制程序的执行过程。

6.7.1　If 语句结构

If 语句的结构与一般程序设计语言结构类似，由于 Mathematica 的逻辑表达式的值有三个：真(True)、假(False)和非真非假(通常是无法判定)。因此 If 语句的转向也有三种情况，下列是 If 结构的三种情况。

格式 1：If[逻辑表达式，表达式 1]

功能：逻辑表达式的值为真，计算表达式 1，表达式 1 的值就是整个 If 结构的值。

格式 2：If[逻辑表达式，表达式 1，表达式 2]

功能：当逻辑表达式的值为真，计算表达式 1 的值，并将表达式 1 的值作为整个 If 结构的值；当逻辑表达式的值为假时，计算表达式 2 的值，并将表达式 2 的值作为整个 If 结构的值。

格式 3：If[逻辑表达式，表达式 1，表达式 2，表达式 3]

功能：当逻辑表达式的值为真，计算表达式 1 的值，并将表达式 1 的值作为整个结构的值；当逻辑表达式的值为假时，计算表达式 2 的值，并将表达式 2 的值作为整个结构的值；当逻辑表达式的值非真非假时，计算表达式 3 的值，并将表达式 3 的值作为整个结构的值。

例 6.28　输入下列条件语句，观察其执行结果。

(1)　输入　x=1;If[x>0，x]

　　　输出　1

(2) 输入　f[x_, y_]:=If[x>0&&y>0, x+y, x-y]
　　　　　f[3, 4]
　输出　7
　输入　f[2, u]　　(*u没赋值，无法判断是否大于0*)
　输出　If[u>0, 2+u, 2-u]
(3) 输入　g[y_]:=If[y>0, "ABC", "DEF", "XYZ"]
　　　　　g[z]　　(*z没有赋值，逻辑表达式"y>0"的结果非True非False*)
　输出　XYZ

例 6.29　用 Mathematica 命令描述下面问题:先产生一个函数[0, 1]内的随机实数，再判断该随机数是否小于 0.5，如果小于 0.5，则将此随机数显示出来，否则显示"*"。

　输入　If[(p=Random[])<0.5, p, "*"]
　输出　0.202857
　输入　If[(p=Random[])<0.5, p, "*"]
　输出　*

例 6.30　定义函数 $f(x,y)=\begin{cases} x+y & (xy \geq 0) \\ x/y & (xy<0) \end{cases}$，分别计算(x=12, y=6)与(x=6, y=-12)的函数值。

　输入　f[x_,y_]:=If[x*y≥0,x+y,x/y]
　　　　f[12,6] (*xy>0,f(x,y)=x+y*)
　输出　18
　输入　f[6,-12]　　　　(*xy<0,f(x,y)=x/y*)
　输出　-(1/2)

例 6.31　定义函数 $f(x)=\begin{cases} x+\sin x & (x<1) \\ x*\cos x & (x \geq 1) \end{cases}$，并画出其在[-3,3]上的图形。

　输入　f[x_]:=If[x<1,x+Sin[x],x*Cos[x]] (或 f[x_]:=If[x<1,x+Sin[x],x*Cos[x], "err"])
　　　　Plot[f[x],{x,-3,3}]

则输出的图形如图 6-4 所示。

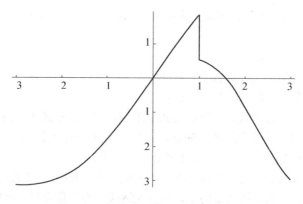

图 6-4　函数 $f(x)$ 在[-3, 3]上的图形

对于一般情况，函数 If 提供一个两者择一的方法。然而，有时条件多于两个，在这种情况下可用 If 函数的嵌套方式来处理，但在这种情况下使用 Which 或 Switch 函数将更合适。

6.7.2 Which 语句结构

Which 语句的一般形式如下。

格式 1：Which[条件 1，表达式 1，条件 2，表达式 2，…，条件 n，表达式 n]

功能：由条件 1 开始按顺序依次判断相应的条件是否成立，若第一个成立的条件为条件 k，则执行对应的表达式 k。如所有条件都为假，值为 Null，作为整个结构的值。

格式 2：Which[条件 1，表达式 1，…，条件 n，表达式 n， True，"字符串"]

功能：由条件 1 开始按顺序依次判断相应的条件是否成立，若第一个成立的条件为条件 k，则执行对应的语句 k，若直到条件 n 都不成立时，则返回符号字符串。

例 6.32 计算 $h(x)=\begin{cases} -x & (x<0) \\ \sin x & (0 \leqslant x<6) \\ x/3 & (16 \leqslant x<20) \\ 0 & (其他) \end{cases}$，计算 x=15，-12，5，18 处的函数值。

输入　h[x_]:=Which[x<0，-x，x>=0&&x<6，Sin[x]，x>=16&&x<20，x/3，True，0]
　　　{h[15]，h[-12]，h[5]，h[18]}

输出　{0，12，Sin[5]，6}

例 6.33 试用 Which 语句描述函数

$g(x)=\begin{cases} \dfrac{x^2-1}{x-1}, & -1 \leqslant x<2 \\ 5-x, & 2 \leqslant x<5 \\ 0, & 其他 \end{cases}$

并求 g(0)，g(-1)，g(2)，g(3) 的值，并在[-1，5]区间上绘图。

输入　g[x_]:=Which[x≥-1&&x<2，(x^2-1)/(x-1)，x≥2&&x≤5，5-x，True，0]
　　　{g[0]，g[-1]，g[2]，g[3]}

输出　{1，0，3，2}

输入　Plot[g[x]，{x，-1，5}]

输出如图 6-5 所示的图形。

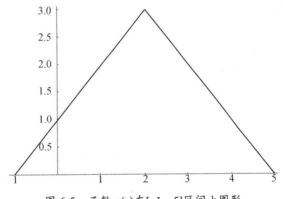

图 6-5　函数 g(x) 在[-1，5]区间上图形

例 6.34 写出一元二次方程 $ax^2+bx+c=0$ 判别根的类型的 Mathematica 自定义函数形式。

分析：一元二次方程根的判别式为 $\Delta=b^2-4ac$，当 $\Delta>0$ 时方程有两个实根；当 $\Delta<0$ 时方程有两个复根；当 $\Delta=0$ 时方程有两个实重根，它有多于两种的选择，故可以用 Which 语句表示。

输入　g[a_，b_，c_]:=(w=b^2-4*a*c;Which[w>0，"two real roots"，w<0，"two complex roots"，
　　　　　　　　　　　　　　　　　　　　　　　　　w = = 0，"duplicate roots"])

　　　　g[0,1,2]　　　(*b² -4ac >0*)

输出　two real roots

输入　g[3,1,2]　　　(*b² -4ac <0*)

输出　two complex roots

输入　g[3,0,0]　　　(*b² -4ac =0*)

输出　duplicate roots

例 6.35　任给向量 $x=(x_1, x_2, \cdots, x_n)$，定义一个可以计算下面三种向量范数的函数：

$$\|x\|_1 = \sum_{i=1}^{n}|x_i|, \qquad \|x\|_2 = \sqrt{\sum_{i=1}^{n}|x_i|^2}, \qquad \|x\|_\infty = \text{Max}|x_i|$$

输入　norm[x_, p_]:=Which[p==1, Sum[Abs[x][[i]], {i, 1, Length[x]}],
　　　　　　　　　　　　　p==2, Sqrt[Sum[Abs[x][[i]]^2, {i, 1, Length[x]}]],
　　　　　　　　　　　　　True, Max[Abs[x]]]

　　　　x={3, -4, 0};

　　　　norm[x, 1]　　　(*p=1, $\|x\| = \sum_{i=1}^{n}|x_i|$ *)

输出　7

输入　norm[x, 2]　　　(*p=2, $\|x\| = \sqrt{\sum_{i=1}^{n}|x_i|^2}$ *)

输出　5

输入　norm[x, 0]　　　(*p=3, $\|x\| = \max\{|x_i|\}$ *)

输出　4

6.7.3　Switch 语句结构

格式：Switch[表达式，模式1，语句1，模式2，语句2，...，模式n，语句n]

功能：先计算表达式，然后按模式1，模式2，…，的顺序依次比较与表达式结果相同的模式，找到的第一个相同的模式，则将此模式对应的语句计算计算结果作为 Switch 语句的结果。Switch 语句是根据表达式的执行结果来选择对应的执行语句，它类似于一般计算机语言的 Case 语句。

例 6.36　用函数描述如下结果：任给一个整数 x，显示它被 3 除的余数。

输入　f[x_]:=Switch[Mod[x, 3], 0, Print["0 is the remainder on division of ",x,"by 3"],
　　　　　　　　　　　　　　　　1, Print["1 is the remainder on division of ",x,"by 3"],
　　　　　　　　　　　　　　　　2, Print["2 is the remainder on division of ",x,"by 3"]]

　　　　f[126]

输出　0 is the remainder on division of 126 by 3

输入　f[346]

输出　1 is the remainder on division of 346 by 3

输入　f[599]

输出　2 is the remainder on division of 599 by 3

说明：对于函数 Which 和 Switch，遇到第1个可匹配的模式时，以它对应的表达式的值作为整个结构的值。如果没有能匹配的模式，整个结构的结果是 Null。

6.8　循环结构程序设计

Mathematica 程序的执行包括对一系列 Mathematica 表达式的计算。对简单程序，表达式的计算可用分号"；"隔开，然后一个接一个地进行计算。然而，有时需要对同一表达式进行多次计算，即循环计算。Mathematica 中共有三种描述循环结构的语句，即 Do、While 和 For。

6.8.1 Do 循环结构

Do 语句的一般形式为：
Do[循环体，{循环范围}]
具体形式有：
格式 1：Do[expr，{n}]
功能：循环执行 n 次表达式 expr。
格式 2：Do[expr，{i, imin, imax}]
功能：按循环变量 i 为 imin，imin+1，imin+2，…，imax 循环执行 imax-imin+1 次表达式 expr。
格式 3：Do[expr，{i, imin, imax，d}]
功能：按循环变量 i 为 imin，imin+d，imin+2d，…，imin+nd，循环执行 (imax-imin)/d +1 次表达式 expr。
格式 4：Do[expr，{i, imin, imax}，{j, jmin, jmax}]
功能：对循环变量 i 为 imin，imin+1，imin+2，…，imax 每个值，再按循环变量 j 的循环执行表达式 expr。这是通常所说的二重循环命令，类似的，可以用在 Do 命令中再加循环范围的方法得到多重循环命令。

例 6.37 找出 300～500 中同时能被 3 和 11 整除的自然数。
输入　Do[If[Mod[i, 13] = = 0 && Mod[i, 3] = = 0，Print[i]]，{I,300,500}]
输出　312
　　　351
　　　390
　　　429
　　　468

例 6.38 找出方程 "5x+3y+z/3= =100" 在[0，100]内的整数解。
输入　Do[z =100 − x - y; If[5x+3y+z/3= =100，Print["x = ",x," y=",y," z=",z]]，
　　　{x,0,100},{y,0,100}]
输出　x= 0 y= 25 z= 75
　　　x= 4 y= 18 z= 78
　　　x= 8 y= 11 z= 81
　　　x= 12 y= 4 z= 84

例 6.39 对自然数 k 从 1 开始到 10，取 s=1 做赋值 s=$s*k$，并显示对应的值，直到 s >5 终止。
输入　s=1; Do[s*=k;Print[s]; If[s>5, Break[]], {k, 1, 10}]
输出　1
　　　2
　　　6

在 Mathematica 程序中，Do 是以结构方式进行循环的，然而有时需要生成非结构循环。此时，运用函数 While 和 For 是合适的。

6.8.2 While 循环结构

格式：While[test，body]

功能：当 test 为 True 时，计算 body，重复对 test 的判断和 body 的计算，直到 test 不为 True 时终止。这里 test 为条件，body 为循环体，通常由 body 控制 test 值的变化。如果 test 不为 True，则循环体不做任何工作。

例 6.40 计算两个数的最大公约数。

输入　　{a,b}={117,36};
　　　　While[b!=0,{a,b}={b,Mod[a,b]}];a

输出　　9

例 6.41 用割线法求解方程 $x^3-2x^2+7x+4=0$ 的根，要求误差 $|x_k-x_{k-1}|<10^{-12}$，割线法的计算公式为

$$x_{k+1} = x_k - \frac{f(x_k)(x_k - x_{k-1})}{f(x_k) - f(x_{k-1})}$$

输入　　f [x_]:=x^3-2x^2+7x+4
　　　　x0= -1; x1=1;
　　　　While[Abs[x0-x1]>10^(-12), x2=x1- (x1-x0)*f[x1]/(f [x1] - f [x0]);x0=x1;x1=x2]
　　　　N[x1，12]

输出　　-0.487120155928

例 6.42 编制 20 以内整数加法自测程序。

输入　　For [i=1, i<=10, i++, t=Random[Integer, {0, 10}];
　　　　s=Random[Integer, {0, 10}]; Print[t, "+", s, "="]; y=Input[];
　　　　While[y!=t+s, Print[t, "+", s, "=", y, "Wong !Try again! "];
　　　　Print[t, "+", s, "="]; y=Input[]] ;
　　　　Print[t, "+", s, "=", y, "Good"]]

输出　　　3+0=3　　Good
　　　　　7+3=12　 Wrong!Ttry again!
　　　　　7+3=10　 Good
　　　　　6+3=12　 Wrong!Ttry again!
　　　　　8+2=10　 Good
　　　　　7+7=12　 Wrong!Ttry again!
　　　　　4+6=10　 Good
　　　　　5+3=12　 Wrong!Ttry again!
　　　　　6+4=10　 Good
　　　　　8+3=12　 Wrong!Ttry again!

6.8.3　For 循环结构

格式：For[stat，test，incr，body]

功能：以 stat 为初值，重复计算 incr 和 body 直到 test 为 False 终止。这里 start 为初始值，test 为条件，incr 为循环变量修正式，In[15]为循环体，通常由 incr 项控制 test 的变化。

注意：上述命令形式中的 start 可以是由复合表达式提供的多个初值。

例 6.43 指出语句 For [i=1;t=x, i*i<10, i++, t--;Print[t]]的初始值，条件，循环变量修正式和循环体。

解：初始值为 i=1; t=x,i 为循环变量；条件为 i*i<10；循环变量修正式为 i++；循环体为 t--; Print[t]；

例 6.44 求 1~10 的自然数之和，放在变量 s 中；求 1~10 的自然数之积，放在变量 t 中。

输入   s=0;
           t=1;
           For[i=1，i<=10，i=i+1，s=s+i;t=t*i]
           Print["s="，s，"t="，t]

输出   s=55 t=3628800

例 6.45 用 For 语句编程计算 1+2+⋯+100。

输入   For[s=0;n=1，n<=100，n++，s+=n];s

输出   5050

在使用For语句编写程序的过程中，一定要注意For语句的用法，因为一个标点符号之差会使结果完全错误。比如将上面的程序写成下面的形式，可以看出结果会完全错误。

输入   For[s=0;n=1，n<=100，n++;s+=n];s   (*错误的程序*)

输出   5150

输入   For[s=0，n=1，n<=100;n++，s+=n];s   (*错误的程序*)

输出   0

说明：Mathematica 中的 For 和 While 和 C 语言中的 For 和 While 的工作方式大致相同，但逗号和分号的作用在 Mathematica 中和在 C 语言中正好相反。

6.8.4 一些特殊的赋值方法

在使用 For 循环与 While 循环的过程中，使用一些赋值方式在循环结构中有时能带来一些方便。表 6-12 给出这些特殊的赋值形式。

表 6-12 特殊的赋值形式

i++	变量 i 加 1
i--	变量 i 减 1
++i,	变量 i 先加 1
--i	变量 i 先减 1
i+=di	i 加 di
i-=di	i 减 di
x*=C	x 乘以 C
x /=c	x 除以 c
{x，y}={y，x}	交换 x 和 y 值

6.8.5 重复应用函数的方法

除了可用 Do、While、For 等进行循环计算外，还可以运用函数进行编程。运用函数编程结构能得出非常有效的程序。例如 Nest[f，x，n]允许对某一表达式重复运用函数 f。表 6-13 给出 Mathematica 的常用的迭代函数及其意义。

表 6-13 常用的迭代函数

Nest[f, x, n]	f 对 x 复合 n 次
NestList[f, x, n]	产生列表{x, f[x], f[f[x]], ...}其中 f 最多复合 n 次
NestWhile[f, x, test]	重复运用函数 f, 不断迭代直到 test 不为 True 时结束
NestWhileList[f, x, test]	产生迭代序列{x, f[x], f[f[x]], ...}, 直到 test 不为 True 时结束
FoldList[f, x, {a, b, ...}]	产生迭代序列{x, f[x, a], f[f[x, a], b], ...}
Fold[f, x, {a, b, ...}]	用 FoldList[f, x, {a, b, ...}] 产生迭代序列中的最后一项
FixedPoint[f, x]	将 f 复合到结果不变为止
FixedPointList[f, x]	产生 f 的复合序列{x, f[x], f[f[x]], ...}直到结果不变为止
TakeWhile[{a_1, ..., a_n}, f]	最长{a_1, ..., a_k}使得$f(a_1)$=...=$f(a_k)$=True
LengthWhile[{a_1, ..., a_n}, f]	最大整数k使得$f(a_1)$=...=$f(a_k)$=True

例如在Mathematica笔记本中输入

In[1]:=Nest[f, x, 4]

In[2]:=NestList[f, x, 4]

执行后输出结果为

Out[1]=f[f[f[f[x]]]]

Out[2]= {x, f[x], f[f[x]], f[f[f[x]]], f[f[f[f[x]]]]}

例6.46 定义一个简单函数$1/(1+x)$,利用迭代函数迭代3次。

输入　recip[x_]:=1/(1+x)

　　　　Nest[recip,x,3]

输出　1/(1+1/(1+1/(1+x)))

Nest 和 NestList 对函数进行确定数目的复合,有时需要对函数进行多次复合直到它不再变化为止,FixedPoint 和 FixedPointList 可以实现这一功能。

例 6.47 迭代格式:$x_{k+1}=\lg(x_k+2)$,及迭代初值 $x_0=1.0$。

(1) 计算出 x_7。

输入　q[x_]:=Log[10,x+2]

　　　　Nest[q, 1.0,7]

输出　0.375816

(2) 显示{ x_0, x_1, x_2, ..., x_7 }。

输入　NestList[q, 1.0, 7]

输出　{1., 0.477121, 0.393947, 0.379115, 0.376415, 0.375922, 0.375832, 0.375816}

(3) 显示 $\lg(x+2)$的1, 2 次自复合函数。

输入　NestList[q, x, 2]

输出　{x, Log[2+x]/Log[10], Log[2+Log[2+x]/Log[10]]/Log[10]}

例 6.48 用牛顿迭代法求$\sqrt{3}$的近似值,迭代公式为$x_{k+1}=x_k-\dfrac{x_k^2-3}{2x_k}$。以 1.0 为初值,做 5 次迭代并输出计算结果。

输入　f[x_]:=(x+3/x)/2; NestList[f, 1.0, 5]

输出　{1.,2.,1.75,1.73214,1.73205,1.73205}

输入　FixedPoint[f,1.0]
输出　1.73205
输入　FixedPointList[f,1.0]
输出　{1.,2.,1.75,1.73214,1.73205,1.73205,1.73205}

6.9　流程控制

函数程序结构的流程控制一般来说比较简单，但是在应用 While 或 For 等循环时就比较复杂了，这是因为它们的流程控制依赖于表达式的值。而且在这样的循环中，流程的控制并不依赖于循环体中表达式的值。有时在编制 Mathematica 程序时，在该程序中，流程控制受某一过程或循环体执行结果的影响。这时，可用 Mathematica 提供的流程控制函数来控制流程。这些函数的工作过程与 C 语言中的很相似，常用的流程控制函数如表 6-14 所列。

表 6-14　常用的流程控制函数

函数	说明
Break[]	退出最近一层的循环结构
Continue[]	忽略 Continue 后的语句，进入下一次循环
Return[expr]	退出函数中的所有过程及循环，并返回 expr 值
Label[name]	定义一个名字为 name 的标号
Goto[name]	直接跳转到当前过程的 name 标号处

Break[]只能用于循环结构之中，它退出离它最近的一层循环结构。

例 6.49　当 $t>20$ 时使用 Break[]语句退出循环。

输入　t=1;
　　　Do[t*=k;Print[t];If[t>20,Break[]],{k,10}]
输出　1
　　　2
　　　6
　　　24

Continue[ ]也与 Break[]一样，用于循环语句中，当程序执行到此语句后，将不会执行当前循环中 Continue[]后面的语句，而是继续下一次循环。

例 6.50　计算从 1 开始，多少个自然数累加和超过 100。

输入　s=0;
　　　i=1;
　　　While[2= =2,
　　　s=s+i;
　　　i=i+1;
　　　If[s>100，Break[]]
　　　]
　　　Print["从1到"，i-1,"累加的和为"，s]
输出　从 1 到 14 累加的和为 105

例 6.51　当 $k<3$ 时，Continue[]继续下一次循环。

输入　t=1;
　　　Do[t*=k;Print[t];If[k<3，Continue[]];t+=2, {k, 5}]
输出　1
　　　2
　　　6
　　　32
　　　170

例 6.52　计算从 1～10 奇数的和。

输入　s=0;
　　　D0[If[Mod[i, 2]= =0，Continue[]];s=s+i, {i, 1, 10}];
　　　Print["从1到10奇数的和为", s]
输出　从 1 到 10 奇数的和为 15

例 6.53　当 i=3 时，Continue[]继续下一次循环。

输入　For[i=1，i<=4，i++，If[i= =3，Continue[]]; Print[i]]
输出　1
　　　2
　　　4

对于 For[stat，test，incr，body]语句，如果 Cintinue[]出现在 incr 中，其后的语句将被略过，继续执行 test 和 body；如果 Continue[]出现在 expr 中,其后的语句将被略过,继续执行 incr 和 body。

Return[ ]允许退出一函数，并返回一个值，如在 Mathematica 笔记本中输入

　　　f[x_]:=(If[x>5，Return[big]];t=x^3;Return[t-7])
　　　f[10]

然后按 Shift+Enter 键，显示为

In[1]:=f[x_]:=(If[x>5，Return[big]];t=x^3;Return[t-7])
In[2]:=f[10]
Out[2]=big

利用 Label[ ]与 Goto[ ]语句，可以实现在一个复合表达式内部的跳转，其用法与 BASIC 语言相同。

例 6.54　利用 Goto 语句输出 i=1，i=2，i=3。

输入　(Clear[i];i= 1; Label[one];Print["i=", i];i= i+1;
　　　If[i≤ 3，Goto[one]，Goto[two]];Print["**********"];Label[two];)
输出　i=1
　　　i=2
　　　i=3

6.10　程 序 调 试

在 Mathematica 程序运行过程中,如果程序运行时间过长或陷入死循环,则可以通过菜单项"计算"或热键来暂停或终止程序的运行。

单击菜单项"计算"→"放弃计算"之后，系统会退出全部表达式运算，返回$Aborted。 单击菜单项"计算"→"退出内核"→"Local"之后，系统会结束 Mathematica 的后台内核程序。

单击菜单项"计算"→"调试"之后，系统会弹出一个调试器窗口，如图6-6所示。

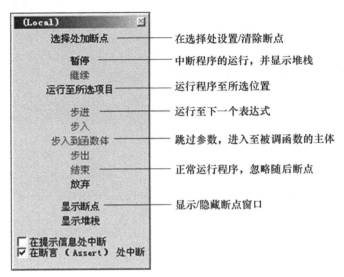

图 6-6　Mathematica 调试窗口

通过该调试窗口，可以更好地实现对程序执行过程的控制，能够比较容易找到程序中的错误并进行修改。

Mathematica 除了使用菜单项进行程序调试之外，还可以在表达式中插入调试语句，起到与单击菜单项相同的效果。表 6-15 给出了常用的调试语句。

表 6-15　常用的调试语句

函　　数	说　　明
Abort[]	终止程序运行，返回$Aborted
Interrupt[]	暂停程序运行，并弹出对话框
Exit[]或 Quit[]	结束 Mathematica 的后台内核程序
Throw[val，tag]	抛出类型为 tag 的异常消息
Catch[exp]	捕捉 exp 抛出的第一个异常消息 val，并返回 val
Catch[exp，patt]	捕捉 exp 抛出的与 patt 相匹配的异常消息 val，并返回 val
Check[exp1，exp2]	先对 exp1 求值，若捕捉异常信息，再对 exp2 求值
CheckAbort[exp1，exp2]	先对 exp1 求值，若捕捉 Abort，再对 exp2 求值
AbortProtect[exp]	若捕捉 Abort，在对 exp 求值完毕之后终止程序运行

例 6.55　执行下列程序，观察程序执行结果。

(1) 输入　　f[x_]:=If[x 0，Throw[Infinity]，1/x];
　　　　　　Catch[Do[Print[f[i]],{i,-1,1}]]

　　输出　-1
　　　　　∞

(2) 输入　　Check[Do[Print[1/i],{i,-1,1}],Infinity]
　　输出　-1
　　　　　Power::infy: Infinite expression _1/0_ encountered

ComplexInfinity
1
∞

(3) 输入　f[x_]:=If[x 0,Abort[],1/x];
　　　　　Chenk[Do[Print[f[i]],{i,−1,1}],Infinity]
　　输出　−1
　　　　　$Aborted

(4) 输入　CheckAbort[Do[Print[f[i]],{i,−1,1}],Infinity]
　　输出　−1
　　　　　∞

(5) 输入　AbortProtect[Do[Print[f[i]],{i,−1,1}]]　(*AbortProtect可以捕获Abort信号,并立即终止*)
　　输出　−1
　　　　　Null
　　　　　1
　　　　　$Aborted

6.11　程　序　包

程序包就是一些功能相近的函数和语句的集合,按照某种方式组合在一起以便用户使用,相当于面向对象程序设计中的类。当系统启动时,系统会自动加载一些软件包。通过系统变量$Packages,可以知道哪些程序包已经被加载。通过系统变量$Path,可以知道这些程序包的位置。如在Mathematica的笔记本中输入$Packages,然后按Shift+Enter键,经过Mathematica系统运算以后,显示为

{"DocumentationSearch`", "HTTPClient`", "HTTPClient`OAuth`", "HTTPClient`CURLInfo`", "HTTPClient`CURLLink`", "JLink`", "Utilities`URLTools`", "URLUtilities`", "WolframAlphaClient`", "GetFEKernelInit`", "StreamingLoader`", "IconizeLoader`", "CloudObjectLoader`", "ResourceLocator`", "PacletManager`", "System`", "Global`"}

如果输入$Path,然后按Shift+Enter键,经过Mathematica系统运算以后,显示为

{D:\Program Files\wolfram\SystemFiles\Links,

C:\Users\Administrator\AppData\Roaming\Mathematica\Kernel,

C:\Users\Administrator\AppData\Roaming\Mathematica\Autoload,

C:\Users\Administrator\AppData\Roaming\Mathematica\Applications,

C:\ProgramData\Mathematica\Kernel,

C:\ProgramData\Mathematica\Autoload,

C:\ProgramData\Mathematica\Applications,.,

C:\Users\Administrator,D:\Program Files\wolfram\AddOns\Packages,

D:\Program Files\wolfram\SystemFiles\Autoload,

D:\Program Files\wolfram\AddOns\Autoload,

D:\Program Files\wolfram\AddOns\Applications,

D:\Program Files\wolfram\AddOns\ExtraPackages,

D:\Program Files\wolfram\SystemFiles\Kernel\Packages,

D:\Program Files\wolfram\Documentation\English\System,

D:\Program Files\wolfram\SystemFiles\Data\ICC,

D:\Program Files\wolfram\Documentation\ChineseSimplified\System\}

程序包为纯文本格式，通常后缀名"*.m"，具有一般的形式为

BeginPackage["程序包名"]

f::usage="说明"，…   (*引入作为输出的目标*)

Begin["Private'"]   (*开始程序包的私有上下文*)

f[变量]=表达式   (*包的主体*)

…

End[]   (*结束自身的上下文*)

EndPackage[]   (*程序包结束标志，并将该程序包放到全局上下文路径的最前面*)

在文件包结构中，BeginPackage["程序包名"]与EndPackage[]定义了程序包上下文，通过Begin["Private'"]与End[]设置了当前环境的上下文。通过设置上下文主要是用来区分在不同环境下同名变量，相当于C++中的namespace。就像两个专业有同名的学生，都叫"张三"，只有通过专业名才能确定是哪个"张三"。在Mathematica的所有内部实体均属于上下文System'。函数Factor的全名是System'Factor。 如果一个特定名字只出现在一个上下文中，就不必明确给出上下文的名字了。

程序包中的f::usage语句定义了函数f的使用信息，通常是对函数的描述和用法的说明。通过"Definition[f]"函数或"?f"，可以得到f的使用信息。

例6.56   生成一个软件包，用来求三角形的周长和面积。

输入　　BeginPackage["Mypackage`"];
　　　　mj::usage="计算矩形的面积";
　　　　zc::usage="计算矩形周长";
　　　mj[x_，y_]:=x*y;
　　　zc[x_，y_]:=2*(x+y);
　　　EndPackage[];
　　　<<Mypackage.m   (*导入Mypackage.m 并执行其中代码*)
　　　mj[3，4]
　　　zc[4，5]

输出　　12
　　　　18

6.12　编程实例

例6.57   计算一组数据的算术平均值、几何平均值、中差、方差和标准差。

输入　　BeginPackage["Statistics`"];
　　　　mean::usage="计算算术平均";
　　　　geomean::usage="计算几何平均";
　　　　median::usage="计算中差";
　　　　var::usage="计算方差";
　　　　stdev::usage="计算标准差";

```
mean[x_]:=Total[x_]/Length[x];
geomean[x_]:=Apply[Times, x]^(1/Length[x]);
median[x_]:=Module[{n=Length[x], s=Sort[x]},
        If[OddQ[n], s[(n+1)/2], (s[[n/2]]+s[[n/2+1]])/2]];
var[x_]::= mean[(x-mean[x])^2];
stdev[x_]:=Sqrt[var[x]];
EndPackage[];
```

将上面程序包保存为"我的文档"下的一个 Mathematica Package(*.m)文件，然后在 Mathematica 的笔记本窗体输入

```
<<Statistics.m
x=RandomReal[{0,1},10]
{mean[x],geomean[x],var[x],stdev[x]}
```

然后按 Shift+Enter 键，经过 Mathematica 系统运算以后，显示为

{0.514439，0.241906，0.669244，0.251412，0.32429，0.0546289，0.606271，0.267244，0.346928，0.539093}
{0.381546，0.319947，0.0336603，0.183467}

例 6.58 应用切线法，编制程序求解 $f(x)=0$ 的根。已知切线公式为

$$x_{n+1} = x_n - \frac{f(x_n)}{f'(x_n)}$$

设 $f(x) = x^5 - 5x + 1$，求 $f(x) = 0$ 得根 x_0。

分析：为了掌握根 x_0 分布的大致情况，不妨先画出 $f(x) = x^5 - 5x + 1$ 的图形如图 6-8 所示。

输入　Plot[x^5-5*x+1,{x,-2,2}]

则输出如图 6-7 所示的图形。

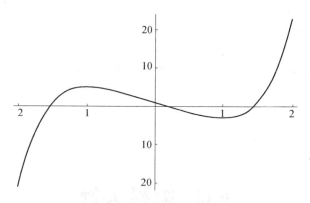

图 6-7　函数 $f(x) = x^5 - 5x + 1$ 在[-2，2]的图形

从图 6-7 中可以看出，在区间[-2, 2]上，方程共有 3 个实根，它们所在范围是[-2, -1]，[-1, 1]，[1, 2]。该程序如下：

```
输入  f[x_]:=x^5-5*x+1;
      f'[x_]:=D[f[x], x];
      g[x_]:=x-f[x]/f'[x];
      x0=0;n=10;
      For[i=1,i n,i++,x0=N[g[x0]]];
```

```
        Print[i," ",x0]]
输出    1   0.2
        2   0.200064
        3   0.200064
        4   0.200064
        5   0.200064
        6   0.200064
        7   0.200064
        8   0.200064
        9   0.200064
       10   0.200064
```

例 6.59 用龙格—库塔方法解常微分方程

$$\begin{cases} \dfrac{dy}{dx} = f(x,y) \\ y(x_0) = y_0 \end{cases}$$

$$y_{n+1} = y_n + 3K2 + 3K3 + K4)/8$$

$$\begin{cases} K1 = hf(x_n, y_n) \\ K2 = hf(x_n + h/3, y_n + K1/3) \\ K3 = hf(x_n + 2h/3, y_n - K1/3 + K2) \\ K4 = hf(x_n + h, y_n + K1 - K2 + K3) \end{cases}$$

首先制作龙格—库塔方法解常微分方程的程序包，输入下面程序：

```
BeginPackage["RK`"]
RK::usage="the fourth order Runge-Kutta method,"
Begin["`Private`"]
RK[f_,{x_,y_},{x0_,y0_},h_,ntot_]:=Module[{k1,k2,k3,k4,n,xylist,d},xylist={{x0,y0}};
Do[xn=xylist[[n]][[1]];yn=xylist[[n]][[2]];
k1=h*f/.{x    xn,y    yn};
k2=h*f/.{x    xn+h/3,y    yn+k1/3};
k3=h*f/.{x    xn+2h/3,y    yn-k1/3+k2};
k4=h*f/.{x    xn+h,y    yn+k1-k2+k3};
d=(k1+3k2+3k3+k4)/8;
xylist=Append[xylist,{xn+h,yn+d}],{n,1,ntot}];xylist]
End[]
EndPackage[]
```

载入程序包，并调用相关函数，在 Mathematica 笔记本中输入

```
<<RK.m
g[x_,y_]:=Cos[x]Sqrt[y]
RK[g[x,y],{x,y},{1.2,3.2},0.05,17]
```

输出　{{1.2,3.2},{1.25,3.23038},{1.3,3.25663},{1.35,3.27862},
　　　　{1.4,3.29626},{1.45,3.30946},{1.5,3.31816},{1.55,3.32233},

{1.6,3.32195},{1.65,3.31701},{1.7,3.30755},{1.75,3.2936},{1.8,3.27523},
{1.85,3.25251},{1.9,3.22556},{1.95,3.19449},{2.,3.15945},{2.05,3.12058}}

例 6.60 输入三角形的三边长,求三角形面积。

分析：为简单起见,设输入的三个边长为 a、b、c 能构成三角形。从数学公式已知三角形面积公式为

$$\text{area} = \sqrt{s(s-a)(s-b)(s-c)}$$

其中 $s = (a+b+c)/2$,根据此定义编写程序,在笔记本中输入

  a=3;
  b=4;
  c=5;
  s=(a+b+c)/2;
  area=(s*(s-a)*(s-b)*(s-c))^0.5

输出 6

例 6.61 求 $ax^2 + bx + c = 0$ 方程的根,a,b,c 为方程系数,设 $b^2 - 4ac > 0$。

分析：由数学知识可知,一元二次方程的根为

$$x_1 = \frac{-b + \sqrt{b^2 - 4ac}}{2a}, \quad x_2 = \frac{-b - \sqrt{b^2 - 4ac}}{2a}$$

由此,可在笔记本中输入

  a = 4;
  b = 6;
  c = 1;
  x1 = ((b^2 − 4*a*c)^0.5 − b)/2*a
  x1 = ((b^2 − 4*a*c)^0.5 + b)/2*a

输出 −3.05573
   20.9443

例 6.62 写程序,判断某一年是否为闰年。

分析：能被 4 整除且不能被 100 整除的为闰年或者能被 400 整除的是闰年。

输入 year = 2005;
   leap = (Mod[year, 4] == 0 && Mod[year, 100] != 0) || (Mod[year, 400] == 0);
   if[leap, x = "是闰年", x = "不是闰年"];
   x

输出 "不是闰年"

例 6.63 运输公司对用户计算运费,路程 s 越远,每吨每千米运费越低,标准如下：

  $s < 250$ 没有折扣
  $250 \leqslant s < 500$ 2%折扣
  $500 \leqslant s < 1000$ 5%折扣
  $1000 \leqslant s < 2000$ 8%折扣
  $2000 \leqslant s < 3000$ 10%折扣

| | 3000≤s | 15%折扣 |

设每吨每千米运费为 p，货物重量为 w，距离为 s，折扣为 d，则总运费 f 的计算公式为

$$f=p*w*s*(1-d)$$

输入　p=100;
　　　w=20;
　　　s=300;
　　　Which[s<250,d=0,s>=250&&s<500,d=0.02,s>=500&&s<1000,d=0.05,s>=1000&&s<2000,d=0.08, s>=2000&&d<3000,d=0.10,True,d=0.15];
　　　　　f=p*w*s*(1-d)
输出　588000

6.13　本章小结

本章详细介绍了 Mathematica 编程方法。6.1 节介绍了 Mathematica 的数据类型；6.2 节介绍了 Mathematica 编程用到的常量和变量；6.3 节介绍了 Mathematica 中字符串的定义及操作方法；6.4 节介绍了表达式的使用方法；6.5 节介绍了函数的使用方法，重点介绍了自定义函数的定义、保存与调用方法；6.6 节介绍了过程、模块的定义及局部变量的使用方法；6.7 节介绍了条件结构程序设计方法，重点介绍了 If 语句、Which 语句、Switch 语句的使用方法；6.8 节介绍了循环结构程序设计，本节主要介绍了 Do 语句、While 语句以及 For 语句的使用方法；6.9 节介绍了程序流程的控制；6.10 节介绍了程序的调试方法；6.11 节介绍了程序包的定义和使用方法；6.12 节介绍了一些具体编程实例。

习　题　6

1. 计算 12、126、600 的最大公约数。
2. 造一个九九乘法表，要求以表格形式显示乘积结果。
3. 写出与下列数学条件等价的 Mathematica 逻辑表达式。
(1) $m>s$ 且 $m<t$，即 $m\in(s,t)$；
(2) $x\leq-12$ 或 $x\geq 12$，即 $x\notin(-12, 12)$；
(3) $x\in(-4, 9)$ 且 $y\notin(-3, 8)$。
4. 定义函数 $f(x)=x^3+x^2+\dfrac{1}{x+1}+\cos x$，求当 $x=1, 3.1, \dfrac{\pi}{2}$ 时，$f(x)$ 的值，再求 $f(x^2)$。
5. 定义函数 $f(x)=\begin{cases}e^x, & x\leq 0\\ \ln x, & 0<x\leq e\\ \sqrt{x}, & x>e\end{cases}$，求当 $x=-100, 1.5, 2, 3, 100$ 时，$f(x)$ 的值(要求具有 40 位有效数值)。
6. 输出 500～1000 中能被 5 或 11 整除的所有自然数。
7. 求 4 次方小于 10^{20} 的最大的正整数。
8. 同时画 5 个不同周期的不同颜色的正弦图形。

9. 根据公式 $\dfrac{\pi}{4}=1-\dfrac{1}{3}+\dfrac{1}{5}-\dfrac{1}{7}+\cdots+\dfrac{(-1)^n}{2n+1}+\cdots$，求当 n=100，1000，10000 时 π 的近似值，并与真实值比较。

10. 已知斐波那奇(Fibonacci)数列可由式 $a_n = a_{n-1} + a_{n-2}$，$n = 3, 4, \cdots$ 生成，其中 $a_1 = a_2 = 1$，求斐波那奇数列的前 40 项。

11. 输出显示小于 20 的素数。

12. 找出方程 $2x+3y+z/4=200$ 在[0，200]内的整数解。

13. 定义一个函数，自变量是 n，函数值是 n 阶方阵

$$f[n]=\begin{bmatrix} 0 & 1 & 2 & \cdots & n-1 \\ 1 & 0 & 1 & \cdots & n-2 \\ 2 & 1 & 0 & \cdots & n-3 \\ \vdots & \vdots & \vdots & \ddots & \vdots \\ n-1 & n-2 & n-3 & \cdots & 0 \end{bmatrix}_{n\times n}$$

14. 编写程序包计算向量的 $\|x\|_1$(1 范数)、$\|x\|_2$(2 范数)和 $\|x\|_\infty$ (∞ 范数)：

$$\|x\|_1 = \sum_{i=1}^{n}|x_i|, \qquad \|x\|_2 = \sqrt{\sum_{i=1}^{n}|x_i|^2}, \qquad \|x\|_\infty = \text{Max}|x_i|$$

第 7 章 Mathematica 在数值计算及图形图像处理中的应用

7.1 Mathematica 在数值计算中的应用

7.1.1 数据拟合与插值

1. 数据拟合

已知一组数据 (x_k, y_k) $(k=1,2,\cdots,n)$，Mathematica 根据最小二乘法的原理对这组数据进行线性拟合，求出函数的近似解析式 $y=f(x)$，就是数据拟合问题，当然还可以对多元函数进行非线性拟合。

Mathematica 提供了进行数据拟合的函数：

Fit[data，funs，vars]

其作用是以 vars 为变量构造函数 funs 来拟合一列数据点。

常用的拟合函数的一般形式：

Fit[data,{1,x},x]：求形为 $y=a+bx$ 的近似函数式。

Fit[data,{1,x,x^2},x]：求形为 $y=a+bx+cx^2$ 的近似函数式。

Fit[data,{1,x,y,xy},{x,y}]：求形为 $z=a+bx+cy+dxy$ 的近似函数式。

Exp[Fit[Log[data],{1,x},x]]：求形为 $y=e^{a+bx}$ 的近似函数式。

例 7.1 表 7-1 给出离散数据，试构造线性函数拟合这组数据。

表 7-1 离散数据

x_i	−1.00	−0.50	0	0.25	0.75	1.00
y_i	0.22	0.80	2.0	2.5	3.8	4.2

In[1]:=data={{-1.00,0.22},{-0.50,0.80},{0,2.0},
 {0.25,2.5},{0.75,3.8},{1.00,4.2}};
 f=Fit[data,{1,x},x]
Out[1]=2.07897+2.09235x
In[2]:=pd=ListPlot[data,DisplayFunction→Identity];
 fd=Plot[f,{x,-1.00,1.00},DisplayFunction→Identity];
 Show[pd,fd,DisplayFunction→$DisplayFunction]

输出的线性函数拟合图如图 7-1 所示。

例 7.2 表 7-2 给出某次实验数据，试构造二次函数拟合这组数据。

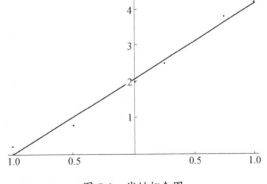

图 7-1 线性拟合图

表 7-2 二次函数数据

x_i	0.1	0.2	0.3	0.4	0.5	0.6	0.7	0.8	0.9
y_i	5.1234	5.3057	5.5687	5.9378	6.4337	7.0977	7.9493	9.0253	10.3627

In[1]:=data={{0.1,5.1234},{0.2,5.3057},{0.3,5.5687},
　　　　{0.4,5.9378},{0.5,6.4337},{0.6,7.0977},
　　　　{0.7,7.9493},{0.8,9.0235},{0.9,10.3627}}
　　　Fit[data,{1,x,x^2},x]

Out[1]=5.30661−1.83196x+8.17149x^2

In[2]:=pd=ListPlot[data,DisplayFunction→Identity];
　　　fd=Plot[f,{x,19,52},DisplayFunction→Identity];
　　　Show[pd,fd,DisplayFunction→$DisplayFunction]

输出的二次函数拟合图如图 7-2 所示。

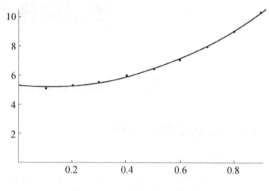

图 7-2 二次函数拟合图

例 7.3 取函数 $z=1-3x+5xy$ 的部分数值组成一组三维数据,再构造以 $\{1, x, y, xy\}$ 为基的拟合函数。

In[1]:=g=Flatten[Table[{x,y,1−3x+5x*y},{x,0,1,0.4},{y,0,1,0.4}],1]

Out[1]={{0.,0.,1.},{0.,0.4,1.},{0.,0.8,1.},
　　　　{0.4,0.,−0.2},{0.4,0.4,0.6},
　　　　{0.4,0.8,1.4},{0.8,0.,−1.4},
　　　　{0.8,0.4,0.2},{0.8,0.8,1.8}}

In[2]:= Fit[g,{1,x,y,x*y},{x,y}]

Out[2]=1.−3.x+4.01322×10^{-15}y+5.xy

In[3]:=Chop[%]

Out[3]=1. −3.x+5.xy

2. 插值

Mathematica 软件提供了多种构造插值函数的方法,这里只介绍其中的两种。

1) 插值多项式

利用函数 InterpolatingPolynomial 可求一个多项式,使给定的数据是准确的函数值,插值多项式函数的一般形式为

　InterpolatingPolynomial[data,var]

(构造以 data 为插值点数据,以 var 为变量名的插值多项式)

常用的调用插值函数的格式如下:

InterpolatingPolynomial[{$f_1,f_2,\cdots$},x]:当自变量值为 1,2,… 时的函数值为 $f_1,f_2,\cdots$。

InterpolatingPolynomial[{x_1,f_1},{x_2,f_2},…, x]当自变量值为 x_i 时的函数值为 f_i。

InterpolatingPolynomial[{x_1,{$f_1,df_1,ddf_1,\cdots$}},…,x]:规定点 x_i 处的导数值。

例 7.4 表 7-3 给出二维数据,构造插值多项式并计算 $f(0.68)$。

表 7-3 二维数据

X	0	$\frac{1}{2}$	1
Y	1	$e^{-\frac{1}{2}}$	e^{-1}

In[1]:= data={{0,1},{1/2,Exp[-1/2]},{1,Exp[-1]}};
f[x_]=InterpolatingPolynomial[data, x]
Out[1]= 1+(2(-1+1/$\sqrt{e}$)+(2(1/e -1/$\sqrt{e}$)-2(-1+1/$\sqrt{e}$))(- (1/2)+x))x

In[2]:= f[0.68]

Out[2]= 0.502781

注意："f[x_]=…"是定义函数的形式，其中"x_"表示以 x 为自变量，这里是将插值多项式定义为函数 f(x)。

2) 插值函数

利用插值多项式函数 InterpolatingPolynomial[]，可以将插值函数表达式显示出来。但多数情况下，构造插值函数目的侧重计算一些函数值，并不在意插值函数的具体表达式，这时可以利用另一个函数 Interpolation[ ]，其调用格式如下：

Interpolation [{f$_1$,f$_2$,...}] 当自变量值为 1,2 时的函数值为 f$_1$,f$_2$,...。

Interpolation [{x$_1$,f$_1$},{x$_2$,f$_2$},...] 当自变量值为 x$_i$ 时的函数值为 f$_i$。

Interpolation [{x$_1$,{f$_1$,df$_1$,ddf$_1$,...}},...]：规定点 x$_i$ 处的导数值。

注意：如果构造多元近似函数，只要将参数改为

{x$_i$,y$_i$,...,f$_i$} 或 {x$_i$,y$_i$,...,{f$_i$,{dxf$_i$,dyf$_i$,...}}}

此外还有可选参数：

Interpolationorder → n

指定插值多项式的次数(默认值为 3)。

例 7.5 根据题中数据生成插值函数及其图形。

In[1]:=data={{18.1,75.3},{24,76.8},{29.1,78.25},
            {35,79.8},{39,81.35},{44.1,82.9},{49,84.1}};

f=Interpolation[data]

Out[1]= InterpolatingFunction[{{18.1,49.}},< >]

In[2]:= pd=ListPlot[data,DisplayFunction→Identity];
        fd=Plot[f[x],{x,18.1,49}, DisplayFunction→Identity];
        Show[pd, fd，DisplayFunction→$DisplayFunction]

输出的图形如图 7-3 所示。

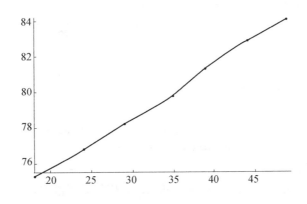

图 7-3 插值函数的图形

In[3]:=f[25.5]
Out[3]=77.2228

7.1.2 数值积分与方程的数值解

1. 数值积分

1) 数值积分方法

求定积分的数值解可采用函数 Integrate[f,{x,a,b}],n]或 NIntegrate[f,{x,a,b}]，前者先试图求符号解然后求近似解，花费时间较多，但安全可靠；后者使用数值积分的方法直接求近似解，节约运行时间，但可靠性差。

例 7.6 求 $\int_1^2 x^x \, dx$。

In[1]:= NIntegrate[x^x，{x,1,2}]
Out[1]= 2.05045

例 7.7 求 $\int_{-600}^{600} e^{-x^2} \, dx$。

In[1]:= Integrate[Exp[-x^2]，{x,-600,600}]
Out[1]= $\sqrt{\pi}$ Erf[600]
In[2]:= N[%]
Out[2]= 1.77245

2) 有瑕点的积分

若定积分的被积函数在区间端点或区间内部含有瑕点，函数 NIntegrate 的调用格式如下：

NIntegrate[f,{x,xmin,xmax},{y,ymin,ymax},...]：是标准形式，而且允许积分区间端点是瑕点。
NIntegrate[f,{x,xmin,x_1,x_2,...,xmax}]：其中 x_1，x_2,…是瑕点。

例 7.8 求 $\int_{-1}^{1} \frac{1}{\sqrt{|x|}} \, dx$。

In[1]:= NIntegrate[1/Sqrt[Abs[x]]，{x,-1,0,1}]
Out[1]= 4

3) 函数 NIntegrated 的参数

函数 NIntegrated 有控制计算精度的可选参数。
WorkingPrecision 内部近似计算使用的数字位数(默认值为 16)。
AccuracyGoal 计算结果的绝对误差(默认值为 Infinity)。
PrecisionGoal 计算结果的相对误差(默认值为 Automatic，一般比 WorkingPrecision 的值小 10)。

例 7.9 求 $\int_{-1}^{\sqrt{3}} \frac{1}{1+x^2} \, dx$。

In[1]:= NIntegrate[1/(1+x^2)，{x,-1,Sqrt[3]}]
Out[1]= 1.8326
In[2]:= NIntegrate[1/(1+x^2)，{x,-1,Sqrt[3]},WorkingPrecision→50，AccuracyGoal→40]
Out[2]= 1.8325957145940460557698753069130433491150154829688

4) 求数值和、积的函数

求数值和、积的函数分别为 NSum 和 NProduct，它们的调用格式如下：
NSum[f,{i,imin,imax,di}]：求通项为 f 的和的近似值。

NProduct[f,{i,imin,imax,di}]：求通项为 f 的乘积的近似值。

例 7.10 求 $\dfrac{1}{2}+\dfrac{1}{4}+\dfrac{1}{8}+\cdots+\dfrac{1}{2^n}$ $(n=1,2,\cdots,30)$。

In[1]:= Sum[1/2^n，{n，1，30}]

Out[1]= $\dfrac{1073741823}{1073741824}$

In[2]:= N[%]//InputForm

Out[2]//InputForm= 0.9999999990686774

2．方程的数值解

1) 方程(组)的近似解

函数 NSolve 用于求代数方程(组)的全部近似解的函数是 Nsolve，其调用格式如下：

NSolve[eqns，vars，n]

其中可选参数 n 表示结果有 n 位的精度。

例 7.11 求方程 $x^5-3x-1=0$ 全部近似解，结果保留 20 位数字。

Ln[1]:=NSolve[x^5-3x-1= =0，x，20]

{{x→-1.21464804269846180040}，{x→-0.33473414194335268708}，

{x→0.08029510011728015413-1.32835510982065407690^{TM}}，

{x→0.08029510011728015413+1.32835510982065407690^{TM}}，

{x→1.38879198440725418280}}

2) 常微分方程(组)的近似解

在利用符号运算寻求常微分方程的解(含通解与特解)时，为了保证初等函数形式解的存在，必须常常将微分方程的类型限制在线性常系数的狭窄范围内。对于求解一般的变系数线性方程以及更为广泛的非线性方程，则必须采用近似求解，特别是近似数值求解的办法。

近似数值求解的最大优点是不受方程类型的限制，即可以求任何形状微分方程的解(当然要假定解的存在)，但是求出的解只能是数值的(即数据形式的)解函数。

在 Mathematica 系统里提供了求微分方程数值解的函数 NDSolve，用于求常微分方程(组)的近似解，其调用格式如下：

NDSolve[eqns,{ $y_1,y_2,\cdots$ }，{x,xmin,xmax}]

利用函数 NDSolve 求常微分方程(组)的近似解，未知函数有带自变量和不带自变量两种形式，通常使用后一种更方便。初值点 x_0 可以取在区间[xmin, xmax]上的任何一点处，得到插值函数 InterpolationFunction[domain,table]类型的近似解，近似解的定义域 domain 一般为[xmin,xmax]，也有可能缩小。

例 7.12 求方程 $y''+y'+x^3y=0$ 在区间 [0,8] 上满足条件 $y(0)=0$，$y'(0)=1$ 的特解。

In[1]:=s2=NDSolve[{y"[x]+y'[x]+x^3*y[x]= =0，y[0]= =0，y'[0]= =1}，

y，{x，0，8}]

Out[1]= {{y→InterpolatingFunction[{{0.，8.}}，< >]}}

In[2]:= Plot[Evaluate[y[x]/.s2]，{x，0，8}]

该方程的图形如图 7-4 所示。

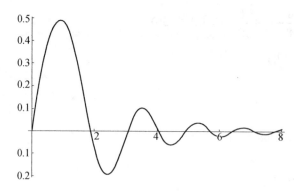

图 7-4 方程 $y'' + y' + x^3 y = 0$ 的图形

例 7.13 求方程组 $\begin{cases} x'(t) = y(t) - \left(\dfrac{1}{3}x^3(t) - x(t)\right) \\ y'(t) = -x(t) \end{cases}$ 在区间 $[-5,5]$ 上满足条件 $x(0) = 0$，$y(0) = 1$ 的特解。

In[1]:=s₂= NDSolve[{x'[t]= =y[t]−(x[t]^3/3−x[t]),

    y'[t] = = −x[t],x[0] = =0,y[0] = =1},{x,y},{t, −5,5}]

Out[1]= {{x→InterpolatingFunction[{{−5.,5.}},< >],

  y→InterpolatingFunction[{{−5.,5.}},< >]}}

In[2]:= x=x/.s2[[1,1]]

  y=y/.s2[[1,2]]

Out[2]= InterpolatingFunction[{{−5.,5.}},< >]

  InterpolatingFunction[{{−5.,5.}},< >]

 In[4]:= ParametricPlot[{x[t],y[t]},{t,−5,5},AspectRatio−Automatic]

 该方程解的形图如图 7-5 所示。

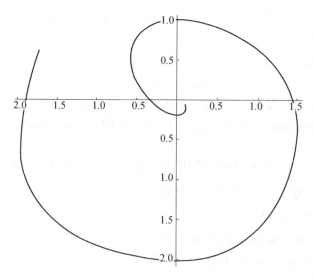

图 7-5 方程解的相轨线图形

例 7.14 求方程组 $\begin{cases} x'(t) = y(t) \\ y'(t) = -0.01y(t) - \sin x \end{cases}$ 在区间 $0 \leqslant t \leqslant 100$ 上满足条件 $x(0) = 0$，$y(0) = 2.1$ 的特解。

In[1]:=s3=NDSolve[{x'[t]==y[t],y'[t]==-0.01x[t]-Sin[x[t]],x[0]==0,
　　　y[0]==2.1},{x,y},{t,0,100}]
Out[1]= {{x→InterpolatingFunction[{{0.,100.}},<>],
　　　y→InterpolatingFunction[{{0.,100.}},<>]}}
In[2]:= x=x/.s3[[1,1]]
　　　y=y/.s3[[1,2]]
Out[2]= InterpolatingFunction[{{0.,100.}},<>]
　　　InterpolatingFunction[{{0.,100.}},<>]

3) 偏微分方程的近似解

在 Mathematica 系统里，虽然也提供了求偏微分方程数值解的函数 NDSolve，但只适用于一些比较简单的情况，其调用格式如下：

　　NDSolve[{eqns，定解条件},u,{x,xmin,xmax},{t,tmin,tmax}]

式中：u 为要求的未知函数。

例 7.15 求弦振动方程 $u_{xx} - 4u_{tt} = 0$ 满足下面定解条件的特解。

　　边界条件　　$u(0,t) = 0, u(\pi,t) = 0$，
　　初始条件　　$u(x,0) = \sin x, u_t(x,0) = 0$.

In[1]:=NDSolve[{D[u[x,t],x,x]-4D[u[x,t],t,t]==0,u[0,t]==0,u[Pi,t]==0,
u[x,0]==Sin[x],Derivative[0,1][u][x,0]==0},u,{x,0,Pi},{t,0,60}]
{{u→InterpolatingFunction[{{0.,3.14159},{0.,60.}},<>]}}
In[2]:=Plot3D[Evaluate[u[x,t]/.First[%]],{x,0,Pi},{t,0,60},
　　　PlotPoints→20]

该方程的图形如图 7-6 所示。

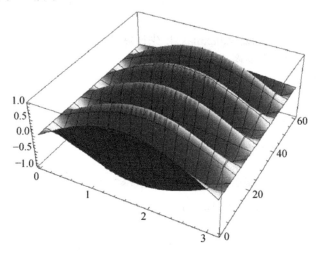

图 7-6　弦振动方程 $u_{xx} - 4u_{tt} = 0$ 的图形

函数 NDsolve 有可选项，具体是：

WorkingPrecision：内部近似计算使用的数字位数(默认值为 16)。

AccuracyGoal：计算结果的绝对误差。
PrecisionGoal：计算结果的相对误差。
MaxSteps：最大步数。
MaxStepSize：最大步长。
StartingStepSize：初始步长。

以上可选项的默认值都为 Automatic，其中 AccuracyGoal 和 PrecisionGoal 的默认值比 WorkingPrecision 小 10，当解趋于 0 时应将 AccuracyGoal 取成 Infinity。对于常微分方程，最大步长默认值为 1000。

7.2 Mathematica 在图形处理中的应用

Mathematica 系统具有很强的作图功能，利用它不仅可以非常方便地作出一般显函数的图形，而且还可以作出由参数表示的隐函数的图形。同时，图形显示的形式可以多种多样，包括图形显示的颜色、光照、图形的旋转等。

Mathematica 的图形功能是融合在其强大的符号和数值计算功能之中的，它提供了一大批作图的操作函数，这些函数还可以由用户根据需要组合成更强大的作图函数。人们在利用系统作图时，只需关心图形的逻辑性质和结构，至于图形是如何显示在屏幕上的则不必关心。只要指定了图形显示的各种参数，其他显示的问题就可以完全交给系统来完成。

7.2.1 Mathematica 在二维图形中的应用

1. 一元函数图形

在平面直角坐标系下绘制 $y=f(x)$ 图形可由函数 Plot[ ] 实现，其调用格式如下：

Plot[f,{x,xmin,xmax}]:作出函数 f(x)在区间[xmin,xmax]上的图形。

Plot[{$f_1,f_2,\ldots$},{x,xmin,xmax}]：在同一坐标系中作出函数组 $f_1,f_2,\ldots$ 在区间[xmin,xmax]上的图形。

Plot[Evaluate[f],{x,xmin,xmax}]：先计算函数 f(x)在区间[xmin,xmax]上的函数值，再作出函数的图形。

Plot[Evaluate[Table[$f_1,f_2,\ldots$]],{x,xmin,xmax}]：先计算函数组 $f_1,f_2,\ldots$ 在区间[xmin,xmax]上的函数值，再作出它们在同一坐标系中的图形。

例 7.16 分别作出函数 $y=\sin x^2$ （$x\in[0,3]$）、$y=e^x\sin 20x$ （$x\in[0,\pi]$）的图形。

In[1]:= Plot[Sin[x^2],{x,0,3}]

输出的图形如图 7-7 所示。

In[2]:= Plot[Exp[x]*Sin[20x],{x,0,π}]

输出的图形如图 7-8 所示。

例 7.17 在同一坐标系中作函数系 $\{\cos x,\cos 2x,\cos 3x\}$ 在区间 $[0,2\pi]$ 上的图形。

In[1]:=Plot[{Cos[x],Cos[2x],Cos[3x]},{x,0,2π}]

输出的图形如图 7-9 所示。

2. 作图函数选项

一般情况下，Mathematica 系统在绘制图形时，已经自动考虑了图形的某些装饰问题，因而画出的图形还是比较美观的。但是，有时用户对图形也会有些独特的要求。为了满足用户的不同要求，系统提供了许多作图的选项。

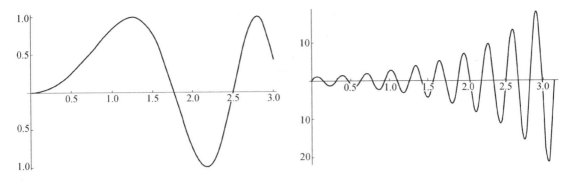

图 7-7 函数 $y=\sin x^2$ 的图形　　　　　图 7-8 函数 $y=e^x\sin 20x$ 的图形

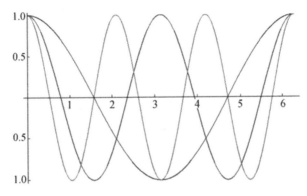

图 7-9 函数 $y=\cos x, y=\cos 2x, y=\cos 3x$ 的图形

作图函数选项的形式为：可选项名→可选项值，当不使用可选项时取默认值。作图函数选项有以下几种：

(1) PlotRange 指定绘图的范围。它的可选值是：

Automatic：一些无关的点被排除(默认值)。

All：所有的点都画出。

{ymin,ymax}：明确指定 y(三维为 z)的范围。

{xmin,xmax},{ymin,ymax}：分别给出 x、y(三维加 z)轴方向的取值范围。

例 7.18 利用函数作图选项 PlotRange 绘制 $\text{ch}x=\dfrac{e^x+e^{-x}}{2}$ 的图形。

In[1]:=Plot[(Exp[x]+Exp[-x])/2,{x,-6,6},PlotRange→{-5,5}]

输出的图形如图 7-10 所示。

(2) AspectRatio 指定图形的高和宽。它的可选值是：

1/GoldenRatio：黄金分割(默认值为 0.618，其中 GoldenRatio=$\dfrac{1+\sqrt{5}}{2}$)。

Automatic：高宽比为 1。

实数：指定高宽比。

例 7.19 利用函数作图选项 AspectRatio 绘制 $\text{ch}x=\dfrac{e^x+e^{-x}}{2}$ 的图形。

In[1]:=Plot[(Exp[x]+Exp[-x])/2,{x,-1,1},AspectRatio→Automatic]

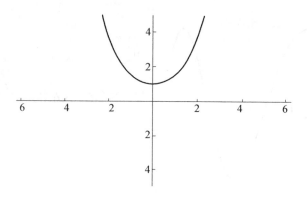

图 7-10　使用作图函数选项 PlotRange 作出的函数 $\mathrm{chx} = \dfrac{e^x + e^{-x}}{2}$ 图形

输出的图形如图 7-11 所示。

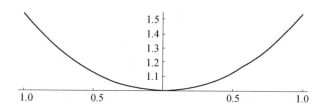

图 7-11　使用作图函数选项 Automatic 作出的函数 $\mathrm{chx} = \dfrac{e^x + e^{-x}}{2}$ 的图形

(3) Axes 用于指定是否显示坐标轴。它的可选值是：
　True(或 Automatic)：默认值，表示画出所有坐标轴。
　False：表示不画出坐标轴。
　{True,False} 或 {False,True}：只画出一个坐标轴。
(4) AxesOrigin 用于指定两个坐标轴的交点位置。它的可选值是：
Automatic：用内部算法指定坐标轴交点，但可能不在(0,0)点。
(x，y)：指定交点坐标。
(5) AxesLabel 用于给坐标轴加上标记。它的可选值是：
None：不给标记(默认值)。
Label：给 y(三维为 z)轴加上标记。
[xlabel,ylabel]：给 x 轴和 y 轴加上标记。
(6) Frame 用于给图形加框。它的可选值是：
False：不加框(默认值)。
True：加框。
(7) PlotLabel 在图形上方居中位置增加标题。它的可选值是：
　None：不给标题。
　Label：指定标题。

例 7.20　绘制函数 $y = x\sin\dfrac{\pi}{x}, (-2 \leqslant x \leqslant 2)$ 的图形，在曲线上不画出坐标轴，但要加上边框，并在曲线上方加上标记。

In[1]:=Plot[x*Sin[Pi/x],{x,-2,2},Axes→None,Frame→True,
    PlotLabel→x*Sin[Pi/x]]

输出的图形如图 7-12 所示。

(8) **Ticks** 用于给坐标轴加上刻度或给坐标轴上的点加标记。它的可选值是：

Automatic：自动设置刻度标记(默认值)。

None：不设置刻度标记。

[xticks,yticks]：对各坐标轴指定刻度标记。

$\{\{x_1,x_2,...\},\{y_1,y_2,...\}\}$：在横轴上的点 $x_1,x_2,...$ 和纵轴上的点 $y_1,y_2,...$ 处加上刻度。

$\{\{x_1,label1\},\{x_2,label2\},...\},\{y_1,label1\},\{y_2,label2\},...\}\}$：在横轴上的点 $x_1,x_2,...$ 和纵轴上的点 $y_1,y_2,...$ 处加上标记。

例 7.21 绘制函数 $y=\sin x^2, 0 \leqslant x \leqslant 3$ 的图形，给出 x,y 轴的标签，给 x 轴上的点加标记。

In[1]:= Plot[Sin[x^2],{x,0,3},AxesLabel→{ "xLabel"，"Sin[x^2]" },Ticks→
    {{1/2,{1, "t₁" },3/2,{2, "t₂" },5/2,{3, "t₃" }},Automatic }]

输出的图形如图 7-13 所示。

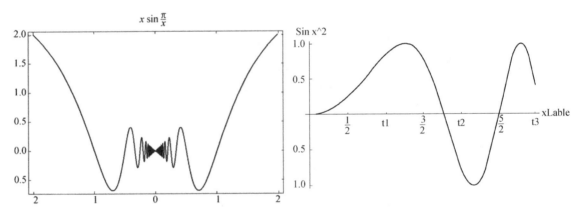

图 7-12 使用作图函数选项 Axes,Frame,PlotLabel 作出的函数 $y=x\sin\dfrac{\pi}{x}$ 的图形

图 7-13 使用作图函数选项 AxesLabel，Ticks 作出的函数 $y=\sin x^2$ 的图形

(9) **AxesStyle** 用于设置坐标轴的颜色、线宽等选项。它的可选值是：

 Automatic：自动设置(默认值)。

 $\{\{xstyle\},\{ystyle\}\}$：分别指定 x 轴和 y 轴的风格。

 Style：指定所有坐标轴的风格。

例 7.22 绘制函数 $y=\sin x^2 (0 \leqslant x \leqslant 3)$ 的图形，设置坐标轴的颜色和线宽。

In[1]:=Plot[Sin[x^2], {x,0,3},AxesStyle→{RGBColor[0,0,1],
    Thickness[0.01]}]

输出的图形如图 7-14 所示。

注意：本例中设置了坐标轴的颜色和线宽，这些选项的含义将在后面介绍，这个选项也适用于三维绘图。

(10) **GridLines** 用于加网格线。它的可选值是：

Automatic：自动加网格线。

None：不加网格线(默认值)。

{{$x_1,x_2,...$},{$y_1,y_2,...$}}：在横轴上的点 $x_1,x_2,...$和纵轴上的点 $y_1,y_2,...$处加上网格线。

例 7.23 绘制函数 $y=\sin x^2, (0 \leqslant x \leqslant 3)$ 的图形，加上边框并加上网格线。

In[1]:=Plot[Sin[x^2], {x, 0, 3}, Frame→True, GridLines→Automatic]

输出的图形如图 7-15 所示。

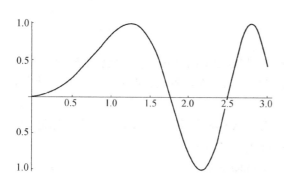

图 7-14　使用作图函数选项 AxesStyle 作出的函数 $y=\sin x^2$ 的图形

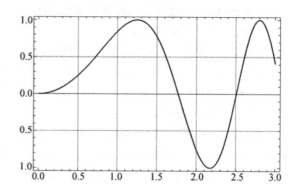

图 7-15　使用作图函数选项 Frame，GridLines 作出的函数 $y=\sin x^2$ 的图形

(11) Background 用于指定背景颜色。它的可选值是：

Automatic：实际颜色与 Windows 的窗口背景色一致(默认值)。

GrayLevel[k]：其中 k=0～1，给出灰度大小，0 为黑色，1 为白色。

RGBColor[r,g,b]：其中 r,g,b 是 0～1 的数，分别表示红、绿、蓝色的强度，[1,1,1]为白色,[0,0,0]为黑色,[1,0,0]为红色。

(12) DisplayFunction 显示图形(或声音)。它的可选值是：

$DisplayFunction：指定图形要显示(默认值)。

Identity：指定图形不显示。

(13) PlotStyle 用于规定曲线的线型和颜色。它的可选值是：

Automatic：系统自动设置曲线是黑色实线(默认值)。

Style：指定画线风格。

{ style1 ,style2 }：指定画各曲线的风格。

GrayLevel[k]：指定曲线的灰度 k。

RGBColor[r,g,b]：指定曲线的颜色。

Thickness[r]：其中 r 是线的宽度与整个图形宽度之比(二维时默认值为 0.004，三维时默认值为 0.01)。

PointSize[d]：其中 d 是点的直径与整个图形宽度之比(二维时默认值为 0.008，三维时默认值为 0.01)。

Dashing[{$r_1,r_2,...$}]：指定随后画虚线，其中 $r_1,r_2,...$表示虚线中实线部分的长度。

Hue[hue,strt,brt]：着色[色调，饱和度，亮度]。

例 7.24 在同一坐标系中使用不同的颜色和线宽作函数 $y=\cos x, y=\cos 2x$ 在区间$[0,2\pi]$上的图形。

In[1]:=Plot[{Cos[x], Cos[2x]}, {x, 0, 2Pi}, PlotStyle→
　　　{{Thickness[0.015], RGBColor[1, 0, 0]}, RGBColor[0, 0, 1]}]

输出的图形如图 7-16 所示。

例 7.25 绘制函数 $y = e^{-x^2}\sin 2x$ 在区间 $[-2,2]$ 上的图形，要求曲线虚线中实线长度为 0.02。

In[1]:= Plot[Exp[-x^2]*Sin[6x],{x,-2,2},PlotStyle
→ {RGBColor[0,0,1],Dashing[{0.02,0.02}]}]

输出的图形如图 7-17 所示。

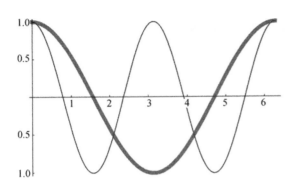

图 7-16　使用作图函数选项 PlotStyle 作出的函数
　　　　　$y = \cos x, y = \cos 2x$ 的图形

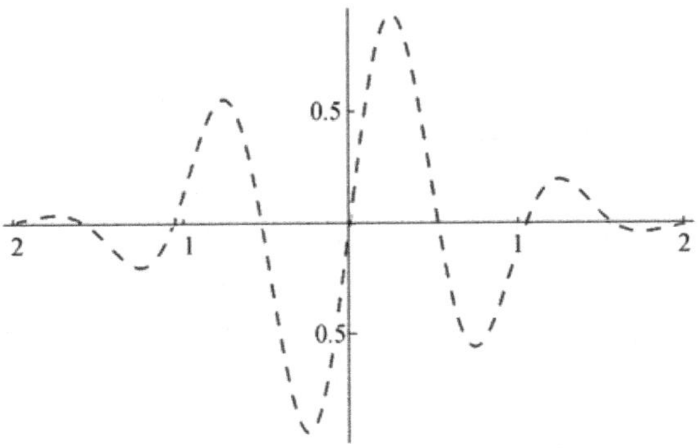

图 7-17　使用作图函数选项 PlotStyle 作出的函数
　　　　　$y = e^{-x^2}\sin 2x$ 的图形

(14) PlotPoints 规定绘图时取的最少点数，默认值是 25，画一条变化剧烈的曲线应该增大点数。

例 7.26 绘制函数 $y = \sqrt[5]{x}\sin\dfrac{1}{x}$ 在区间 $[0.05,1]$ 上的图形。

In[1]:=Plot[Power[x，(5)^-1]*Sin[1/x],{x,0.05,1}，PlotPoints→90]

输出的图形如图 7-18 所示。

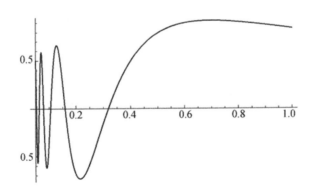

图 7-18　使用作图函数选项 PlotPoints 作出的函数 $y = \sqrt[5]{x}\sin\dfrac{1}{x}$ 的图形

3. 二维参数图

绘制平面参数式曲线的函数是 ParametricPlot，其调用格式如下：

ParametricPlot[{x(t),y(t)},{t,tmin,tmax}]：t 的取值范围是区间[tmin,tmax]。

ParametricPlot[{{x₁(t),y₁(t)},{x₂(t),y₂(t)},…},{t,tmin,tmax}] 在同一坐标系中画出多条曲线。

例 7.27 绘制曲线 $x = 2t - 3\sin t, y = 2 - 3\cos t$ 在区间 $t \in [-\pi, 3\pi]$ 上的图形。

In[1]:=ParametricPlot[{2t-3Sin[t],2-3Cos[t]},{t，-Pi,3 π }]

输出的图形如图 7-19 所示。

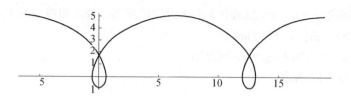

图 7-19　曲线 $x=2t-3\sin t, y=2-3\cos t$ 的图形

4. 绘制点列

绘制点列的函数是 ListPlot，其调用格式如下：

ListPlot[{$y_1,y_2,...$}]　画出点列$(1,y_1),(2,y_2),...$。

ListPlot[{(x_1,y_1),(x_2,y_2),...}] 画出点列$(x_1,y_1),(x_2,y_2),...$。

这个函数的可选参数是 Plotjoined。它的可选值是：

False：不连接(默认值)。

True：连接各点。

例 7.28　绘制函数 $y=\dfrac{1}{x^2+2x}$ 在区间 $1\leqslant x\leqslant 5$ 上点间隔为 0.1 的点列图形。

In[1]:= ListPlot[Table[{x,1/(x^2+2x)},{x,1,5,0.1}]]

输出的图形如图 7-20 所示。

例 7.29　连接例 7.28 中的点列得到曲线图形。

In[1]:=ListPlot[Table[{x,1/(x^2+2x)},{x,1,5,0.1}],PlotJoined→True]

输出的图形如图 7-21 所示。

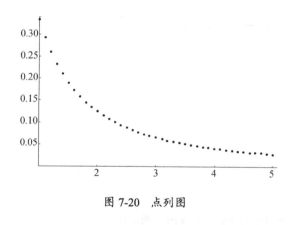

图 7-20　点列图

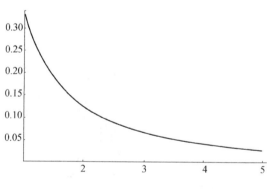

图 7-21　连接点列得到曲线图形

5. 重画和组合图形

Mathematica 保存着用户所画的每一个图形的信息，可使用户过后重画。重画图形时，可以改变一些已使用的选项。

Mathematica 重画和组合图形的命令为 Show[ ]，其调用格式如下：

Show[plot]：重画一个图形。

Show[plot，option→value]：改变选项重画图形。

Show[plot1，plot2]：将若干个图形画在一起。

Show[Graphicsarray[{{plot1，plot2，...}，...}]]：画图形阵列。

例 7.30 重画 $y=x\sin\dfrac{\pi}{x}, -2\leqslant x\leqslant 2$ 的图形，并改变 y 标尺的尺寸为[-1,2]。

In[1]:= Show[%,PlotRange→{-1,2}]

输出的图形如图 7-22 所示。

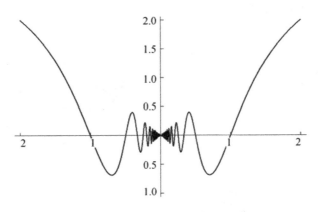

图 7-22　函数 $y=x\sin\dfrac{\pi}{x}$ 的图形

例 7.31 分别创建两个 Graphics 对象：一个是函数 $y=x\sin x$ 在区间[-10,10]上的图形，曲线着红色；另一个是曲线 $\begin{cases} x=10\cos^3 t \\ y=3\sin^3 t \end{cases}$ $(0\leqslant t\leqslant 2\pi)$，着绿色。先不画出这两条曲线，最后再将它们组合起来画在一起。

In[1]:=g1=Plot[x*Sin[x],{x,-10,10},PlotStyle→{RGBColor[1,0,0]},DisplayFunction→Identity];
　　g2=ParametricPlot[{10*Cos[t]^3,8*Sin[t]^3},{t,0,2*Pi},PlotStyle→{RGBColor[0,1,0]},DisplayFunction→Identity];
Show[{g1,g2},DisplayFunction→$DisplayFunction]

输出的图形如图 7-23 所示。

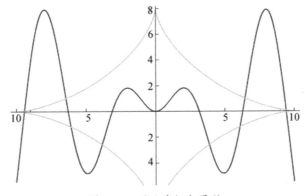

图 7-23　两曲线组合图形

6．等高线和密度线

画函数等高线和密度线的函数分别为 ContourPlot 和 DensityPlot,其调用格式如下：

ContourPlot[f,{x,xmin,xmax},{ y,ymin,ymax }]：画出 x,y 的函数 f 的等高线图。

DensityPlot[f,{x,xmin,xmax},{ y,ymin,ymax }]：画出 f 的密度图。

例 7.32 画出函数 $z = \sin x \cdot \sin y$ 的等高线图，$x \in [-1.5, 1.5]$，$y \in [-1.5, 1.5]$。

In[1]:=ContourPlot[Sin[x]Sin[y],{x,-1.5,1.5},{y,-1.5,1.5}]

输出的图形如图 7-24 所示。

例 7.33 画出函数 $z = \sin x \cdot \sin y$ 的密度图，$x \in [-1.5, 1.5]$，$y \in [-1.5, 1.5]$

In[1]:= DensityPlot[Sin[x]Sin[y],{x,-1.5,1.5},{y, -1.5,1.5}]

输出的图形如图 7-25 所示。

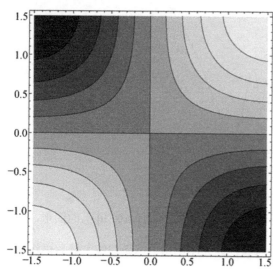

图 7-24　函数 $z = \sin x \cdot \sin y$ 的等高线图

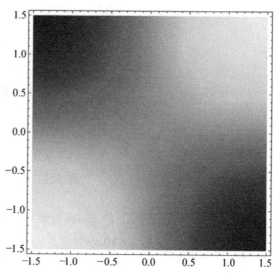

图 7-25　函数 $z = \sin x \cdot \sin y$ 的密度图

等高线图形的一些选项如下。

(1) ColorFunction 用于阴影的颜色，它的可选值是：

Automatic：灰度值。

Hue：使用一系列颜色。

(2) Contours 为等高线数或对应等高线的 z 值列表，默认值为 10。

(3) ContourShading 用于选择是否使用阴影，它的可选值是：

True：使用阴影(默认值)。

False：不使用阴影。

例 7.34 画出函数 $z = \sin x \cdot \sin y$ 的等高线图，$x \in [-1.5, 1.5]$，$y \in [-1.5, 1.5]$，取消阴影。In[1]:=ContourPlot[Sin[x]Sin[y],{x,-1.5,1.5},{y, -1.5,1.5},ContourShading→False]

输出的图形如图 7-26 所示。

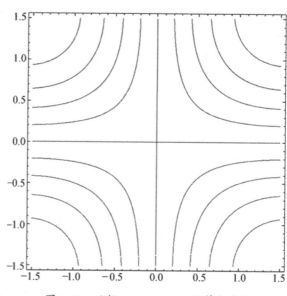

图 7-26　函数 $z = \sin x \cdot \sin y$ 的等高线图

7．二维图形元素

在二维空间里，图形是由点(Point)、线(Line)、矩阵(Rectangle)、多边形(Polygon)、圆盘(Disk)、圆周(Circle)、光栅(Raster)、光栅阵列(RasterArray)和文字(Text)等组成。

Mathematica 提供了直接绘制这些基本图形单元的操作函数，具体如下：

(1) Point[coords]：绘制坐标为 coords 的点，coords 表示(x，y)或(x，y，z)。

(2) Line[{p1,p2,…}]：绘制一条折线，它依次连接点 p1、p2 等。

(3) Rectangle[{xmin,ymin },{ xmax,ymax}] 绘制各边平行于坐标轴，左下角和右上角的坐标分别是{xmin,ymin }，{ xmax,ymax}的充实的矩形。

(4) Polygon[{p1,p2,…}]：绘制以 p1，p2 等为顶点的充实的多边形。

(5) Circle[{x,y},r]：绘制以点{x,y}为圆心、r 为半径的圆周。

(6) Circle[{x,y},r,{alpha,beta}]：绘制以点{x,y}为圆心、r 为半径的圆弧，其中起始角为 alpha，结束角为 beta。

(7) Circle[{x,y},{ rx,ry}]：绘制中心在{x,y}，半轴为 rx、ry 的椭圆周。

(8) Circle[{x,y},{ rx,ry},{alpha,beta}]：绘制中心在{x,y}，半轴为 rx、ry 的椭圆弧，其中起始角为 alpha，结束角为 beta。

(9) Disk[{x,y},r] 绘制中心在{x,y}，半径为 r 的充实的圆盘。

(10) Disk[{x,y},r, {alpha,beta}]：绘制中心在{x,y}、半径为 r 的充实的圆扇形块，其中起始角为 alpha，结束角为 beta。

(11) Disk[{x,y},{ rx,ry}：绘制中心在{x,y},半轴为 rx,ry 的椭圆盘。

(12) Disk[{x,y},{ rx,ry},{alpha,beta}]：绘制中心在{x,y},半轴为 rx,ry 的椭扇形块，其中起始角为 alpha，结束角为 beta。

例 7.35 由一个随机四边形和它的两个放大了的不同颜色的复制品构成一个 Graphics 对象并显示它。

In[1]:=ph1=Table[{Random[ ], Random[ ]},{n,4}];
Show[Graphics[{{RGBColor[1,1,0], Polygon[4*ph1]},

{RGBColor[1,0,1],Polygon[3*ph1]},

{RGBColor[0,1,1],Polygon[2*ph1]}}]]

输出的图形如图 7-27 所示

图 7-27 Graphics 对象图形

7.2.2 Mathematica 在三维图形中的应用

1．二元函数图形

三维图形可由函数 Plot3D[ ]实现，其调用格式如下：

Plot3D[f,{x,xmin,xmax},{y,ymin,ymax}]：

作出函数 f(x,y)在矩形域[xmin,xmax]× [xmin,xmax]上的图形。

Plot3D[{f,s},{x,xmin,xmax},{y,ymin,ymax}]：

作出函数 f(x,y)在矩形域[xmin,xmax]×[xmin,xmax]上的图形，其中曲面上的颜色由函数 s(x,y)确定，它可以产生 Graylevel，Hue，RGBColor 或 SurfaceColor 对象。

Plot3D[Evaluate[f], {x, xmin, xmax}]：作出函数 f(x, y)在矩形域[xmin,xmax]×[xmin,xmax]上的图形，其中曲面上的颜色由函数 s(x, y)确定，并与 Evaluate[]结合使用，可提高速度和安全性。

例 7.36 作出函数 $z = e^{-(x^2+y^2)}$ ($x \in [-2,2], y \in [-2,2]$)的图形。

In[1]:= Plot3D[Exp[−(x^2+y^2)],{x,−2,2},{y,−2,2}]

输出的图形如图 7-28 所示。

例 7.37 绘制二曲面 $z_1 = 0.2(x+y) + 0.1$，$z_2 = 0.5(x^2 - y^2)$ 在区域 $-3 \leq x \leq 3$，$-3 \leq y \leq 3$ 上相交部分的图形。

```
In[1]:=z1=0.2*(x+y)+0.1;
     z2=0.5*(x^2-y^2);
     x=r*Cos[t];
     y=r*Sin[t];
ParametricPlot3D[{{x,y,z1},{x,y,z2}},{r,0,3},{t,0,2*Pi}]
```
输出的图形如图 7-29 所示。

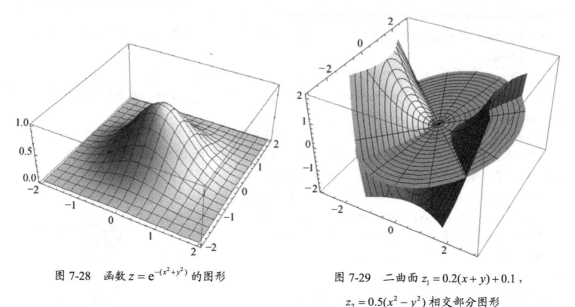

图 7-28　函数 $z = e^{-(x^2+y^2)}$ 的图形

图 7-29　二曲面 $z_1 = 0.2(x+y) + 0.1$，$z_2 = 0.5(x^2 - y^2)$ 相交部分图形

2. 三维作图函数选项

(1) **Boxed** 在图形上是否加立体框。它的可选值是：

True：加立体框(默认值)。

False：不加立体框。

(2) **Mesh** 用于在曲面上是否加网格线。它的可选值是：

True：加网格线(默认值)。

False：不加网格线。

(3) **BoxRatios**[r_x, r_y, r_z]用于给出三个方向的长度比，默认值为[1,1,0.4]。

例 7.38　绘制曲面 $z = (x+y)\sin(x-y)$ 在区域[-3,3]×[-3,3]上的图形，不加立体框，去掉网格线。

```
In[1]:=Plot3D[(x+y)*Sin[x-y],{x,-3,3},{y,-3,3},Boxed→False,Mesh→False]
```
输出的图形如图 7-30 所示。

(4) **Shading** 用于选择是否在曲面上按函数值大小涂灰色(或彩色)。它的可选值是：

Ture：曲面上涂色(默认值)。

False：只有曲面网格线，曲面为白色。

(5) **HiddenSurface** 用于选择是否隐藏曲面被遮住的部分。它的可选值是：

Ture：隐藏(默认值)。

False：不隐藏。

(6) **FaceGrids** 用于添加坐标网格线。它的可选值是：

None：没有坐标网格线(默认值)。

All:自动在立体框的 6 个面上添加坐标网格线。

{face1,face2,…}:指定 6 个面的哪个面上添加坐标网格线。

(7) ViewPoint 用于设置观察点,默认值为{1.3,−2.4,2}。

(8) Lighting 用于选择是否打开光源,默认值为 True。

例 7.39 绘制曲面 $z = e^{-(x^2+y^2)}(x^3 + 3xy + y)$ 在区域$[-2,2] \times [-2,2]$上的图形,并去掉曲面上的遮挡。

In[1]:=Plot3D[(x+y)*Sin[x−y],{x, −3,3},{y, −3,3},HiddenSurface→False]

输出的图形如图 7-31 所示。

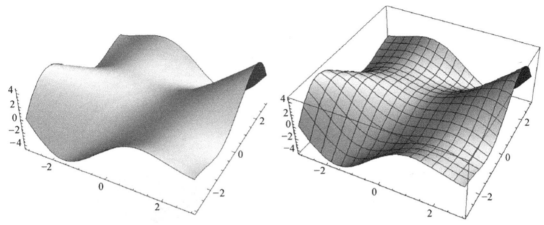

图 7-30 曲面 $z = (x+y)\sin(x-y)$ 的图形　　图 7-31 曲面 $z = e^{-(x^2+y^2)}(x^3+3xy+y)$ 的图形

3.由坐标数据形式绘制曲面

由坐标数据形式绘制曲面可由函数 ListPlot3D[ ]实现,其调用格式如下:

ListPlot3D[{{$z_{11},z_{12},z_{13},…$},{$z_{21},z_{22},z_{23},…$},…}]

其中参数是一个 m 行、n 列的矩阵,这个函数以坐标(j,i,z_{ij})作为曲面网格点绘制一个曲面。

例 7.40 已知5×5 个 z_{ij} 值{0,1,4,9,16},{1,2,5,10,17},{2,3,6,11,18},{3,4,7,12,19},{4,5,8,13,20},试绘制该曲面的图形。

Ln[1]:=ListPlot3D[{{0,1,4,9,16},{1,2,5,10,17},{2,3,6,11,18},{3,4,7,12,19},{4,5,8,13,20}}]

输出的图形如图 7-32 所示。

4.三维参数式曲线

绘制三维参数曲线的函数是 Parametric-Plot3D,其调用格式如下:

ParametricPlot3D[{x(t),y(t),z(t)},{t,a,b}]

例 7.41 绘制锥面螺旋线 $x = t\cos t$,$y = t\sin t$,$z = 1.5t$ 在 $0 \leqslant t \leqslant 6\pi$ 上的图形。

Ln[1]:=ParametricPlot3D[{t*Cos[t],t*Sin[t],1.5t},{t,0,6π}]

输出的图形如图 7-33 所示。

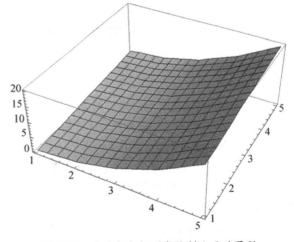

图 7-32 由坐标数据形式绘制曲面的图形

5. 三维参数式曲面

绘制三维参数曲面的函数是 ParametricPlot3D，其调用格式如下：

ParametricPlot3D[{x(u,v),y(u,v),z(u,v)},{u,umin,umax},{v,vmin,vmax}]

例 7.42 绘制螺管面 $x=(6+2\cos u)\cos v$，$y=(6+2\cos u)\sin v$，$z=2\sin u+2v$，在范围 $0 \leqslant u \leqslant 2\pi$，$0 \leqslant v \leqslant 3\pi$ 上的图形。

Ln[1]:=ParametricPlot3D[{(6+2Cos[u])*Cos[v]，(6+2Cos[u])*Sin[v]，
　　　　　　2(Sin[u]+v)},{u,0,2 π },{v,0,3 π }]

输出的图形如图 7-34 所示。

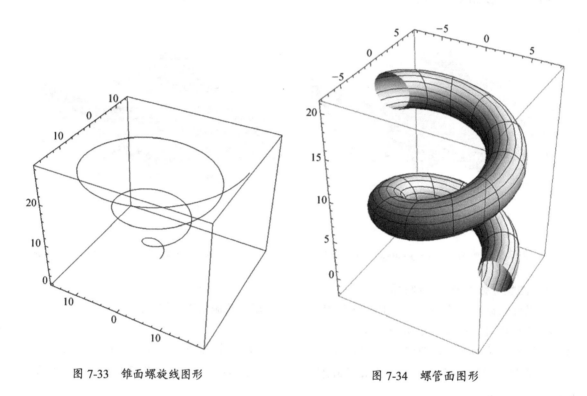

图 7-33　锥面螺旋线图形　　　　　　　图 7-34　螺管面图形

7.3　Mathematica 在图像处理中的应用

7.3.1　图像输入输出函数

(1) 图像输入函数是 Import，其调用格式如下。

Import["file.ext"]：从一个文件中输入数据，假设它的格式是由扩展文件名 ext 指定，并把它转换为一个 Mathematica 表达式。

Import["file".Format"]：从一个文件中以指定的格式输入数据。

例如 ln[1]:=ss=Import["F:\\work\\I13.bmp"];
show[ss]

Out[1]= show[ ]

(2) 图像输出函数是 Export，其调用格式如下。

Export["file.ext"]：从一个文件中输出数据，假设它的格式是由扩展文件名 ext 指定，并把它转换为一个 Mathematica 表达式。

Export["file. format"]：从一个文件中以指定的格式输出数据。

(3) 显示图像函数是 Show，其调用格式如下。

Show ["file. format"]：显示文件名为 file 的图像，其扩展名为 format。

(4) 常用图像命令。Mathematica 提供了图像处理命令，如图像滤波、图像增强、图像分割、特征提取、形态学变换等。

7.3.2 Mathematica 在图像处理中应用的几个例子

例 7.43 利用 ImageConvolve 命令对 lena 图像进行均值滤波处理。

out[1]=

例 7.44 利用 EdgeDetect 命令对 lena 图像进行边缘检测。

out[1]=

例 7.45 利用 ImageConvolve 命令对 lena 图像进行高增滤波处理。

out[1]=

7.4 本章小结

本章主要介绍了 Mathematica 在数值计算与图形处理中的应用。利用 Mathematica 软件，可以求解高次代数方程与超越方程的近似解，可以求常微分方程(组)的特解以及求解偏微分方程的定解问题。图形处理是 Mathematica 软件强大功能的体现，利用 Mathematica 软件，可绘制以显函数形式给出的二维平面图形，也可绘制以参数方程等形式给出的二维平面图形；同样利用 Mathematica 软件，可绘制以显函数形式给出的三维立体图形，也可绘制坐标数据形式、参数方程等形式给出的三维立体图形同时，采用函数的可选项，可随心所欲地得到想要各种形式的图形。

此外，本章简要介绍了 Mathematica 在图像处理方面的应用。

习 题 7

1. 给出离散数据如下表所列，试构造线性函数和二次函数拟合这组数据。

x_i	2.36	2.48	2.56	2.80	2.89	3.23
y_i	15.09	16.04	17.88	18.28	19.25	21.22

2. 已知原始数据为 x_i=(0.0, 0.5, 1.1, 1.7, 2.4, 3.0)，y_i=(0.0000, 0.5104, 0.2691, −0.0467, −0.0904, −0.0139)，试求整区间(0.0, 3.0)上的插值多项式函数 $P_5(x)$，并求当 x=0.7 与 x=2.0 时 y 的值。

3. 计算 $\int_1^{10} \frac{\sin x}{x} dx$。

4. 求方程 $x^5 - 2x + 1 = 0$ 全部近似解，保留 15 位。

5. 求方程 $y''' + y'' = \sqrt{y}$ 在区间 [0,10] 上满足条件 $y(0) = 0$，$y'(0) = 0.5$，$y''(0) = 1$ 的特解。

6. 求方程组 $\begin{cases} x'(t) = y(t) \\ y'(t) = -0.01 y(t) - \sin t \end{cases}$ 在区间 [0,100] 上满足条件 $x(0) = 0$，$y(0) = 2.1$ 的特解。

7. 求热传导方程 $u_t = u_{xx}$ 满足下面定解条件的特解，$u(0,t) = 0$，$u(2,t) = 0$，$u(x,0) = x(2-x)$。

8. 绘制函数 $z = \sin(x - y)$ 在区域 [-3,3]×[-4,4] 上的图形。

9. 绘制曲线 $x = e^{-t}(1 - t + t^2), y = e^t \log(1 + t)$ 在区间 $0 \leq t \leq 0.4$ 上的图形。

10. 绘制柱面螺旋线 $x = 3\cos t$，$y = 3\sin t$，$z = 1.5t$，在 $0 \leq t \leq 5\pi$ 上的图形。

11. 已知 5×6 个 z_{ij} 值{90, 90, 90, 90, 90}，{100, 110, 120, 124, 126}，{105, 130, 152, 158, 135}，{113, 134, 157, 162, 149}，{114, 135, 148, 153, 120}，{124, 145, 158, 163, 140}，试绘制该曲面的图形。

12. 绘制函数 $y = \dfrac{x}{\tan x}$ 在区间 $-5 \leq x \leq 5$ 上点间隔为 0.15 的点列图形。

13. 绘制参数方程 $\begin{cases} x = u \cdot \cos u \cdot [4 + \cos(u+v)] \\ y = u \cdot \sin u \cdot [4 + \cos(u+v)] \\ z = u \cdot \sin(u+v) \end{cases}$ 在区域 $0 \leq u \leq 4\pi$，$0 \leq v \leq 2\pi$ 内的图形，要求去掉图形框，隐藏坐标轴。

14. 绘制二曲面 $z = 4(x^2 + y^2) - 9$ 与 $z = xy(x^2 - y^2)$，$x \in [-2,2], y \in [-2,2]$ 相交的图形。

第 8 章　Mathematica 在绘制分形图中的应用

8.1　分形概述

8.1.1　分形概念的提出与分形理论的建立

分形在英文中为 fractal，是由美籍数学家 Mandelbrot 创造出来的，源于拉丁文(形容词)fractus，它与英文的 fraction(碎片)及 fragment(碎片)具有相同的根。在 20 世纪 70 年代中期以前，Mandelbrot 一直使用 fractional 一词表示他的分形思想，因此，取拉丁词之头，撷英文之尾所合成的 fractal，本意是不规则、破碎的、分数的。Mandelbrot 是想用此词描述自然界中传统欧几里得几何学不能描述的一大类复杂无规则的几何对象，如蜿蜒曲折的海岸线、起伏不定的山脉、粗糙不堪的断面、变幻无常的浮云。它们的特点是极不规则或极不光滑。

1975 年，Mandelbrot 出版了他的法文专著《分形对象：形、机遇与维数》，标志着分形理论正式诞生。1977 年，他又出版了该书的英译本。1982 年 Mandelbrot 的另一历史著作《大自然的分形几何》与读者见面，该书虽然是前书的增补本，但在 Mandelbrot 看来却是分形理论的"宣言书"，而在分形迷的眼中，它无疑是一部"圣经"，该书从分形的角度考察了自然界中诸多现象，引起了学术界的广泛注意，Mandelbrot 也因此一举成名。

8.1.2　分形的几何特征

Mandelbrot(1986 年)曾经给分形下过这样一个定义：组成部分与整体部分以某种方式相似的形，也就是说：分形一般具有自相似性。然而理论发展到今天，不限于研究对象的自相似性质了，如果一个对象的部分与整体具有自仿射变换关系，也可以称为分形。

今后，条件可能进一步拓宽，只要部分与整体以某种规则联系起来，通过某种变换使之对应，就可以将其看成分形，分形的本质就是标度变换下的不变性。

1. 自相似性

自相似性便是局部与整体的相似。它的例子有 Cantor 三分集、Koch 曲线、Sierpinski 垫片。

Cantor 三分集：大家都清楚它的构造，这里就不再叙述。

Koch 曲线的构成：取一条欧几里得长度为 1 的线段，将其三等分，保留两端，将中间改换为夹角为 60°的两个线段。对每一线段重复上述操作以至无穷，便得到一条具有自相似的折线，这就是 Koch 曲线(图 8-1)。

Sierpinski 垫片的构成：取初始图形——等边三角形面。将这个等边三角形面四等分，得到 4 个小等边三角形面，去掉中间一个，将剩下的 3 个小等边三角形面分别进行四等分，再去掉中间的一个，重复以上操作直到无穷(图 8-2)。

2. 自仿射性

自仿射性是自相似性的一种拓展。如果将自相似性看成是局部到整体性在各个方向上的等比例变换的结果，那么，自仿射性就是局部到整体在不同方向上的不等比例变换的结果，前者是自相似性变换，后者是自仿射性变换，图 8-3 表示相似变换与仿射变换的不同结果。

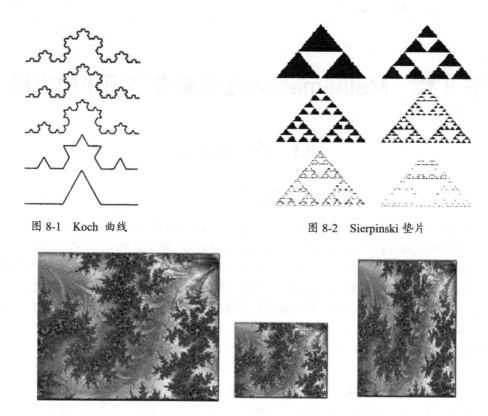

图 8-1 Koch 曲线

图 8-2 Sierpinski 垫片

图 8-3 相似变换与仿射变换的不同结果

3. 精细结构

分形还有一个更重要的特征,即精细结构。在理论上,Koch 曲线是按一定规则无限变化的结果,所以,如果有一个数学放大镜来看 Koch 曲线,无论放大多少倍,都能看到里面还有与整体相似的结构。分形和自然对象都具有极多层次的结构,这是分形体最基本特征,自然界中的对象与数学中的分形还是不一样的。如图 8-4 所示,可以看出分形的精细结构。

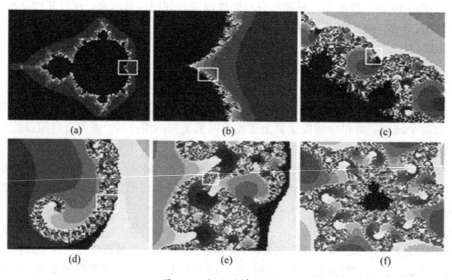

图 8-4 分形的精细结构

4．分形维数

对于欧几里得几何所描述的整形来说，可以由长度、面积、体积来测度。但用这种办法对分形的层层细节做出测定是不可能的。曼德尔布罗特放弃了这些测定而转向了维数概念。分形的主要几何特征是关于它的结构的不规则性和复杂性，主要特征量应该是关于它的不规则性和复杂性程度的度量，这可用"维数"来表征。维数是几何形体的一种重要性质，有其丰富的内涵。整形几何学描述的都是有整数维的对象：点是零维的，线是一维的，面是二维的，体是三维的。那么，1.5 维是什么？一条直线段是一维的，由四条这样的直线段组成的正方形是二维的。六个这样的正方形组成的正方体是三维的。直线的长度数值、正方形的面积数值和立方体的体积数值都和测量的单位有关。测量的单位也往往是人们所能分辨的最小单位。假设人们的分辨能力增加了一倍，那么把直线段长度单位减小到原单位的 1/2，直线段长度的计量值就变为原来的 2 倍，正方形面积就变为原来的 4 倍，体积则变为原来的 8 倍(图 8-5)。如下

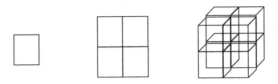

图 8-5　正方形面积变为原来的 4 倍，体积变为原来的 8 倍

log4/log2=2，log8/log2=3

这里的 2 和 3 不是巧合，这是另一种维数的定义:测度维的概念。为了定量地描述客观事物的"非规则"程度，1919 年，数学家从测度的角度引入了维数概念，将维数从整数扩大到分数，从而突破了一般拓扑集维数为整数的界限。

如果某图形是由把原图缩小为 $1/\lambda$ 的相似的 b 个图形所组成，有 $\lambda^D = k$。

D 即维数，$D=\log k/\log \lambda$　(其中的 λ 为线度的放大倍数，k 为"体积"的放大倍数)。

还可以这样推广：如果把一个物体的边长分成 n 个相等的小线段，结果可得到与原物形状相同的 m 个小物体。把 m 写成以 n 为底的指数形式：$m=n^d$ (或 $d=\log m/\log n$)，则指数 $d=\log m/\log n$ 称为这个物体的维数。由于 $\log m/\log n$ 不一定是整数，因此就会出现维数为分数的情况。

例 8.1　Koch 曲线，它的维数是 $d=\log 4/\log 3 \approx 1.26$。

例 8.2　对于 Sierpinski 垫片，它的维数是 $d=\log 3/\log 2 \approx 1.58$。

8.1.3　分形与欧几里得几何的区别

(1) 欧几里得几何是规则的，而分形几何是不规则的。也就是说，欧几里得几何一般是逐段光滑的，而分形几何往往在任何区间内都不具有光滑性。

(2) 欧几里得图形层次是有限的，而分形从数学角度讲是层次无限的。

(3) 欧几里得图形不会从局部得到整体的信息，而分形图形强调这种关系。

(4) 欧几里得图形越复杂，背后规则必定很复杂。而分形图形看上去很复杂，但是背后的规则往往很简单。

(5) 欧几里得几何学描述的对象是人类创造的简单的标准物体。而分形几何学描述的对象是大自然创造的复杂是真实物。

(6) 欧几里得几何学有特征长度，而分形几何学无特征长度。

(7) 欧几里得几何学有明确的数学表达方式，而分形几何学用迭代语言表达。

(8) 欧几里得几何学的维数是 0 及整数(1 或 2 或 3),而分形几何学一般是分数也可以是正整数。

8.2 绘制分形图

8.2.1 Mandelbrot 集与 Julia 集

分形中的 Mandelbrot 集与 Julia 集的图像是美丽的,如果没有计算机,就不可能展现出分形的美。在网络时代,信息的发达使每个人能够获得知识,但对于分形的 Mathematica 程序实现方面是匮乏的,其他语言的实现可以找到,而本章是对分形的 Mathematica 程序实现方面做了一些工作。

1. 用到的函数

Mathematica 程序实现中出现的函数为 Block,Abs,DensityPlot。

Block[{x,y,…},expr] specifies that expr is to be evaluated with local values for the symbols x,y,… .

Abs[z] gives the absolute value of the real or complex number z

DensityPlot[f,{x,xmin,xmax},{ y,ymin,ymax}] makes a density plot of f as a function of x and y。

它们都是空间密度画图函数,用于画出 f(x,y)在[a,b]*[c,d]上的密度图。

2. Mandelbrot 集

1) 概念介绍

Mandelbrot 集图形非常美丽,但它的生成原理却十分简单。这也许体现了数学的简单和谐之美。对 Z_0 进行迭代 $Z_{n+1} = Z_n^2 + C$,给定 Z_0 为一个初始的复数,而对不同的 C,迭代序列 $\{Z_n\}_{n=0}^{\infty}$ 有界的所有 C 值构成的集合,即 $M_{Z_0} = \{C|$迭代序列$\{Z_n\}_{n=0}^{\infty}$有界$\}$,则称 M_{Z_0} 在复平面上构成的集合为 Mandelbrot 集。

2) 程序设计

Mandelbrot 集的 Mathematica 程序如下:

```
 Fx1[x_,y_,cx_,cy_,n_] :=
Block[{z,ct = 0},z = x + y*I;
 While[(Abs[z] < 2.0) && (ct < 50),++ct;  (*给定 Z 的模的范围*)
z = z^n + (cx + cy*I)*(x + y*I)];        (*给定迭代函数*)
Return[ct]                               (*返回初值*)
]
 Ht1[cx_,cy_,n_,pu_List,po_List,pl_List] :=
Block[{kok}
,kok = DensityPlot[Fx1[xx,yy,cx,cy,n],
{xx,pu[[2]],pu[[3]]},                    (*函数的横坐标变量范围*)
 {yy,po[[2]], po[[3]]},                  (*函数的纵坐标变量范围*)
 pl,Mesh -> False,ColorFunction -> Hue]; (*图像设定*)
Return[kok]
]
```

取迭代方程为 $Z = Z^2 + C$,变量范围为{x,-1.5,0.5},{y,-1.2,1.2},并画出区域{x,0.2,0.4},{y,-0.1,0.1}
M1=Ht1[1,0,2,{x,-1.5,0.5},{y,-1.2,1.2},{PlotPoints->120,PlotLabel ->"Mandelbrot1"}]。
取迭代方程为 $Z = Z^2 + C$,变量范围为{x,0.2,0.4},{y,-0.1,0.1},为上图的局部放大图。
    M11 = Ht1[1,0,2,{x,0.2,0.4},{y,-0.1,0.1},{PlotPoints -> 120,
    PlotLabel -> "{x,0.2,0.4},{y,-0.1,0.1}"}];

如果在 mathematica 系统中输入以下程序，按 Shift+Enter 组合键运行程序，则得到如图 8-6 所示的图形。

M1[x_,y_]:=Block[{z,k=0},z=x+y*I;
While[(Abs[z]<2.0)&&(k<50),++k;
z=z^2+(x+y*I)];
Return[k];]
M2[px_,py_,p_]:=
Block[{t},
t=DensityPlot[M1[xx,yy],{xx,-1.5,0.5},{yy,-1.2,1.2},p,Mesh->False,
ColorFunction->Hue];
Return[t]
Mandelbrot=M2[x,y,{PlotPoints->120,PlotLabel->"Mandelbrot 集"}]

"ColorFunction -> Hue"为着色函数，如果没有 ColorFunction -> Hue，则图像为黑白的。

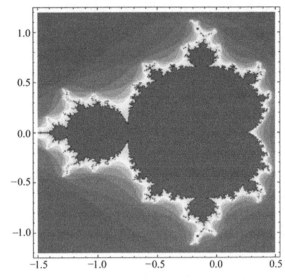

图 8-6　Mandelbrot 集

3．Julia 集

1) 概念介绍

Graston Julia(1893—1978)，法国数学家，1919 年研究迭代保角变换 $Z_{n+1}=Z_n^2+C$，能产生令人眼花缭乱的图案，由于当时没有计算机，不能把如此美妙绝伦的图案奉献于世界。

对 Z_0 进行这样的迭代：$Z_{n+1}=Z_n^2+C$，给定 Z_0 为一个初始的复数，迭代序列 $\{Z_n\}_{n=0}^{\infty}$ 可能有界，也可能发散到无穷。令 J_c 是使迭代序列 $\{Z_n\}_{n=0}^{\infty}$ 有界}所有 Z_0 构成的集合，即

J_c= {Z_0|迭代序列 $\{Z_n\}_{n=0}^{\infty}$ 有界}，则称 J_c 在复平面上构成的集合为 Julia 集。

Julia 集和 Mandelbrot 集可以说是一对孪生兄弟。

2) 程序设计

Julia 集图形的画法自然和 Mandelbrot 集的画法一样，只是初始条件和边界条件还有迭代变量稍有不同。

Julia 集实际上是 Mandelbort 集的子集，它对应于 Mandelbort 集内、集外的每个点，所以 Julia 集是不计其数的。Julia 集绘制方法和 Mandelbort 集完全一样，是用同样的迭代公式实现。不同地是，Mandelbort 集固定为零，变化 c，考察迭代计算结果，根据结果给 c 点位置着色，从而绘出图形。而 Julia 集则是固定 c，变化，同样根据迭代结果给点位置着色而绘出图形。因此根据不同的 c 值，可以得到形态各异的图形。

为了更好地编程绘制 Julia 集并实现其高阶的迭代，先设如下：

(1) 取方程为 $Z_{n+1}=Z_n^k+C$ 进行迭代。

(2) Z 的模小于 2，迭代次数不超过 50。

(3) 对于 Z 在平面上表示时，设 xx 为 x 的初始迭代坐标，yy 为 y 的初始迭代坐标坐标表示。

所取的变量范围为(cx, cy)，分别为 x 与 y 的范围，迭代次数为 n。

Fx2[x_,y_,cx_,cy_,n_]:=Block[{z,ct=0},z=x+y*I;
While[(Abs[z] < 2.0) && (ct < 50),++ct;　　(*给定 Z 的模的范围*)
z = z^n + cx + cy*I];　　　　　　　　　　(*给定迭代函数*)

```
          Return[ct];                    (*返回初值*)
]
  Ht2[cx_,cy_,n_,pu_List,po_List,pl_List]:=
Block[{kok},
kok = DensityPlot[Fx2[xx,yy,cx,cy,n],{xx,pu[[2]],pu[[3]]},{yy,po[[2]],po[[3]]},pl,
Mesh -> False,ColorFunction -> Hue];    (*着色函数,如果没有 ColorFunction -> Hue,图像为黑白*)
Return[kok]
]
```

取迭代方程为 $Z = Z^2 + C$，固定 C 值为 $0.27334+0.00742i$，变量范围为 $\{x,-1,1\},\{y,-1.3,1.3\}$，并画出区域 $\{x,0.4,0.8\},\{y,-0.3,0\}$。

```
J1=Ht2[0.27334,0.00742,2,{x,-1,1},{y,-1.3,1.3},{PlotPoints -> 120,PlotLabel -> "X"}]
Show[J1,Graphics[
    Line[{{0.4,-0.3},{0.4,0},{0.8,0},{0.8, -0.3},{0.4, -0.3}}]]]
```

取迭代方程为 $Z = Z^2 + C$,固定 C 值为 $0.27334+0.00742i$ 变量范围为 $\{x,0.4,0.8\},\{y,-0.3,0\}$。

```
Ht2[0.27334,0.00742,2,{x,0.4,0.8},{y,-0.3,0},{PlotPoints -> 120,
    PlotLabel -> "{x,0.4,0.8},{y,-0.3,0}"}]
```

如图 8-7 所示为 Tulia 集。

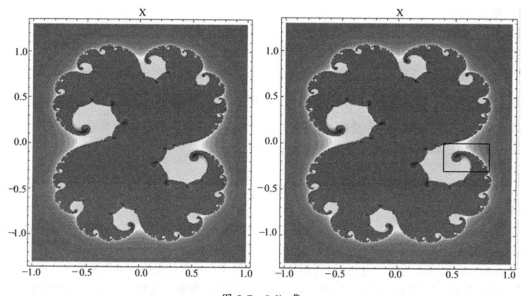

图 8-7　Julia 集

"ColorFunction -> Hue" 为着色函数,如果没有 ColorFunction -> Hue,则图像为黑白的。

在"Ht2[cx_,cy_,n_,pu_List,po_List,pl_List]"中，n 为迭代的次数,(cx,cy)为初始条件中固定 c 值，pu_List 为复平面上 x 的范围，po_List 为复平面上 y 的范围。

4．进一步研究

$M_{Z0} = \{C|$迭代序列$\{Z_n\}_{n=0}^{\infty}$有界$\}$，$J_c = \{Z_0|$迭代序列$\{Z_n\}_{n=0}^{\infty}$有界$\}$。

对于这两个集，Mandelbrot 集由 J_c 的参数构成，Julia 集由 M_{Z0} 的参数构成。

也就是说，Mandelbrot 集与 Julia 集紧密联系着。根据 c 点在 Mandelbrot 集中的位置就能够预测与之相关的 Julia 集的外形及大小，从而可以得迭代的一般情况在 Mandelbrot 集的 Mathematica 的程序中，在"Ht1[cx_，cy_，n_，pu_List，po_List，pl_List]"中，对 n 进行不同赋值，可得的迭代的指数不同 Mandelbrot 集。

对于 Julia 集，在它的 Mathematica 的程序中，在"Ht2[cx_，cy_，n_，pu_List，po_List，pl_List]"中，对 n 进行不同赋值，(cx,cy)赋予不同 c 值，可得各式各样的 Julia 集。参数的不同，产生的图形是不同的，如果要得到更多的图形，可以进行不同的赋值。

输入命令：

M2=Ht1[1,0,3,{x,−1,1},{y,−1.2,1.2},{PlotPoints ->120,PlotLabel -> "Mandelbrot2"}];

M3=Ht1[1,0,4,{x,−1.3,0.9},{y,−1.2,1.2},{PlotPoints->120,PlotLabel->"Mandelbrot3"}];

M4=Ht1[1,0,5,{x,−1,1},{y,−1,1},{PlotPoints->120,PlotLabel->"Mandelbrot4"}];

M5=Ht1[1,0,6,{x,−1,1},{y,−1.1,1.1},{PlotPoints->120,PlotLabel->"Mandelbrot5"}];

J2=Ht2[−0.10256,0.70486,2,{x,−1.5,1.5},{y,−1.5,1.5},{PlotPoints -> 120,PlotLabel -> "Hare"}]

J3=Ht2[0.54496,0.45559,3,{x,−1.5,1.5},{y,−1.5,1.5},{PlotPoints -> 200,PlotLabel -> "龙"}]

J4=Ht2[0.69455,0.28586,4,{x,−1,1},{y,−1,1},{PlotPoints -> 200,PlotLabel -> "Hitler"}]

J5=Ht2[0.340652,0.7033651,5,{x,−1.5,1.5},{y,−1.5,1.5},{PlotPoints -> 200,PlotLabel -> "Flower"}]

J6=Ht2[0.73251,−0.414193,6,{x,−1.5,1.5},{y,−1.5,1.5},{PlotPoints -> 200,PlotLabel -> "Start"}]

(Julia 集的命令是参考了一些书籍中 C 值的参数)

这些命令的图形如图 8-8 所示。

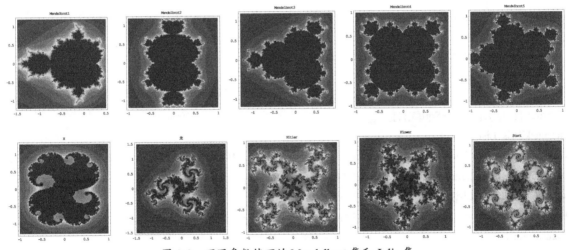

图 8-8　不同参数值下的 Mandelbrot 集和 Julia 集

所以说 Mandelbrot 集是一本可以查阅所有 Julia 集的词典，包括 2～6 阶的 Mandelbrot 集与 Julia 集(上方为 Mandelbrot 集下方为 Julia 集)。

8.2.2　分形雪花

1.(*雪花*)源程序

lovelyaiying[suiying_List]:=Block[{sunchangchun={},i,liudan=Length[suiying],miaoshuxian=60Degree,sa=Sin[miaoshuxian],ca=Cos[miaoshuxian],c,d,e,T={{ca,−sa},{sa,ca}}},

　　For[i=1,i< liudan,i++,c= suiying [[i]]*2/3+ suiying [[i+1]]/3;

　　　e= suiying [[i]]/3+ suiying [[i+1]]*2/3;

　　　d=c+T.(e−c);

sunchangchun =Join[sunchangchun,{ suiying [[i]],c,d,e,suiying [[i+1]]}]];
 sunchangchun]
wangfengying={{0,0},{1/2,Sqrt[3]/2},{1,0},{0,0}};
Show[Graphics[Line[Nest[lovelyaiying,wangfengying,0]],AspectRatio→Sqrt[3]/2]]
Show[Graphics[Line[Nest[lovelyaiying,wangfengying,5]],AspectRatio→Sqrt[3]/2]]

基本生成元如图 8-9 所示。

分形图如图 8-10 所示。

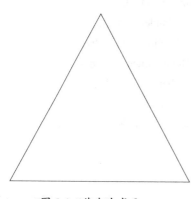

图 8-9 基本生成元

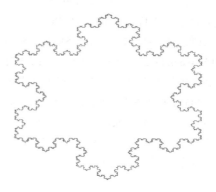

图 8-10 分形雪花

2. Sierpinski 三角形和 Koch 曲线

1) Sierpinski 三角形

用 Mathematica 绘制 Sierpinski 三角形的程序如下:

triangle={{-1,0},{1,0},{0,Sqrt[3]}};
sierpinski[tris_List]:=
Block[{tmp={},j,m=Length[tris]/3,a,b,c,d,e,f},For[j=0,j<m,j++,a=tris[[3j+1]];b=tris[[3j+2]];c=tris[[3j+3]];d=(a+b)/2;e=(a+c)/2;f=(b+c)/2;tmp=Join[tmp,{a,d,e,d,b,f,e,f,c}]];Return[tmp]]
showsierpinski[pts_List]:=
Block[{tmp={},j,m=Length[pts]/3},For[j=0,j<m,j++,AppendTo[tmp,Polygon[{pts[[3j+1]],pts[[3j+2]],pts[[3j+3]]}]]];
Return[tmp]]
p[j_]:=showsierpinski[Nest[sierpinski,triangle,j]]
draw[x_]:=Graphics[p[x]]
draw[3]

运行 draw[3]便可得到将正三角形复合分割三次的 Sierpinski 三角形，如图 8-11 所示。

若继续运行函如下函数命令:
Show[GraphicaArray[{{draw[0],draw[1],draw[2]},{draw[5],draw[4],draw[3]}}]]

便可得到前六个 Sierpinski 三角形，如图 8-12 所示。

图 8-11 将正三角形复合分割三次的 Sierpinski 三角形

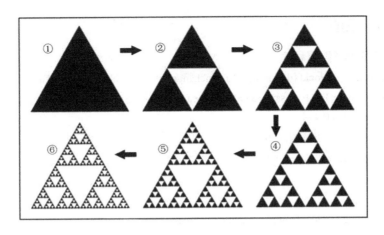

图 8-12 六个 Sierpinski 三角形

2) Koch 曲线

用 Mathematica 绘制 Koch 曲线的程序如下：

pt={{0,0},{1,0}};
koch[k_List]:=Block[{tm={},j,m=Length[k],c,d,e,T={{1/2,-Sqrt[3]/2},{Sqrt[3]/2,1/2}}},For[j=1,j<m,j++,c=2k[[j]]/3+k[[j+1]]/3;e=k[[j]]/3+2k[[j+1]]/3;d=c+T.(e-c);tm=Join[tm,{k[[j]],c,d,e,k[[j+1]]}]];Return[tm]]
l[x_]:=Line[Nest[koch,pt,x]]
draw[y_]:=Graphics[l[y]]
draw[2]

运行 draw[2] 便可得到将线段复合分割两次的 Koch 曲线，如图 8-13 所示。

图 8-13 将线段复合分割两次的 Koch 曲线

若继续运行函如下函数命令：

Show[GraphicaArry[{{draw[0],draw[1],draw[2]},{draw[5],draw[4],draw[3]}}]]

便可得到前六个 Koch 曲线。若将绘制 Koch 曲线的程序稍加改动——事实上只用把开始定义直线的语句改为定义三角形的语句——便可得到 Koch 雪花，如图 8-14 所示。

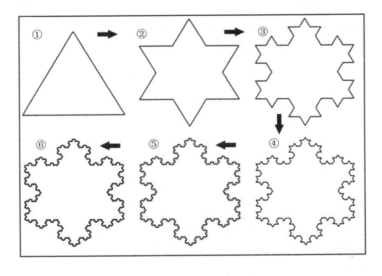

图 8-14 Koch 雪花曲线

8.2.3 上三角下三角

1. "上三角下三角1" 源程序

lihanlong[zhaoenliang_List]:=Block[{duliming={},i,sunchangchun=Length[zhaoenliang],aiying=60Degree,sa=Sin[aiying],ca=Cos[aiying],c,d,g,f,e,T={{ca,-sa},{sa,ca}},S={{ca,sa},{-sa,ca}}},For[i=1,i<sunchangchun,i++,c=zhaoenliang[[i]]*3/4+zhaoenliang[[i+1]]/4;

 e=zhaoenliang[[i]]/2+zhaoenliang[[i+1]]/2;

 f=zhaoenliang[[i]]/4+zhaoenliang[[i+1]]*3/4;

 d=c+T.(e−c);

 g=e+S.(f−e);

 duliming=Join[duliming,{zhaoenliang[[i]],c,d,e,g,f,zhaoenliang[[i+1]]}]];

 duliming]

sunlihua={{0,0},{1,0}};

Show[Graphics[Line[Nest[lihanlong,sunlihua,1]],AspectRatio Sqrt[3]/2]]

Show[Graphics[Line[Nest[lihanlong,sunlihua,4]],AspectRatio Sqrt[3]/2]]

 基本生成元如图 8-15 所示。

 分形图如图 8-16 所示。

 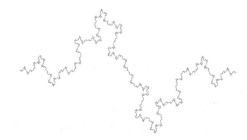

图 8-15 基本生成元   图 8-16 "上三角下三角 1" 分形

2. "上三角下三角 2" 源程序

lhl[zel_List]:=Block[{slh={},i,wfy=Length[zel],scc=60Degree,sa=Sin[scc],ca=Cos[scc],c,d,g,f,e,T={{ca,-sa},{sa,ca}},S},For[i=1,i<wfy,i++,c=zel[[i]]*3/4+zel[[i+1]]/4;

 e=zel[[i]]/2+zel[[i+1]]/2;

 f=zel[[i]]/4+zel[[i+1]]*3/4;

 d=c+T.(e−c);

 S=Transpose[T];

 g=e+S.(f−e);

 slh=Join[slh,{zel[[i]],c,d,e,g,f,zel[[i+1]]}]];

 slh]

ay={{0,0},{1,0}};

Show[Graphics[Line[Nest[lhl,ay,1]],AspectRatio Sqrt[3]/2]]

Show[Graphics[Line[Nest[lhl,ay,4]],AspectRatio Sqrt[3]/2]]

图形同"上三角下三角"。

8.2.4 下三角上三角

"下三角与上三角"源程序:

b1[b2_List]:=Block[{b3={},i,b4=Length[b2],b5=60Degree,sa=Sin[b5],ca=Cos[b5],c,d,g,f,e,T={{ca,-sa},{sa,ca}},S}
,For[i=1,i<b4,i++,c=b2[[i]]*3/4+b2[[i+1]]/4;
  e=b2[[i]]/2+b2[[i+1]]/2;
  f=b2[[i]]/4+b2[[i+1]]*3/4;
  S=Transpose[T];
  d=c+S.(e-c);
  g=e+T.(f-e);
  b3=Join[b3,{b2[[i]],c,d,e,g,f,b2[[i+1]]}]];
 b3]
b6={{0,0},{1,0}};
Show[Graphics[Line[Nest[b1,b6,1]],AspectRatio Sqrt[3]/2]]
Show[Graphics[Line[Nest[b1,b6,5]],AspectRatio Sqrt[3]/2]]

  基本生成元如图 8-17(a)所示。

  分形图如图 8-17(b)所示。

图 8-17(a) 基本生成元

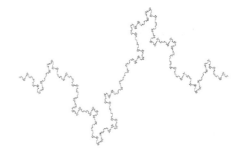
图 8-17(b) "下三角与上三角"分形

8.2.5 上正方形与下正方形

"上正方形与下正方形"分形源程序:

a1[a2_List]:=Block[{a3={},i,a4=Length[a2],a5=90Degree,sa=Sin[a5],ca=Cos[a5],c,d,d1,g1,g,f,e,T={{ca,-sa},{sa,ca}},S},For[i=1,i<a4,i++,c=a2[[i]]*3/4+a2[[i+1]]/4;
  e=a2[[i]]/2+a2[[i+1]]/2;
  f=a2[[i]]/4+a2[[i+1]]*3/4;
  d=c+T.(e-c);
  d1=d+e-c;
  S=Transpose[T];
  g=e+c-d;
  g1=g+f-e;
  a3=Join[a3,{a2[[i]],c,d,d1,e,g,g1,f,a2[[i+1]]}]];
 a3]

a6={{0,0},{1,0}};
Show[Graphics[Line[Nest[a1,a6,1]],AspectRatio   1/2]]
Show[Graphics[Line[Nest[a1,a6,4]],AspectRatio   1/2]]

基本生成元如图 8-18 所示。

分形图为如图 8-19 所示。

 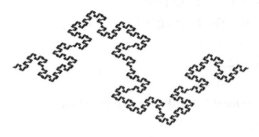

图 8-18　基本生成元　　　　　　　　图 8-19　"上正方形与下正方形"分形

8.2.6　下正方形与上正方形

"下正方形与上正方形"分形源程序：

c1[c2_List]:=Block[{c3={},i,c4=Length[c2],c5=90Degree,sa=Sin[c5],ca=Cos[c5],c,d,d1,g1,g,f,e,T={{ca,-sa},{sa,ca}},S},For[i=1,i<c4,i++,c=c2[[i]]*3/4+c2[[i+1]]/4;

　　e=c2[[i]]/2+c2[[i+1]]/2;

　　f=c2[[i]]/4+c2[[i+1]]*3/4;

　　S=Transpose[T];

　　d=c+S.(e-c);

　　d1=e+S.(f-e);

　　g=e+T.(f-e);

　　g1=f+T.(f-e);

　　c3=Join[c3,{c2[[i]],c,d,d1,e,g,g1,f,c2[[i+1]]}]];

　　c3]

c6={{0,0},{1,0}};
Show[Graphics[Line[Nest[c1,c6,1]],AspectRatio   1/2]]
Show[Graphics[Line[Nest[c1,c6,4]],AspectRatio   1/2]]

基本生成元如图 8-20 所示。

分形图如图 8-21 所示。

图 8-20　基本生成元　　　　　　　　图 8-21　"下正方形与上正方形"分形

8.2.7 单个上正方形

"单个上正方形"源程序：

d1[d2_List]:=Block[{d3={},i,d4 =
Length[d2],d5=90Degree,sa=Sin[d5],ca=Cos[d5],c,d,d1,g1,g,f,e,T={{ca,-sa}, {sa,ca}},S},
 For[i=1,i< d4,i++,c=d2[[i]]*2/3+d2[[i+1]]/3;
  e=d2[[i]]/3+d2[[i+1]]*2/3;
  S=Transpose[T];
  d=c+T.(e-c);
  d1=e+T.(e-c);
  d3=Join[d3,{d2[[i]],c,d,d1,e,d2[[i+1]]}]];
 d3]
d6={{0,0},{1,0}};
Show[Graphics[Line[Nest[d1,d6,7]],AspectRatio→1/3]]
Show[Graphics[Line[Nest[d1,d6,1]],AspectRatio→1/3]]

 基本生成元如图 8-22 所示。

 分形图如图 8-23 所示。

图 8-22 基本生成元   图 8-23 "单个上正方形"分形

8.2.8 一个正方形向外长大

"一个正方形向外长大"分形源程序：

e1[e2_List]:=Block[{e3={},i,e4=Length[e2],e5=90Degree,sa=Sin[e5],ca=Cos[e5],c,d,d1,g1,g,f,e,T={{ca,-sa},{sa,ca}},S},For[i=1,i<e4,i++,c=e2[[i]]*2/3+e2[[i+1]]/3;
 e=e2[[i]]/3+e2[[i+1]]*2/3;
 S=Transpose[T];
 d=c+T.(e-c);
 d1=e+T.(e-c);
 e3=Join[e3,{e2[[i]],c,d,d1,e,e2[[i+1]]}]];
 e3]
e6={{0,0},{1,0},{1, -1},{0, -1},{0,0}};
Show[Graphics[Line[Nest[e1,e6,4]],AspectRatio 1/1]]
Show[Graphics[Line[Nest[e1,e6,1]],AspectRatio 1/1]]

 基本生成元如图 8-24 所示。

 分形图如图 8-25 所示。

图 8-24 基本生成元

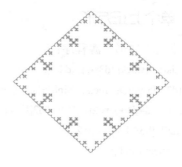

图 8-25 "一个正方形向外长大"分形

8.2.9 一个正方形向内长大

"一个正方形向内长大"分形源程序：

```
f1[f2_List]:=Block[{f3={},i,f4=Length[f2],f5=90Degree,sa=Sin[f5],ca=Cos[f5],c,d,d1,g1,g,f,e,T={{ca,-sa},{sa,ca}}
,S},For[i=1,i<f4,i++,c=f2[[i]]*2/3+f2[[i+1]]/3;
    e=f2[[i]]/3+f2[[i+1]]*2/3;
    S=Transpose[T];
    d=c+T.(e-c);
    d1=e+T.(e-c);
    f3=Join[f3,{f2[[i]],c,d,d1,e,f2[[i+1]]}]];
    f3]
f6={{0,0},{1,0},{1,1},{0,1},{0,0}};
Show[Graphics[Line[Nest[f1,f6,5]],AspectRatio    1/1]]
Show[Graphics[Line[Nest[f1,f6,1]],AspectRatio    1/1]]
```

基本生成元如图 8-26 所示。

分形图如图 8-27 所示。

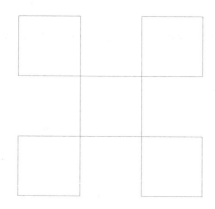

图 8-26 基本生成元

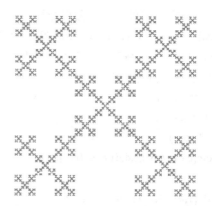

图 8-27 "一个正方形向内长大"分形

8.2.10 一个 M 形状图形

"一个 M 形状"分形源程序：

```
g1[g2_List]:=Block[{g3={},i,g4=Length[g2],g5=60Degree,sa=Sin[g5],ca=Cos[g5],c,d,g,f,e,T={{ca,-sa},{sa,ca}},S},
For[i=1,i<g4,i++,c=g2[[i]]*3/4+g2[[i+1]]/4;
    e=g2[[i]]/2+g2[[i+1]]/2;
    f=g2[[i]]/4+g2[[i+1]]*3/4;
    S=Transpose[T];
    d=c+T.(e-c);
    g=e+T.(f-e);
    g3=Join[g3,{g2[[i]],c,d,e,g,f,g2[[i+1]]}]];
    g3]
g6={{0,0},{1,0}};
Show[Graphics[Line[Nest[g1,g6,1]],AspectRatio    Sqrt[3]/8]]
Show[Graphics[Line[Nest[g1,g6,5]],AspectRatio    Sqrt[3]/8]]
```

基本生成元如图 8-28 所示。

分形图如图 8-29 所示。

图 8-28 基本生成元   图 8-29 "一个 M 形状" 分形

8.2.11 两个上三角形横线

"两个上三角横线" 分形源程序：

```
h1[h2_List]:=Block[{h3={},i,h4=Length[h2],h5=60Degree,sa=Sin[h5],ca=Cos[h5],c,d,g,f,e,e1,T={{ca,-sa},{sa,ca}}
,S},For[i=1,i<h4,i++,c=h2[[i]]*4/5+h2[[i+1]]/5;
    e=h2[[i]]*3/5+h2[[i+1]]*2/5;
    e1=h2[[i]]*2/5+h2[[i+1]]*3/5;
    f=h2[[i]]/5+h2[[i+1]]*4/5;
    S=Transpose[T];
    d=c+T.(e-c);
    g=e1+T.(f-e1);
    h3=Join[h3,{h2[[i]],c,d,e,e1,g,f,h2[[i+1]]}]];
    h3]
h6={{0,0},{1,0}};
Show[Graphics[Line[Nest[h1,h6,1]],AspectRatio    Sqrt[3]/10]]
Show[Graphics[Line[Nest[h1,h6,5]],AspectRatio    Sqrt[3]/10]]
```

基本生成元如图 8-30 所示。

图 8-30 基本生成元

分形图如图 8-31 所示。

图 8-31 "两个上三角横线"分形

8.2.12 上三角形横线下三角形

"上三角形横线下三角形"分形源程序：

```
i1[i2_List]:=Block[{i3={},i,i4=Length[i2],i5=60Degree,sa=Sin[i5],ca=Cos[i5],c,d,g,f,e,e1,T={{ca,-sa},{sa,ca}},S},
For[i=1,i<i4,i++,c=i2[[i]]*4/5+i2[[i+1]]/5;
    e=i2[[i]]*3/5+i2[[i+1]]*2/5;
    e1=i2[[i]]*2/5+i2[[i+1]]*3/5;
    f=i2[[i]]/5+i2[[i+1]]*4/5;
    S=Transpose[T];
    d=c+T.(e-c);
    g=e1+S.(f-e1);
    i3=Join[i3,{i2[[i]],c,d,e,e1,g,f,i2[[i+1]]}]];
  i3]
i6={{0,0},{1,0}};
Show[Graphics[Line[Nest[i1,i6,1]],AspectRatio   Sqrt[3]/5]]
Show[Graphics[Line[Nest[i1,i6,5]],AspectRatio   Sqrt[3]/5]]
```

基本生成元如图 8-32 所示。

分形图如图 8-33 所示。

图 8-32 基本生成元

图 8-33 "上三角形横线下三角形"分形

8.2.13 挖空一个黑色三角形

"挖空一个黑色三角形"分形源程序：

```
sierpinski[tris_List]:=Block[{tmp={},i,p=Length[tris]/3,a,b,c,d,e,f},
  For[i=0,i<p,i=i+1,
    a=tris[[3i+1]];
    b=tris[[3i+2]];
    c=tris[[3i+3]];
    d=(a+b)/2;
    e=(a+c)/2;
```

            f=(b+c)/2;
            tmp=Join[tmp,{a,d,e,d,b,f,e,f,c}]];
        tmp]
Showsierpinski[pts_List]:=Block[{tmp={},i,p=Length[pts]/3},
    For[i=0,i<p,i=i+1,AppendTo[tmp,Polygon[{pts[[3i+1]],pts[[3i+2]],pts[[3i+3]]}]]];
    Show[Graphics[tmp],AspectRatio→1/GoldenRatio]]
triangle={{-1,0},{1,0},{0,Sqrt[3]}}
p0=Showsierpinski[Nest[sierpinski,triangle,0]]
p1=Showsierpinski[Nest[sierpinski,triangle,1]]
p2=Showsierpinski[Nest[sierpinski,triangle,2]]
p3=Showsierpinski[Nest[sierpinski,triangle,3]]
p4=Showsierpinski[Nest[sierpinski,triangle,4]]
Show[GraphicsArray[{{p1,p2},{p3,p4}}]];

基本生成元如图 8-34 所示。

分形图如图 8-35 所示。

图 8-34　基本生成元

图 8-35　"挖空一个黑色三角"形分形

8.2.14　挖空一个彩色的三角形

"挖空一个彩色三角形"的分形源程序：

sierpinski[tris_List]:=Block[{tmp={},i,p=Length[tris]/4,a,b,c,d,e,f},
    For[i=0,i<p,i=i+1,
        a=tris[[4i+1]];
        b=tris[[4i+2]];
        c=tris[[4i+3]];
        d=(a+b)/2;
        e=(a+c)/2;
        f=(b+c)/2;
        tmp=Join[tmp,{a,d,e,a,d,b,f,d,e,f,c,e}]];
    tmp]
Showsierpinski[pts_List]:=Block[{tmp={},i,p=Length[pts]/4},
    For[i=0,i<p,i=i+1,(*AppendTo[tmp,{RGBColor[1,0,0],Polygon[{pts[[4i+1]],pts[[4i+2]],pts[[4i+3]]}]}],*)
        AppendTo[tmp,{Thickness[.02],RGBColor[0,0,1],Line[{pts[[4i+1]],pts[[4i+2]],pts[[4i+3]],pts[[4i+1]]}]}]];

```
Show[Graphics[tmp]]]
Showsierp[pts_List]:=Block[{tmp={},i,p=Length[pts]/4},
For[i=0,i<p,i=i+1,AppendTo[tmp,{RGBColor[1,0,0],Polygon[{pts[[4i+1]],pts[[4i+2]],pts[[4i+3]],pts[[4i+1]]}]}]];
    Show[Graphics[tmp]]]
triangle={{-1,0},{1,0},{0,Sqrt[3]},{-1,0}}
p0=Showsierpinski[Nest[sierpinski,triangle,2]]
p1=Showsierp[Nest[sierpinski,triangle,2]]
Show[{p0,p1}]
```

基本生成元如图 8-36 所示。

分形图如图 8-37 所示。

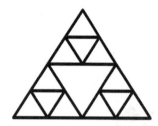

图 8-36　基本生成元　　　　　图 8-37　"挖空一个彩色三角形"的分形

8.2.15　填充挖去的部分

1. 彩色"填充挖去的部分"分形源程序

```
swwwierpinski[wtris_List]:=Block[{tmp={},duu={},mm={{},{}},i,j,p=Length[wtris[[1]]]/4,dd=Length[wtris[[2]]],a,
b,c,d,e,f},For[j=1,j<dd+1,j=j+1,mm[[2]]=Join[mm[[2]],{wtris[[2]][[j]]}]];For[i=0,i<p,i=i+1,a=wtris[[1]][[4i+1]];
    b=wtris[[1]][[4i+2]];
    c=wtris[[1]][[4i+3]];
    d=(a+b)/2;
    e=(a+c)/2;
    f=(b+c)/2;
    mm[[1]]=Join[mm[[1]],{a,d,e,a,d,b,f,d,e,f,c,e}];
    mm[[2]]=Join[mm[[2]],{d,e,f,d}]];
  mm]
Shwwowsierp[pts_List]:=Block[{tmp={},i,p=Length[pts[[2]]]/4},For[i=0,i<p,i=i+1,AppendTo[tmp,{RGBColor[1,0,
0],Polygon[{pts[[2]][[4i+1]],pts[[2]][[4i+2]],pts[[2]][[4i+3]],pts[[2]][[4i+4]]}]}]];
    Show[Graphics[tmp]]]
triangle={{{-1,0},{1,0},{0,Sqrt[3]},{-1,0}},{}};
p9=Shwwowsierp[Nest[swwwierpinski,triangle,4]]
p22=Shwwowsierp[Nest[swwwierpinski,triangle,4]]
```

基本生成元如图 8-38 所示。

分形图如图 8-39 所示。

图 8-38 基本生成元

图 8-39 彩色"填充挖去的部分"分形

2. 黑白"填充挖去的部分"分形源程序

swwwierpinski[wtris_List]:=Block[{tmp={},duu={},mm={{},{}},i,j,p=Length[wtris[[1]]]/4,dd=Length[wtris[[2]]],a,b,c,d,e,f},For[j=1,j<dd+1,j=j+1,mm[[2]]=Join[mm[[2]],{wtris[[2]][[j]]}]];For[i=0,i<p,i=i+1,a=wtris[[1]][[4i+1]];

  b=wtris[[1]][[4i+2]];
  c=wtris[[1]][[4i+3]];
  d=(a+b)/2;
  e=(a+c)/2;
  f=(b+c)/2;
  mm[[1]]=Join[mm[[1]],{a,d,e,a,d,b,f,d,e,f,c,e}];
  mm[[2]]=Join[mm[[2]],{d,e,f,d}]];

mm]

Shwwowsierp[pts_List]:=Block[{tmp={},i,p=Length[pts[[2]]]/4,For[i=0,i<p,i=i+1,AppendTo[tmp,{Polygon[{pts[[2]][[4i+1]],pts[[2]][[4i+2]],pts[[2]][[4i+3]],pts[[2]][[4i+4]]}]}]];

  Show[Graphics[tmp]]]
triangle={{{-1,0},{1,0},{0,Sqrt[3]},{-1,0}},{}};
p9=Shwwowsierp[Nest[swwwierpinski,triangle,5]]

基本生成元除了颜色之外其他同图 8-38。

分形图如图 8-40 所示。

图 8-40 黑白"填充挖去的部分"分形

8.3 本章小结

本章介绍了 Mathematica 在绘制分形图中的应用。8.1 节介绍了分形概念及分形的几何特征；8.2 节介绍了利用 Mathematica 软件绘制一些常见的分形图，包括 Mandelbrot 集与 Julia 集、分形雪花、上三角下三角、下三角上三角、上正方形下正方形、下正方形上正方形、单个上正方形、一个正方形向外长大、一个正方形向内长大、一个 M 形状图形、两个上三角形横线、上三角形横线下三角形、挖空一个黑色三角形、挖空一个彩色的三角形和填充挖去的部分等内容。

习 题 8

1. 用计算机绘出 Koch 曲线和 Sierpinski 三角形的图形。
2. 从一个正三角形出发,用 Koch 曲线的生成元做迭代得到的极限图形称为 Koch 雪花曲线。
(1) 计算雪花曲线的边长及面积,它们是否有限?
(2) 雪花曲线是否光滑?
(3) 其他的一些分形是否具有类似的性质?

第 9 章　Mathematica 在数学建模中的应用

Mathematica 是专门进行数学计算的软件，更确切地说它是一种通用符号计算系统。Mathematica 除了一般的计算之外，还能做微分、积分、解微分方程、向量与矩阵的运算以及方程式求解等。随着科学技术的发展，Mathematica 已广泛应用于工程学、物理学、生物学、计算机科学等各个领域。近20年来，更是由于数学建模的蓬勃发展和计算机使用的日益普及，对Mathematica软件的应用也越来越显著。因为在数学模型的建立、求解、分析和应用中，往往需要依靠计算机在计算方面的强大功能，来实现运算和节省时间，而Mathematica 数学软件具有强大的运算功能，使用Mathematica 编写的程序也不是非常大，而且程序执行的效率还比较高，所以它在数学建模中有非常重要的作用。本章结合具体实例谈Mathematica在数学建模中的应用。

9.1　Mathematica软件在数学规划建模中的应用

数学规划可表述成如下形式

$$\min(\text{或}\max)\ z = f(x),\ \boldsymbol{x} = (x_1, \cdots x_n)^{\mathrm{T}}$$

$$\text{s.t.}\ g_i(x) \leq 0,\ i = 1, 2, \cdots m$$

这里的 s.t.(subject to)是"受约束于"的意思。n 维向量 $\boldsymbol{x} = (x_1, \cdots x_n)^{\mathrm{T}}$ 表示决策变量，多元函数 $f(x)$ 表示目标函数。

Mathematica中集成了大量的局部和全局性优化技术，包括求解线性规划、整数规划、二次规划、非线性规划及全局最优化算法等。表9-1给出了求解规划及优化模型的部分命令及意义，其中的Minimize可对应的改成Maximize，FindMinimum改成FindMaximum，分别表示求相应函数的最大值。

表 9-1　求解规划及优化模型的部分命令及意义

命令形式	意　义
LinearProgramming[c,m,b]	求C*x的最小值，并满足限制条件m* x >＝b和x >＝0
Minimize[f,x]	得出以x为自变量的函数,f的最小值
Minimize[f,{ x,y,... }]	得出以x,y,... 为自变量的函数,f的最小值
Minimize[{ f,cons } ,{ x,y,... }]	根据约束条件cons,得出f的最小值
Minimize[{ f,cons } ,{ x,y,... } ,dom]	得出函数f的最小值,函数含有域dom上的变量,典型的有Reals和Integers
FindMinimum[f,x]	搜索f的局部极小值,从一个自动选定的点开始
FindMinimum[f,{ x,x0}]	搜索f的局部最小值,初始值是x = x0
FindMinimum[f,{ { x,x0} ,{ y,y0} ,... }]	搜索多元函数的局部最小值
FindMinimum[{ f,cons } , { x, y, ... }]	搜索约束条件cons下局部最小值

9.1.1 加工奶制品的生产计划建模

企业内部的生产计划有各种不同的情况。从空间层次上看，在工厂级要根据外部需求和内部设备、人力、原料等条件，以最大利润为目标制定产品的生产计划，在车间级则要根据产品生产计划、工艺流程、资源约束及费用参数等，以最小成本为目标制定生产作业计划。从时间层次看，若在短时间内认为外部需求和内部资源等不随时间变化，可制定单阶段生产计划，否则就要制定多阶段生产计划。

下面介绍一个单阶段生产计划的实例，说明如何建立这类问题的数学规划模型，并利用 Mathematica 软件进行求解。

例 9.1 1) 问题

一奶制品加工厂用牛奶生产 A_1，A_2 两种奶制品，1 桶牛奶可以在甲类设备上用 12h 加工厂 3kg A_1，或者在乙类设备上用 8h 加工成 4kg A_2。生产的 A_1、A_2 全部都能售出，且每千克 A_1 获利 24 元，每千克 A_2 获利 16 元。现在加工厂每天能得到 50 桶牛奶的供应，每天工人总的劳动时间为 480h，并且甲类设备每天至多能多加工 100kg A_1，乙类设备的加工能力没有限制。试为该厂制订一个生产计划，使每天获利最大。

2) 问题分析

这个优化问题的目标是使每天的获利最大，要作的决策是生产计划，即每天用多少桶牛奶生产 A_1，多少桶牛奶生产 A_2 (也可以是每天生产多少千克 A_1，多少千克 A_2)，决策受到 3 个条件的限制:原料(牛奶)供应、劳动时间、甲类设备的加工能力。按照题目所给，将决策变量、目标函数和约束条件用数学符号和式子表示出来，就可得到下面的模型。

基本模型如下。

(1) 决策变量：设每天用 x_1 桶牛奶生产 A_1，用 x_2 桶牛奶生产 A_2。

(2) 目标函数：设每天获利为 z 元。x_1 桶牛奶可生产 $3x_1$ 千克 A_1，获利 $24 \times 3 x_1$，x_2 桶牛奶可生产 $4x_2$ 千克 A_2，获利 $16 \times 4 x_2$，故 $z = 72x_1 + 64x_2$。

(3) 约束条件：

① 原料供应　生产 A_1，A_2 的原料(牛奶)总量不得超过每天的供应，即 $x_1 + x_2 \leq 50$。

② 劳动时间　生产 A_1，A_2 的总加工时间不得超过每天正式工人总的劳动时间，即 $12x_1 + 8x_2 \leq 480$。

③ 设备能力　A_1 的产量不得超过设备甲每天的加工能力，即 $3x_1 \leq 100$；

④ 非负约束　x_1，x_2 均不能为负值，即 $x_1 \geq 0$，$x_2 \geq 0$。

综上可得该问题的基本模型：

$$\max \quad z = 72x_1 + 64x_2$$
$$x_1 + x_2 \leq 50$$
$$12x_1 + 8x_2 \leq 480$$
$$3x_1 \leq 100$$
$$x_1 \geq 0, \quad x_2 \geq 0$$

3) 模型分析与假设

由于上述模型的目标函数和约束条件对于决策变量而言都是线性的，所以称为线性规划。线性规划具有下述三个特征：

(1) 比例性　每个决策变量对目标函数的"贡献"，与该决策变量的取值成正比；每个决策变量对每个约束条件右端的"贡献",与该决策变量的取值成正比。

(2) 可加性　各个决策变量对目标函数的"贡献",与其他决策变量取值无关;各个决策变量对每个约束条件右端项的"贡献"与其他决策变量的取值无关。

(3) 连续性　每个决策变量的取值是连续的。

比例性和可加性保证了目标函数和约束条件对于决策变量的线性性,连续性则允许得到决策变量的实数最优解。

对于本例,能建立上面的线性规划模型,实际上是事先作了如下的假设:

(1) A_1,A_2 两种奶制品每千克的获利是与它们各自产量无关的常数,每桶牛奶加工出 A_1,A_2 的数量和所需的时间是与它们各自的产量无关的常数。

(2) A_1,A_2 每千克的获利是与它们相互间产量无关的常数,每桶牛奶加工出 A_1,A_2 的数量和所需的时间是与它们相互间产量无关的常数。

(3) 加工 A_1,A_2 的牛奶桶数可以是任意实数。

4) 模型求解

求解线性规划问题的基本方法是单纯形法,为了提高解题速度,又有改进单纯形法、对偶单纯形法、原始对偶法、分解算法和多项式时间算法。无论哪种方法,如果决策变量较多,计算量就会十分巨大。借助 Mathematica 软件,约束条件和决策变量数在 10000 个以上的线性规划问题也能很快求解。

解法一,用 Maximize 命令。

Maximize[{72x1+64x2,x1+x2<=50,12x1+8x2<=480,3x1<=100,x1>=0,x2>=0},{x1,x2}]

得到如下结果

{3360,{x1 20,x2 30}}

即设每天用 20 桶牛奶生产 A_1,用 30 桶牛奶生产 A_2,获利 3360 元。

解法二,用 LinearProgramming 命令。

LinearProgramming[{-72,-64},{{-1,-1},{-12,-8},{-3,0}},{-50,-480,-100}]

评注:本例在产品利润、加工时间等参数均可设为常数的情况下,建立了线性规划模型。线性规划模型的三要素是决策变量、目标函数和约束条件。线性规划模型可以方便地利用 Mathematica 软件进行求解。

9.1.2　自来水的输送建模

钢铁、煤炭、水电等生产、生活物资从若干供应点运送到一些需求点,怎样安排输送方案使运费最小,或者利润最大?下面通过一个例子讨论用数学规划解决这类问题的方法。

例 9.2　1) 问题

某市有甲、乙、丙、丁四个居民区,自来水由 A、B、C 三个水库供应。四个区每天必须得到保证的基本生活用水量分别为 30kt、70kt、10kt、10kt,但由于水源紧张,三个水库每天最多只能分别供应 50kt、60kt、50kt 自来水。由于地理位置的差别,自来水公司从各水库向各区送水所需付出的引水管理费不同(表 9-2,其中 C 水库与丁区之间没有输水管道),其他管理费用都是 450 元/kt。根据公司规定,各区用户按照统一标准 900 元/kt 收费。此外,四个区都向公司申请了额外用水量,分别为每天 50kt、70kt、20kt、40kt。该公司应如何分配供水量,才能获利最多?

表 9-2 从水库向各区送水的引水管理费

引水管理费/(元/kt)	甲	乙	丙	丁
A	160	130	220	170
B	140	130	190	150
C	190	200	230	/

2) 问题分析

分配供水量就是安排从三个水库向四个区送水的方案，目标是获利最多。而从给出的数据看，A、B、C 三个水库的总供水量为 50+60+50=160(kt)，不超过四个区的基本生活用水量与额外用水量之和 30+70+10+10+50+70+20+40=300(kt)，因而总能全部卖出并获利，于是自来水公司每天的总收入是 900×(50+60+50)=144000(元)，与送水方案无关。同样，公司每天的其他管理费也是固定的 450×(50+60+50)=72000(元)，与送水方案无关。所以，要使利润最大，只需使引水管理费最小即可。另外，送水方案自然要受三个水库的供应量和四个区的需求量的限制。

3) 模型建立

决策变量为 A、B、C 三个水库($i=1,2,3$)分别向甲、乙、丙、丁四个居民区($j=1,2,3,4$)的供水量。设 x_{ij} 为水库 i 向居民区 j 的日供水量，$i=1,2,3$，$j=1,2,3,4$。由于 C 水库与丁区之间没有输水管道，即 $x_{34}=0$，因此只有 11 个决策变量。

由以上分析，问题的目标可以从利润最大转化为引水管理费最小，于是目标函数为

$$\min z = 160x_{11}+130x_{12}+220x_{13}+170x_{14}+140x_{21}+$$
$$130x_{22}+190x_{23}+150x_{24}+190x_{31}+200x_{32}+230x_{33}$$

约束条件有两类：一类是水库的供应量的限制；另一类是各区的需求量的限制。

水库的供应量的限制可表示为

$$x_{11}+x_{12}+x_{13}+x_{14}=50$$
$$x_{21}+x_{22}+x_{23}+x_{24}=60$$
$$x_{31}+x_{32}+x_{33}=50$$

需求量的限制可表示为

$$30 \leqslant x_{11}+x_{21}+x_{31} \leqslant 80$$
$$70 \leqslant x_{12}+x_{22}+x_{32} \leqslant 140$$
$$10 \leqslant x_{13}+x_{23}+x_{33} \leqslant 30$$
$$10 \leqslant x_{14}+x_{24} \leqslant 50$$

4) 模型求解

本例是一个线性规划模型，可以利用 Mathematica 软件进行求解。

Minimize[{160x11+130x12+220x13+170x14+140x21+130x22+190x23+150x24+190x31+200x32+230x33,
x11+x12+x13+x14==50, x21+x22+x23+x24==60, x31+x32+x33==50, x11+x21+x31<=80, x11+x21+x31>=30,
x12+x22+x32<=140, x12+x22+x32>=70, x13+x23+x33<=30, x13+x23+x33>=10, x14+x24<=50, x14+x24>=10,
x11>=0, x12>=0, x13>=0 , x14>=0, x21>=0, x22>=0, x23>=0, x24>=0, x31>=0, x32>=0, x33>=0},
{x11, x12, x13, x14, x21, x22, x23, x24, x31, x32, x33}]

解得 x11=0, x12=50, x13=0 , x14=0, x21=0, x22=50, x23=0, x24=10, x31=40, x32=0, x33=10，送水方案为：A 水库向乙区供水 50kt，B 水库向乙、丁区分别供水 50kt、10kt，C 水库向甲、丙区分别供水 40kt、10kt。引水管理费 24400 元，利润=总收入-其他管理费-引水管理

费=144000−72000−24400=47600 元。

5) 讨论

如果 A、B、C 每个水库每天的最大供水量都提高一倍,则公司总供水量 320kt,大于总需求量 300kt,水库供水量不能全部卖出,因而不能像前面那样,将利润最大转化为引水管理费最小。此时首先计算 A、B、C 三个水库分别向甲、乙、丙、丁四个居民区供应每千吨水的净利润,即从收入 900 中减去其他管理费用 450 元,再减去表 9-2 的引水管理费,得表 9-3。

表 9-3 从水库向各区送水的净利润

利润/(元/kt)	甲	乙	丙	丁
A	290	320	230	280
B	310	320	260	300
C	260	250	220	/

于是目标函数为

$$\max \quad Z = 290x_{11} + 320x_{12} + 230x_{13} + 280x_{14} + \\ 310x_{21} + 320x_{22} + 260x_{23} + 300x_{24} + 260x_{31} + 250x_{32} + 220x_{33}$$

约束条件:由于水库供水量不能全部卖出,所以水库供应量的限制的右端增加一倍,同时,应将等号改成小于等于号,需求量的限制不变。

$$x_{11} + x_{12} + x_{13} + x_{14} \leqslant 100$$
$$x_{21} + x_{22} + x_{23} + x_{24} \leqslant 120$$
$$x_{31} + x_{32} + x_{33} \leqslant 100$$
$$30 \leqslant x_{11} + x_{21} + x_{31} \leqslant 80$$
$$70 \leqslant x_{12} + x_{22} + x_{32} \leqslant 140$$
$$10 \leqslant x_{13} + x_{23} + x_{33} \leqslant 30$$
$$10 \leqslant x_{14} + x_{24} \leqslant 50$$

解得送水方案为:A 水库向乙区供水 100kt,B 水库向甲、乙、丙、丁区分别供水 30kt、40kt、50kt,C 水库向甲、丙区分别供水 50kt、30kt,总利润 88700 元。

6) 评注

本题考虑的是将某种物资从若干供应点运往一些需求点,在供需量约束条件下使总费用最小,或总利润最大。这类问题一般称为运输问题,是线性规划应用最广泛的领域之一。在标准的运输问题中,供需量通常是平衡的,即供应点的总供应量等于需求点的总需求量。本题中供需量不平衡,但这并不会引起本质的区别,一样可以方便地建立线性规划模型求解。

9.1.3 汽车的生产计划建模

例 9.3 1) 问题

一汽车厂生产小、中、大三种汽车,已知各类型每辆车对钢材、劳动时间的需求,利润以及每月工厂钢材、劳动时间的现有量见表 9-4,试制定月生产计划,使工厂的利润最大。

进一步讨论:由于条件限制,如果生产某一类型汽车,则至少要生产80辆,那么最优的生产计划应如何改变?

表 9-4 汽车厂的生产数据

	小型	中型	大型	现有量
钢材	1.5	3	5	600
时间	280	250	400	60000
利润	2	3	4	

2) 模型建立及求解

设每月生产小、中、大型汽车的数量分别为 x_1、x_2、x_3，工厂的月利润为 z，则可得到如下整数规划模型

$$\max z = 2x_1 + 3x_2 + 4x_3$$

s.t.

$$1.5x_1 + 3x_2 + 5x_3 \leqslant 600$$
$$280x_1 + 250x_2 + 400x_3 \leqslant 60\,000$$
$$x_1, x_2, x_3 \text{ 为非负整数}$$

在线性规划模型中增加约束条件：

$$x_1, x_2, x_3 \text{ 为整数}$$

这样得到的模型称为整数规划。

利用 Mathematica 软件进行求解：

Maximize[{2x1 + 3x2 + 4x3,1.5x1 + 3x2 + 5x3 <= 600,80x1 + 250x2 + 400x3 <= 60000,x1 >= 0,x2 >= 0,x3 >= 0,Element[{x1,x2,x3},Integers] },{x1,x2,x3}]

解得 $x_1=64$，$x_2=168$，$x_3=0$，最优值 $z=632$，即问题要求的月生产计划为生产小型车 64 辆、中型车 168 辆，不生产大型车。

3) 讨论

对于问题提出的"如果生产某一类型汽车，则至少要生产 80 辆"的限制，上面得到的整数规划的最优解不满足这个条件。这种类型的要求是实际生产中经常提出的。

$$\max z = 2x_1 + 3x_2 + 4x_3$$

s.t.

$$1.5x_1 + 3x_2 + 5x_3 \leqslant 600$$
$$280x_1 + 250x_2 + 400x_3 \leqslant 60\,000$$
$$x_1, x_2, x_3 = 0 \text{ 或} \geqslant 80$$

解决方法有下面三种：

(1) 分解为多个线性规划子模型。约束条件 $x_1, x_2, x_3 = 0$ 或 $\geqslant 80$，可分解为 8 种情况：

$$x_1 = 0, x_2 = 0, x_3 \geqslant 80$$
$$x_1 = 0, x_2 \geqslant 80, x_3 = 0$$
$$x_1 = 0, x_2 \geqslant 80, x_3 \geqslant 80$$
$$x_1 \geqslant 80, x_2 = 0, x_3 = 0$$
$$x_1 \geqslant 80, x_2 \geqslant 80, x_3 = 0$$
$$x_1 \geqslant 80, x_2 = 0, x_3 \geqslant 80$$
$$x_1 \geqslant 80, x_2 \geqslant 80, x_3 \geqslant 80$$
$$x_1, x_2, x_3 = 0$$

对8个线性规划子模型逐一求解，比较目标函数值，再加上整数约束，可得最优解。

(2) 化为非线性规划。约束条件x_1，x_2，$x_3=0$或$\geqslant 80$，可表示为
$$x_1(x_1-80)\geqslant 0$$
$$x_2(x_2-80)\geqslant 0$$
$$x_3(x_3-80)\geqslant 0$$

式子左端是决策变量的非线性函数，构成非线性规划模型。虽然非线性规划也可用Mathematica软件进行求解，但比较麻烦。

(3) 引入0-1变量，化为整数规划。设y_1，y_2，y_3只取0，1两个值，则

$x_1=0$ 或$\geqslant 80$等价于$x_1\leqslant My_1$，$x_1\geqslant 80y_1$

$x_2=0$ 或$\geqslant 80$等价于$x_2\leqslant My_2$，$x_2\geqslant 80y_2$

$x_3=0$ 或$\geqslant 80$等价于$x_3\leqslant My_3$，$x_3\geqslant 80y_3$

其中M为充分大的实数，本例可取10^10 (x_1，x_2，x_3不可能超过10^10)。

得到下面的整数规划模型：

$$\max z = 2x_1 + 3x_2 + 4x_3$$

s. t.

$1.5x_1 + 3x_2 + 5x_3 \leqslant 600$

$280x_1 + 250x_2 + 400x_3 \leqslant 60\,000$

$x_1 \leqslant My_1$，$x_1\geqslant 80y_1$

$x_2 \leqslant My_2$，$x_2\geqslant 80y_2$

$x_3 \leqslant My_3$，$x_3\geqslant 80y_3$

x_1，x_2，x_3为非负整数

y_1，y_2，y_3为非0－1变量

利用Mathematica求解模型：

Maximize[{2x1 + 3x2 + 4x3,1.5x1 + 3x2 + 5x3 <＝600,280x1 + 250x2 + 400x3 <＝60000,x1 <＝10^10* y1, x2 <＝10^10*y2,x3 <＝10^10* y3,x1 >＝80* y1,x2 >＝80* y2,x3 >＝80* y3,x1 >＝0,x2 >＝0,x3 >＝0,Element[{ x1,x2,x3} ,Integers] ,y1 ==1 || y1 ==0,y2 ==1 || y2 ==0,y3 ==1 || y3 ==0} , { x1,x2,x3,y1,y2,y3}]

如果遇到模型的数据保存于其他文件或数据库内，也可以通过Import[ ]函数来导入数据文件。

最后解得$x_1=80$，$x_2=150$，$x_3=0$。

4) 评注

像汽车这样的对象自然是整数变量，应该建立整数规划模型，但是求解整数规划比线性规划要难得多，所以当整数变量取值很大时，常作为连续变量用线性规划处理。

为了考虑x_1，x_2，$x_3=0$或$\geqslant 80$这样的条件，通常是引入0-1变量，化为整数规划，而一般尽量不用非线性规划。

9.1.4 游泳运动员的选拔问题建模

例 9.4 1) 问题

某班准备从 5 名游泳队员中选择 4 人组成接力队，参加学校的 4×100 米混合泳接力赛。5 名队员 4 种泳姿的百米平均成绩见表 9-5，问应如何选拔队员组成接力队？

表 9-5　5 名队员 4 种泳姿的百米平均成绩　　　　　　　　　　　(s)

队员	甲	乙	丙	丁	戊
蝶泳	66.8	57.2	78	70	67.4
仰泳	75.6	66	67.8	74.2	71
蛙泳	87	66.4	84.6	69.6	83.8
自由泳	58.6	53	59.4	57.2	62.4

2) 问题分析

问题是要从 5 名队员中选出 4 人组成接力队，每人一种泳姿，并且 4 人的泳姿各不相同，使接力队的成绩最好。容易想到的一个办法是穷举法，组成接力队的方案共有 5!=120 种，逐一计算后做比较，即可找出最优方案。显然这样做的计算量很大，不是解决这类问题的最好办法，尤其是随着问题规模的变大，穷举法的计算量将是无法接受的。于是，考虑用 0-1 变量来表示一个队员是否入选接力队，从而建立该问题的 0-1 规划模型。

3) 模型建立及求解

记甲、乙、丙、丁、戊分别为队员 $i=1, 2, 3, 4, 5$；记蝶泳、仰泳、蛙泳、自由泳分别为泳姿 $j=1, 2, 3, 4$。记队员 i 的第 j 种泳姿的百米平均成绩为 c_{ij} (s)。

(1) 决策变量：引入 0-1 变量 x_{ij}，若选择队员 i 参加第 j 种泳姿的比赛，记 $x_{ij}=1$，否则记 $x_{ij}=0$。

(2) 约束条件：根据组成接力队的要求，x_{ij} 应该满足下面两个约束条件：

① 每人最多只能入选 1 种泳姿，即：对于 $i=1,2,3,4,5$，应有 $\sum_{j=1}^{4} x_{ij} \leq 1$。

② 每种泳姿必须有 1 人且只能有 1 人参赛，即：对于 $j=1,2,3,4$，应有 $\sum_{i=1}^{5} x_{ij}=1$。

(3) 目标函数：当队员 i 入选泳姿 j 的比赛时，$c_{ij} x_{ij}$ 表示他的成绩，否则 $c_{ij} x_{ij}=0$，于是接力队的总成绩可以表示成 $z=\sum_{j=1}^{4} \sum_{i=1}^{5} c_{ij} x_{ij}$。

综上可得该问题的整数规划模型：

$$\min z = \sum_{j=1}^{4} \sum_{i=1}^{5} c_{ij} x_{ij}$$

$$\text{s. t.} \sum_{j=1}^{4} x_{ij} \leq 1, \quad i=1,2,3,4,5$$

$$\sum_{i=1}^{5} x_{ij} = 1, \quad j=1,2,3,4$$

$$x_{ij} = \{0,1\}$$

利用 Mathematica 求解模型：

```
In[1]:=Minimize [ {66.8x11+ 75.6x12 + 87x13+58.6x14
       + 57.2x21+66x22+66.4x23+53x24
       +78x31+67.8x32+84.6x33+59.4x34
       +70x41+74.2x42+69.6x43+57.2x44
       +67.4x51+71x52+83.8x53+62.4x54
```

```
x11+x12+x13+x14 <= 1,
x21+x22+x23+x24<= 1,
x31+x32+x33+x34<= 1,
x41+x42+x43+x44<= 1,
x51+x52+x53+x54<= 1,
x11+ x21+ x31+ x41+ x51= =1,
x12 +x22+ x32+ x42+ x52= =1,
x13+ x23+ x33+ x43+ x53= =1,
x14+ x24+ x34+ x44+ x54= =1,
x11= = 1 | | x11 = = 0, x12= = 1 | | x12 = = 0, x13= = 1 | | x13 = = 0, x14= = 1 | | x14 = = 0,
x21= = 1 | | x21 = = 0, x22= = 1 | | x22 = = 0, x23= = 1 | | x23 = = 0, x24= = 1 | | x24 = = 0,
x31= = 1 | | x31 = = 0, x32= = 1 | | x32 = = 0, x33= = 1 | | x33 = = 0, x34= = 1 | | x34 = = 0,
x41= = 1 | | x41 = = 0, x42= = 1 | | x42 = = 0, x43= = 1 | | x43 = = 0, x44= = 1 | | x44 = = 0,
x51= = 1 | | x51 = = 0, x52= = 1 | | x52 = = 0, x53= = 1 | | x53 = = 0, x54= = 1 | | x54 = = 0} ,
{ x11, x12, x13, x14, x21,x22,x23,x24, x31,x32,x33,x34,x41,x42,x43,x44, x51,x52,x53,x54} ]
Out[1]=No more memory available.
    Mathematica kernel has shut down.
        Try quitting other applications and then retry.
```

即：按照0-1规划的命令来做这个问题，没有找到答案。于是将该问题转化成一般的线性规划问题来求解。

该问题的决策变量和目标函数保持不变，约束条件进行适当的调整，把 0-1 规划问题转化为一般的线性规划问题来求解。

约束条件：根据组成接力队的要求，x_{ij} 应该满足下面三个约束条件：

① 每人最多只能入选 1 种泳姿，即：对于 $i=1,2,3,4,5$，应有 $0 \leqslant \sum_{j=1}^{4} x_{ij} \leqslant 1$。

② 每种泳姿必须有 1 人且只能有 1 人参赛，即：对于 $j=1,2,3,4$，应有 $\sum_{i=1}^{5} x_{ij} = 1$。

③ 非负性要求：$x_{ij} \geqslant 0$，$i=1,2,3,4,5$，$j=1,2,3,4$。

综上可得该问题的线性规划模型：

$$\min z = \sum_{j=1}^{4} \sum_{i=1}^{5} c_{ij} x_{ij}$$

s. t.

$$0 \leqslant \sum_{j=1}^{4} x_{ij} \leqslant 1，i=1,2,3,4,5$$

$$\sum_{i=1}^{5} x_{ij} = 1，j=1,2,3,4$$

$$x_{ij} \geqslant 0，i=1,2,3,4,5，j=1,2,3,4$$

利用Mathematica求解模型：

```
In[1]:=Minimize [ {66.8x11+ 75.6x12 + 87x13+58.6x14
    + 57.2x21+66x22+66.4x23+53x24
    +78x31+67.8x32+84.6x33+59.4x34
```

$$+70x41+74.2x42+69.6x43+57.2x44$$
$$+67.4x51+71x52+83.8x53+62.4x54,$$

x11+x12+x13+x14 <= 1,
x21+x22+x23+x24<= 1,
x31+x32+x33+x34<= 1,
x41+x42+x43+x44<= 1,
x51+x52+x53+x54<= 1,
x11+x12+x13+x14 >= 0,
x21+x22+x23+x24>= 0,
x31+x32+x33+x34>= 0,
x41+x42+x43+x44>= 0,
x51+x52+x53+x54>= 0,
x11+ x21+ x31+ x41+ x51= =1,
x12 +x22+ x32+ x42+ x52= =1,
x13+ x23+ x33+ x43+ x53= =1,
x14+ x24+ x34+ x44+ x54= =1,
x11>= 0,x12>= 0, x13>= 0,x14>= 0, x21>= 0, x22>= 0,x23>= 0, x24>= 0, x31>= 0,x32>= 0,x33>= 0, x34>= 0,x41>= 0, x42>= 0,x43>= 0, x44>= 0,x51>= 0, x52>= 0, x53>= 0, x54>= 0},

{ x11, x12, x13, x14, x21,x22,x23,x24, x31,x32,x33,x34,x41,x42,x43,x44, x51,x52,x53,x54}]

Out[1]={253.2,{x11->0.,x12->0.,x13->0.,x14->1.,x21->1.,x22->0.,x23->0.,x24->0.,x31->0.,x32->1.,x33->0.,x34->0., x41->0.,x42->0.,x43->1.,x44->0.,x51->0.,x52->0.,x53->0.,x54->0.}}

求解得到结果为 $x_{14}=x_{21}=x_{32}=x_{43}=1$，其他变量为0，成绩为253.2秒，即：应当选派甲、乙、丙、丁4人参加接力队，分别参加自由泳、蝶泳、仰泳、蛙泳的比赛。

4) 模型的讨论

考虑到丁、戊最近的状态，c_{43} 由原来的69.6s变为75.2s，c_{54} 由原来的62.4s变为57.5s，讨论对结果的影响。只需将 c_{43} 和 c_{54} 的数据重新输入模型，利用Mathematica求解。

In[1]:=Minimize [{66.8x11+ 75.6x12 + 87x13+58.6x14
+ 57.2x21+66x22+66.4x23+53x24
+78x31+67.8x32+84.6x33+59.4x34
+70x41+74.2x42+69.6x43+57.2x44
+67.4x51+71x52+83.8x53+62.4x54

x11+x12+x13+x14<= 1,
x21+x22+x23+x24<= 1,
x31+x32+x33+x34<= 1,
x41+x42+x43+x44<= 1,
x51+x52+x53+x54<= 1,
x11+x12+x13+x14 >= 0,
x21+x22+x23+x24>= 0,
x31+x32+x33+x34>= 0,
x41+x42+x43+x44>= 0,
x51+x52+x53+x54>= 0,

x11+ x21+ x31+ x41+ x51= =1,
x12 +x22+ x32+ x42+ x52= =1,
x13+ x23+ x33+ x43+ x53= =1,
x14+ x24+ x34+ x44+ x54= =1,
x11>= 0,x12>= 0, x13>= 0,x14>= 0, x21>= 0, x22>= 0,x23>= 0, x24>= 0, x31>= 0,x32>= 0,x33>= 0, x34>= 0,x41>= 0, x42>= 0,x43>= 0, x44>= 0,x51>= 0, x52>= 0, x53>= 0, x54>= 0},
{ x11, x12, x13, x14, x21,x22,x23,x24, x31,x32,x33,x34,x41,x42,x43,x44, x51,x52,x53,x54}]

Out[1]={257.7,{x11→0.,x12→0.,x13→0.,x14→0.,x21→1.,x22→0.,x23→0.,x24→0.,x31→0.,x32→1.,x33→0.,x34→0.,x41→0., x42→0.,x43→1.,x44→0.,x51→0.,x52→0.,x53→0.,x54→1.}}

得 $x_{21} = x_{32} = x_{43} = x_{54} = 1$，其他变量为0，成绩为257.7s，即：应当选派乙、丙、丁、戊4人参加接力队，分别参加自由泳、蝶泳、仰泳、蛙泳的比赛。

9.1.5 钢管下料问题

用切割、裁剪、冲压等手段，将原材料加工成所需大小这种工艺过程，称为原料下料问题。应按照进一步的工艺要求，确定下料方案，使用料最省或利润最大。

例 9.5 1) 问题

某钢管零售商从钢管厂进货，将钢管按照顾客的要求切割后售出。从钢管厂进的原料钢管都是19m。求：

(1) 现有一客户需要 50 根 4m、20 根 6m、15 根 8m 的钢管，应如何下料最节省？

(2) 零售商如果采用的不同切割模式太多，将会导致生产过程的复杂化，从而增加生产和管理成本，所以该零售商规定采用的不同切割模式不超过 3 种。此外，该客户除需要上述 3 种钢管还需要 10 根 5m 的钢管，应如何下料最节省？

2) 问题 (1) 的求解

(1) 问题分析。首先，应当确定哪些切割模式是可行的。所谓一个可行的切割模式，是指能按照客户需要在原料钢管上安排切割的一种组合。例如：将19m的钢管切割成3根4m的钢管，余料为7m；或者将19m的钢管切割成4m、6m和8m的钢管各1根，余料为1m。通常，可行的切割模式是只要能按照客户的要求进行切割就行，而不必考虑该切割模式是否合理。显然，可行的切割模式是很多的。

其次，应当确定哪些切割模式是合理的。通常假设一个合理的切割模式的余料不应该大于或等于客户需要的钢管的最小尺寸。将 19m 的钢管切割成 3 根 4m 的钢管的切割模式是可行的，但余料为 7m，可以进一步将 7m 的余料切割成 4m 钢管余料为 3m，或将 7m 的余料切割成 6m 的钢管余料为 1m。在这种假设下，合理的切割模式一共有 7 种，见表9-6。

表 9-6 钢管下料的合理切割模式

模式	4m 钢管数量	6m 钢管数量	8m 钢管数量	余料/m
1	4	0	0	3
2	3	1	0	1
3	2	0	1	3
4	1	2	0	3
5	1	1	1	1
6	0	3	0	1
7	0	0	2	3

问题转化为在满足客户需要的条件下,按照哪种合理的模式、切割多少根原料钢管最为节省的问题。所谓的节省,可以有两种标准:一是切割后剩余的总余料量最小;二是切割原料钢管的总根数最少。以此为目标,可建立下述模型。

(2) 模型的建立和求解。

决策变量:设 x_i 表示按第 i 种模式 $i=1,2,\cdots,7$ 切割的原料钢管的数量,x_i 为非负的整数。

约束条件:4m 的钢管要 50 根,则 $4x_1+3x_2+2x_3+x_4+x_5 \geqslant 50$;

6m 的钢管要 20 根,则 $x_2+2x_4+x_5+3x_6 \geqslant 20$;

8m 的钢管要 15 根,则 $x_3+x_5+2x_7 \geqslant 15$;

整数约束,即 x_i 为非负的整数,$i=1,2,\cdots,7$。

目标函数:以切割后剩余的总余料量最小为目标,得

$$\min z = 3x_1+x_2+3x_3+3x_4+x_5+x_6+3x_7$$

于是以切割后剩余的总余料量最小为目标,得模型 1:

$$\min z = 3x_1+x_2+3x_3+3x_4+x_5+x_6+3x_7$$

s.t. $4x_1+3x_2+2x_3+x_4+x_5 \geqslant 50$

$x_2+2x_4+x_5+3x_6 \geqslant 20$

$x_3+x_5+2x_7 \geqslant 15$

x_i 为非负的整数,$i=1,2,\cdots,7$

利用 Mathematica 求解该模型:

In[1]:=Minimize[{3x1+x2+3x3+3x4+x5+x6+3x7,
      4x1+3x2+2x3+x4+x5>=50,
      x2+2x4+x5+3x6>=20,
      x3+x5+2x7>=15,
      x1>=0,x2>=0,x3>=0,x4>=0,x5>=0,x6>=0,x7>=0,
    Element[{ x1, x2, x3,x4,x5,x6,x7} , Integers] },
      {x1,x2,x3,x4,x5,x6,x7}]

Out[1]= {27,{x1→0,x2→12,x3→0,x4→0,x5→15,x6→0,x7→0}}

即:按照模式 2 切割 12 根原料钢管,按照模式 5 切割 15 根原料钢管,共 27 根,总余料为 27m。

目标函数:以切割原料钢管的总根数最少为目标,则有

$$\min z = x_1+x_2+x_3+x_4+x_5+x_6+x_7$$

于是以切割原料钢管的总根数最少为目标,得模型 2:

$\min z = x_1+x_2+x_3+x_4+x_5+x_6+x_7$

s.t. $4x_1+3x_2+2x_3+x_4+x_5 \geqslant 50$

$x_2+2x_4+x_5+3x_6 \geqslant 20$

$x_3+x_5+2x_7 \geqslant 15$

x_i 为非负的整数,$i=1,2,\cdots,7$

利用 Mathematica 求解该模型:

In[1]:=Minimize[{x1+x2+x3+x4+x5+x6+x7,
      4x1+3x2+2x3+x4+x5>=50,
      x2+2x4+x5+3x6>=20,
      x3+x5+2x7>=15,

```
x1>=0,x2>=0,x3>=0,x4>=0,x5>=0,x6>=0,x7>=0,
    Element[ { x1, x2, x3,x4,x5,x6,x7} , Integers ] },
        {x1,x2,x3,x4,x5,x6,x7}]
Out[1]= {25,{x1→0,x2→15,x3→0,x4→0,x5→5,x6→0,x7→5}}
```

即：按照模式2切割15根原料钢管，按照模式5切割5根原料钢管，按照模式7切割5根原料钢管，共25根，总余料量为35m。

(3) 模型的比较分析。

经计算得：模型1按照模式2切割12根原料钢管，按照模式5切割15根原料钢管，共用料27根，总余料为27m。按照模型1的切割方式，共得到36+15=51根4m的钢管，12+15=27根6m的钢管，15根8m的钢管。而实际客户需要的是50根4m、20根6m、15根8m的钢管。因此，模型1实际用料27根，多生产了1根4m的钢管、7根6m的钢管，实际的总余料为27+4+42=73m。

经计算得：模型2按照模式2切割15根原料钢管，按照模式5切割5根原料钢管，按照模式7切割5根原料钢管，共用料25根，总余料量为35米。按照模型2的切割方式，共得到45+5=50根4m的钢管，15+5=20根6m的钢管，5+10=15根8m的钢管。刚好满足客户的要求，仅用料25根，余料35m。

经分析得：仅在一次的供货时，在余料没有什么用途的情况下，无论是以切割后实际剩余的总余料量最小为目标，还是以切割原料钢管的总根数最少为目标，模型2都较模型1更好。

3) 问题(2)的求解

(1) 问题分析。按照问题(1)的思路，可以通过穷举法首先确定哪些切割模式是可行的。但由于需求的钢管规格增加到了4种，所以穷举法的工作量大。因此，该问采用整数非线性规划模型，可以同时确定切割模式和切割计划，是带有普遍性的方法。

与问题(1)类似，一个合理的切割模式的余料不应该大于或等于客户需要的钢管的最小尺寸，切割计划中只使用合理的切割模式，即余料的尺寸不大于或等于3m。此外，通过对问题(1)的分析，在该问中选择总根数最少为目标建立数学模型。

(2) 模型的建立。

决策变量：由于不同的切割方式不能超过3种，可以用 x_i 表示第 i 种模式($i=1,2,3$)切割的原料钢管的根数，x_i 为非负的整数。设所使用的第 i 种切割模式下每根原料钢管生产4m、5m、6m和8m的钢管数量分别为 r_{1i}，r_{2i}，r_{3i}，r_{4i}，$i=1,2,3$。r_{1i}，r_{2i}，r_{3i}，r_{4i}，$i=1,2,3$，为非负的整数。

约束条件：4m的钢管要50根，则 $r_{11}x_1 + r_{12}x_2 + r_{13}x_3 \geq 50$；

5m的钢管要10根，则 $r_{21}x_1 + r_{22}x_2 + r_{23}x_3 \geq 10$；

6m的钢管要20根，则 $r_{31}x_1 + r_{32}x_2 + r_{33}x_3 \geq 20$；

8m的钢管要15根，则 $r_{41}x_1 + r_{42}x_2 + r_{43}x_3 \geq 15$。

同时，每一种模式必须可行、合理，所以每根原料钢管的成品量不超过19m，也不能少于16m(即余料不能大于或等于3m)，所以有

$$16 \leq 4r_{11} + 5r_{21} + 6r_{31} + 8r_{41} \leq 19$$

$$16 \leq 4r_{12} + 5r_{22} + 6r_{32} + 8r_{42} \leq 19$$

$$16 \leq 4r_{13} + 5r_{23} + 6r_{33} + 8r_{43} \leq 19$$

目标函数：以切割原料钢管的总根数最少为目标，则有

$$\min z = x_1 + x_2 + x_3$$

综上所述建立该问题的数学模型：

$$\min z = x_1 + x_2 + x_3$$

s.t.
$$r_{11}x_1 + r_{12}x_2 + r_{13}x_3 \geqslant 50$$
$$r_{21}x_1 + r_{22}x_2 + r_{23}x_3 \geqslant 10$$
$$r_{31}x_1 + r_{32}x_2 + r_{33}x_3 \geqslant 20$$
$$r_{41}x_1 + r_{42}x_2 + r_{43}x_3 \geqslant 15$$
$$16 \leqslant 4r_{11} + 5r_{21} + 6r_{31} + 8r_{41} \leqslant 19$$
$$16 \leqslant 4r_{12} + 5r_{22} + 6r_{32} + 8r_{42} \leqslant 19$$
$$16 \leqslant 4r_{13} + 5r_{23} + 6r_{33} + 8r_{43} \leqslant 19$$
$$x_i, r_{1i}, r_{2i}, r_{3i}, r_{4i}, i=1,2,3，为非负的整数$$

(3) 模型的改进和求解。该模型中出现了决策变量的乘积，所以这是一个整数非线性规划模型。为了减少计算机的计算时间，可以增加一些显然的约束条件，从而减小可行解的搜索范围。

由于3种切割模式的排列顺序是无关紧要的，所以不妨增加约束 $x_1 \geqslant x_2 \geqslant x_3$。

同时，所需的原料钢管总是可以找到大致的范围。

首先，如论如何，原料钢管的总根数不能少于$(4×50+5×10+6×20+8×15)/19=26(根)$。

其次，考虑一个特殊的生产计划：第一种切割模式下只生产4m的钢管，一根原料钢管切割成4根4m的钢管，生产50根4m钢管需要13根原料钢管；第二种切割模式下生产5m和6m的钢管，一根原料钢管切割成1根5m的钢管和2根6m的钢管，生产10根5m和20根6m钢管需要10根原料钢管；第三种切割模式下只生产8m的钢管，一根原料钢管切割成2根8m的钢管，生产15根8m钢管需要8根原料钢管。于是满足要求的生产计划共需要13+10+8=31根原料钢管，这就得到了最优解的一个上界。所以可以增加约束 $26 < x_1 + x_2 + x_3 < 31$。

综上所述建立该问题的数学模型：

$$\min z = x_1 + x_2 + x_3$$

s.t.
$$r_{11}x_1 + r_{12}x_2 + r_{13}x_3 \geqslant 50$$
$$r_{21}x_1 + r_{22}x_2 + r_{23}x_3 \geqslant 10$$
$$r_{31}x_1 + r_{32}x_2 + r_{33}x_3 \geqslant 20$$
$$r_{41}x_1 + r_{42}x_2 + r_{43}x_3 \geqslant 15$$
$$16 \leqslant 4r_{11} + 5r_{21} + 6r_{31} + 8r_{41} \leqslant 19$$
$$16 \leqslant 4r_{12} + 5r_{22} + 6r_{32} + 8r_{42} \leqslant 19$$
$$16 \leqslant 4r_{13} + 5r_{23} + 6r_{33} + 8r_{43} \leqslant 19$$
$$26 < x_1 + x_2 + x_3 < 31$$
$$x_1 \geqslant x_2 \geqslant x_3$$
$$x_i, r_{1i}, r_{2i}, r_{3i}, r_{4i}, i=1,2,3，为非负的整数$$

利用 Mathematica 求解模型：

```
In[1]:=Minimize[{x1+x2+x3,
        r11x1+r12x2+r13x3>=50,
        r21x1+r22x2+r23x3>=10,
        r31x1+r32x2+r33x3>=20,
        r41x1+r42x2+r43x3>=15,
```

$$4r11+5r21+6r31+8r41>=16,$$
$$4r11+5r21+6r31+8r41<=19,$$
$$4r12+5r22+6r32+8r42>=16,$$
$$4r12+5r22+6r32+8r42<=19,$$
$$4r13+5r23+6r33+8r43>=16,$$
$$4r13+5r23+6r33+8r43<=19,$$
$$x1+x2+x3>26,$$
$$x1+x2+x3<=31,$$
$$x1>=x2, x2>=x3,$$
$$x1>=0,x2>=0,x3>=0,$$
$$r11>=0,r21>=0, r31>=0, r41>=0,$$
$$r12>=0,r22>=0, r32>=0, r42>=0,$$
$$r13>=0,r23>=0, r33>=0, r43>=0,$$
Element[{ x1, x2, x3, r11,r21, r31, r41, r12,r22, r32, r42, r13 ,r23 , r33, r43 } , Integers] },
{ x1, x2, x3, r11,r21, r31, r41, r12,r22, r32, r42, r13 ,r23 , r33, r43 }]

即按照模式 1、2、3 分别切割 10、10、8 根原料钢管，使用原料钢管总根数为 28 根。第一种切割模式下，1 根原料钢管切割成 3 根 4m 的钢管和 1 根 6m 的钢管；第二种切割模式下，1 根原料钢管切割成 2 根 4m 的钢管、1 根 5m 的钢管和 1 根 6m 的钢管；第三种切割模式下，1 根原料钢管切割成 2 根 8m 的钢管。

9.2 Mathematica 软件在微分方程建模中的应用

当描述实际对象的某些特性随时间(空间)而演变的过程、分析对象特征的变化规律、预报对象特征的未来性态，研究控制对象特征的手段时，通常要建立动态规划模型。建模时首先要根据建模目的和对问题的分析作出简化假设，然后按照内在规律或用类比法建立微分方程，求出微分方程的解并将结果翻译回实际对象，就可以进行描述、分析、预测或控制了。

Mathematica 软件可以用于求解微分方程，命令形式及意义如下：

DSolve[eqns,y[x] ,x]：求解微分方程(组) eqns,y[x]为因变量,x 为变量

DSolve[{ eqns,y[0] = = x0} ,y[x] ,x]：求解微分方程(组) eqns,满足初始条件y[0] = = x0的解y[x]。

DSolve[eqns,{ y1,y2,…} ,x]：求解微分方程(组) eqns,{ y1,y2,…}为因变量列表,x 为变量。

NDSolve[eqns,y,{ x,xmin,xmax}]：求解微分方程(组) eqns 在区间[xmin,xmax]中的数值解。

9.2.1 传染病建模

例 9.6　1) 问题

随着卫生设施的改善、医疗水平的提高以及人类文明的不断发展，诸如霍乱、天花等曾经肆虐全球的传染病已经得到有效地控制。但是一些新的不断变异着的传染病毒却悄悄向人类袭来。20 世纪 80 年代，十分险恶的艾滋病毒开始肆虐全球，至今仍在蔓延；2003 年春天，SARS 病毒突袭人间，给人民的生命财产带来极大危害。本案例建立传染病的数学模型来研究以下问题：

(1) 描述传染病的传播过程。
(2) 分析受感染人数的变化规律。
(3) 预报传染病高潮到来的时刻。
(4) 预防传染病蔓延的手段。

基本方法：不是从医学角度分析各种传染病的特殊机理，而是按照传播过程的一般规律建立数学模型。

2) 模型1

(1) 模型假设。

① 时刻 t 的病人人数为 $x(t)$ 是连续、可微函数。

② 每天每个病人有效接触(足以使人致病的接触)的人数为常数 λ。

③ $t=0$ 时有 x_0 个病人。

(2) 模型的建立。时刻 t 到 $t+\Delta t$ 增加的病人数为
$$x(t+\Delta t)-x(t)=\lambda x(t)\Delta t$$
又 $t=0$ 时有 x_0 个病人，得微分方程的初值问题
$$\begin{cases}\dfrac{dx}{dt}=\lambda x\\ x(0)=x_0\end{cases}$$

利用 Mathematica 软件可以求解微分方程：

　　　DSolve[{ x'[t]==λ*x[t],x[0]==x0},x[t],t]

得微分方程的解为 $x(t)=x_0 e^{\lambda t}$。

(3) 模型解释。随着 t 的增加，病人人数 $x(t)$ 将无限增长，这显然是不符合实际的。建模失败的原因在于：在病人有效接触的人群中，有健康人也有病人，而其中只有健康人才可以被传染为病人，所以在改进的模型中必须区别这两种人。

3) 模型2(SI模型)

区分已感染者(病人)和未感染者(健康人)。

(1) 模型假设。

① 总人数 N 不变，病人和健康人的比例分别为 $i(t),s(t)$，$s(t)+i(t)=1$。

② 每个病人每天有效接触人数为 λ，且使接触的健康人致病。

(2) 模型的建立。根据假设，每个病人每天可使 $\lambda s(t)$ 个健康者变为病人，因为病人人数为 $Ni(t)$，所以每天共有 $\lambda Ns(t)i(t)$ 个健康者被感染，$\lambda Ns(t)i(t)$ 就是病人数 $Ni(t)$ 的增加率，于是得到微分方程
$$N\dfrac{di}{dt}=\lambda Nsi$$
由于 $s(t)+i(t)=1$，得以下微分方程初值问题
$$\begin{cases}\dfrac{di}{dt}=\lambda i(1-i)\\ i(0)=i_0\end{cases}$$

利用Mathematica软件求解：

　　　DSolve[{ i'[t]==λ*i[t]*(1−i[t]) ,i[0]==i0},i[t],t]

解得

$$i(t) = \frac{1}{1 + \left(\dfrac{1}{i_0} - 1\right) e^{-\lambda t}}$$

$i(t) \sim t$ 图形如图 9-1 所示。

由图 9-1 知，当 $i = \dfrac{1}{2}$ 时 $\dfrac{\mathrm{d}i}{\mathrm{d}t}$ 达到最大值，这个时刻为

$$t_m = \lambda^{-1} \ln\left(\frac{1}{i_0} - 1\right)$$

式中：t_m 为传染病高潮到来时刻。

(3) 模型解释。当 $t \to \infty$ 时，$i \to 1$，即所有人将被感染，全变成病人，这显然不符合实际。其原因是没有考虑到病人可以治愈。

为了修正上述结果，须修正模型的假设，以下模型中将讨论病人可以治愈的情况。

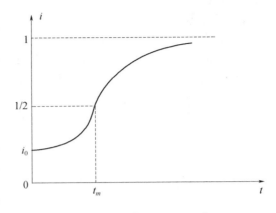

图 9-1 SI 模型的 $i \sim t$ 曲线

4) 模型 3(SIS 模型)

(1) 模型假设。

① 总人数 N 不变，病人和健康人的比例分别为 $i(t), s(t)$，$s(t) + i(t) = 1$。

② 每个病人每天有效接触人数为 λ，且使接触的健康人致病。

③ 每天被治愈的病人数占病人总数的比例为常数 μ，称为日治愈率。病人治愈后成为仍可被感染的健康者。$\dfrac{1}{\mu}$ 为这种传染病的平均传染期。

(2) 模型建立。考虑到模型假设③，SI 模型中 $N \dfrac{\mathrm{d}i}{\mathrm{d}t} = \lambda N s i$ 式修正为

$$N \frac{\mathrm{d}i}{\mathrm{d}t} = \lambda N s i - \mu N i$$

于是得微分方程初值问题

$$\begin{cases} \dfrac{\mathrm{d}i}{\mathrm{d}t} = \lambda i(1-i) - \mu i \\ i(0) = i_0 \end{cases}$$

记

$$\sigma = \lambda / \mu$$

σ 是整个传染期内每个病人有效接触的平均人数，称为接触数。上述方程可改写为

$$\begin{cases} \dfrac{\mathrm{d}i}{\mathrm{d}t} = -\lambda i \left[i - \left(1 - \dfrac{1}{\sigma}\right)\right] \\ i(0) = i_0 \end{cases}$$

不难看出，接触数 $\sigma = 1$ 是阈值。当 $\sigma > 1$ 时 $i(t)$ 的增减性取决于 i_0 的大小，但其极限值 $i(\infty) = 1 - \dfrac{1}{\sigma}$ 随 σ 的增加而增加；当 $\sigma \leqslant 1$ 时病人比例 $i(t)$ 越来越小，最终趋于零，这时因为传染期内经有效接触从而使健康者变成病人数不超过原来病人数的缘故。

5) 模型 4(SIR 模型)

大多数传染病有免疫性——病人治愈后即移出感染系统，称移出者，如流感、麻疹等，病人治愈后均有很强的免疫力，所以病愈的人既非健康者，也非病人，他们已经退出传染系统。下面将分析建模过程。

(1) 模型假设。

① 总人数 N 不变，病人、健康人和移出者的比例分别为 $i(t), s(t), r(t)$。

② 病人的日接触率为 λ，日治愈率为 μ，传染期接触数 $\sigma = \lambda/\mu$。

③ 初始时刻健康者和病人的比例分别是 $s_0(s_0 > 0)$ 和 $i_0(i_0 > 0)$，移出者的初始值 $r_0 = 0$。

(2) 模型建立。由假设①，显然有

$$s(t) + i(t) + r(t) = 1$$

根据假设②，方程 $N\dfrac{\mathrm{d}i}{\mathrm{d}t} = \lambda Nsi - \mu Ni$ 仍成立。

对于病愈免疫移出者而言，有 $N\dfrac{\mathrm{d}r}{\mathrm{d}t} = \mu Ni$。

因此得 SIR 模型的方程为

$$\begin{cases} \dfrac{\mathrm{d}i}{\mathrm{d}t} = \lambda si - \mu i, & i(0) = i_0 \\ \dfrac{\mathrm{d}s}{\mathrm{d}t} = -\lambda si, & s(0) = s_0 \end{cases}$$

对于上面的微分方程组无法求出的解析解，可使用 NDSolve 命令求出数值解，并作出 $i(t), s(t)$ 及 $i(s)$ 的图像。

可设 $\lambda = 1, \mu = 3, i_0 = 0.02, s_0 = 0.98$。

    S1=NDSolve[{ i'[t] == s[t]*i[t],s'[t] ==－s[t]*i[t],i[0] == 0.02,s[0] == 0.98} ,{i,s},{t,0,50}]
    Plot[Evaluate[{i[t],s[t]}/.S1,{t,0,50}]
    ParametricPlot[Evaluate[{s[t],i[t]}/.S1,{t,0,50}]

从图 9-2 和图 9-3 中可以看到，$i(t)$ 从初值增长到最大然后减少 $t \to \infty, i \to 0$，$s(t)$ 单调减；$t \to \infty, s \to 0.04$。

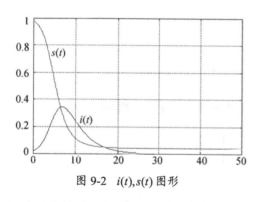

图 9-2 $i(t), s(t)$ 图形

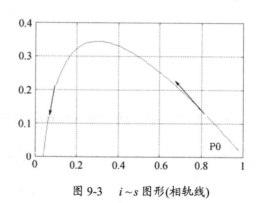

图 9-3 $i \sim s$ 图形(相轨线)

(3) 相轨线分析。在数值计算和图形观察的基础上，利用相轨线讨论解 $i(t), s(t)$ 的性质。

$s \sim i$ 平面称为相平面，相轨线在相平面上的定义域为

$$D = \{(s,i) | s \geq 0, i \geq 0, s+i \leq 1\}$$

在 SIR 模型的方程 $\begin{cases} \dfrac{di}{dt} = \lambda si - \mu i, & i(0) = i_0 \\ \dfrac{ds}{dt} = -\lambda si, & s(0) = s_0 \end{cases}$ 中消去 dt，得 $\begin{cases} \dfrac{di}{dt} = \dfrac{1}{\sigma s} - 1 \\ i\big|_{s=s_0} = i_0 \end{cases}$，其解为

$i = (s_0 + i_0) - s + \dfrac{1}{\sigma} \ln \dfrac{s}{s_0}$。

在定义域 D 内，$i = (s_0 + i_0) - s + \dfrac{1}{\sigma} \ln \dfrac{s}{s_0}$ 表示的曲线即为相轨线。

若 $s_0 > 1/\sigma$，则 $i(t)$ 先升后降至 0；若 $s_0 < 1/\sigma$，则 $i(t)$ 单调降至 0。因此 $1/\sigma$ 是阈值。

6) 预防传染病蔓延的手段

因为传染病不蔓延的条件是 $s_0 < 1/\sigma$，所以预防传染病蔓延的手段基本上有两个方面：

(1) 提高阈值 $1/\sigma$，即降低 $\sigma(=\lambda/\mu)$，可通过提高 μ，降低 λ 来实现，也就是通过提高卫生水平降低日接触率 λ 及提高医疗水平增加日治愈率来预防传染病蔓延。

(2) 降低 s_0，这可以通过预防接种增强群体免疫的方法实现。

7) 评注

传染病模型从几个方面体现了模型的改进、建模的目的性以及方法的配合。

(1) 最初建立的模型 1 基本上不能用，修改假设后的模型 2 虽有所改进，但仍不符合实际。进一步修改假设，并针对不同情况建立的模型 3 和模型 4 才是比较成功的。

(2) 模型 3 和模型 4 的可取之处在于它们比较全面地达到了建模的目的，即描述传染病的传播过程、分析受感染人数的变化规律、预报传染病高潮到来的时刻，探索预防传染病蔓延的手段。

(3) 对于比较复杂的模型 4，采用了数值计算，图形观察与理论分析相结合的方法。

9.2.2 食饵—捕食者建模

对于数学建模中的稳定性模型，常需要绘制模型的相轨线来对模型进行分析，但这种分析方法存在一定的局限性，对平衡点及相轨线的形状仅凭模型的走向绘制出来，缺乏精确度。同时有些模型的方程表达式无解析解，计算微分方程的数值解又存在一定困难，而利用Mathematica软件却可以有效地解决这些问题。下面以稳定性模型中的Voherra食饵—捕食模型为例阐述Mathematica软件在提高模型求解效率和结果可视化方面的优势。

例9.7 1) 问题

自然界中不同种群之间存在着一种非常有趣的既有依存、又有制约的生存方式：种群甲靠丰富的天然资源生存，而种群乙靠捕食甲为生，如食用鱼和鲨鱼，美洲兔和山猫，害虫和益虫都是这种生存方式的典型。生态学上称种群甲为食饵，种群乙为捕食者，二者共处形成食饵—捕食者系统。

在第一次世界大战期间地中海各港口捕获的几种鱼类占总捕获量百分比的资料中，发现鲨鱼(捕食者)的比例有明显的增加。捕获的各种鱼的比例基本上代表了地中海渔场中各种鱼的比例。而战争中捕获量大幅下降，应该使渔场中食用鱼(食饵)和以此为生的鲨鱼同时增加，但是，捕获量的下降为什么会使鲨鱼的比例增加，即对捕食者更加有利呢。Voherra 食饵—捕食模型解决了这一问题。

2) 模型建立

食饵和捕食者在时刻 t 的数量分别记作 $x(t)$，$y(t)$，假设当食饵独立生存的增长率为 r，捕食者离开食饵无法生存，设它独自存在时死亡率为 d，a 表示捕食者掠取食饵的能力，b 表示食饵供养捕食者的能力，E_1，E_2 分别表示两种群的捕获率，其中 $r > E_1$。则食饵—捕食模型为

$$\begin{cases} \dot{x}(t) = rx - axy - E_1 x \\ \dot{y}(t) = -dy + bxy - E_2 y \end{cases}$$

通过稳定性分析方法，可知上述模型存在平衡点 $O(0,0)$ 和 $A\left(\dfrac{d+E_2}{b}, \dfrac{b(r-E_1)}{a(d+E_2)}\right)$，其中平衡点 O 不稳定，而 A 为中心。

3) 模型求解

在模型 $\begin{cases} \dot{x}(t) = rx - axy - E_1 x \\ \dot{y}(t) = -dy + bxy - E_2 y \end{cases}$ 中，取 $r=4$，$a=2$，$E_1=1$，$d=1.5$，$b=1$，$E_2=1$，得

$$\begin{cases} \dot{x}(t) = x(4-2y) - x \\ \dot{y}(t) = y(-1.5+x) - y \end{cases}$$

利用 Mathematica 软件求解程序如下。

(1) 定义微分方程式 eqn，并解出其隐式解。

In[1]: =eqn=y[x]*(-2.5+x) -x*(3-2y[x])* y'[x] = =0;
In[2]: =Solve[eqn, y'[x]]//Simplify;

Out[2]= $\left\{\left\{y'[x] \to \dfrac{2.5y[x] - 1.xy[x]}{3.x - 2.xy[x]}\right\}\right\}$

(2) 定义函数 m 和 n，并判断是否为恰当方程。

In[3]: =m=y*(2.5-x);n=-x*(3-2y);{∂_y m, ∂_x n};

Out[3]={ -2.5+x, -3+2y}

(3) 由 $\begin{cases} \dot{x}(t) = x(4-2y) - x \\ \dot{y}(t) = y(-1.5+x) - y \end{cases}$ 中 2 个式子都不单独是 x 或 y 的函数，因此积分因子 $\mu = x^\alpha y^\beta$。

In[4]: =$\left\{\dfrac{1}{n}(\partial_y m - \partial_x n), \dfrac{1}{m}(-\partial_y m + \partial_x n)\right\}$;

Out[4]= $\left\{-\dfrac{0.5+x-2y}{x(3-2y)}, \dfrac{0.5+x-2y}{(-2.5+x)y}\right\}$

(4) 定义积分因子，并验证积分因子的合理性。

In[5]: =μ=x^{-1}y^{-1}; {∂_y (μ*m), ∂_x (μ*n)};

Out[5]={0，0}

(5) 定义位势函数 f。

In[6]: =f=∫μ*m dx+k[y]

(6) 由 $\dfrac{\partial f}{\partial y}$=$\mu$*n 可求得 $k[y]$。

In[7]: =∂_y f= =μ*n / / Simplify；

Out[7]=$\dfrac{3}{y}$ + k'[y] = =2

(7) 将 $k[y]$ 代入 $f=C$ 便可得到微分方程式的隐解。

In[8]: =sol=f= =C/. k[y]→2y-3Log[y];

Out[8]= -1.x+2y+2.5Log[x]-3Log[y]=C,

(8) 验证解的正确性，需将eqn化成y'[x]=f(x，y)的形式。

In[9]：=Solve[eqn，y'[x]] / /Simpfify；

Out[9]= $\left\{\left\{y'[x]\to\dfrac{1.(-2.5+x)y[x]}{x(3.-2.y[x])}\right\}\right\}$

(9) 将sol对x微分一次，再化成y'[x]=f(x，y)的形式，如果结果与Out[9]相同，则证明为微分方程式的解。

In[10]：=Solve[Dt[sol,x] / .Dt[C,x]→0,Dt[y，x]] / .y→y[x]//Simplify；

Out[10]= $\left\{\left\{y'[x]\to\dfrac{2.5y[x]-1.xy[x]}{-3.x+2.xy[x]}\right\}\right\}$。

(10) 加载ImplicitPlot绘图函数库，并利用隐函数绘图命令绘出隐解，输出图形如图9-4所示：

In[11]：=<<Graphics'ImplicitPlot'；

In[12]：=ImplicitPlot[Evaluate[sol / /.Table[{C→n},{n,3,6}]],{x,0.1,10},{y,0.2,9}]

Out[12]= -Graphics-

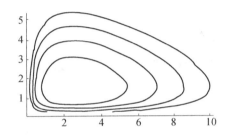

图 9-4　模型 $\begin{cases}\dot{x}(t)=x(4-2y)-x\\\dot{y}(t)=y(-1.5+x)-y\end{cases}$ 的相轨线图形

4) 模型的定性分析

模型 $\begin{cases}\dot{x}(t)=x(4-2y)-x\\\dot{y}(t)=y(-1.5+x)-y\end{cases}$ 有2个平衡点 O(0,0)，P(2.5，1.5)。其中 O(0,0) 为鞍点，P(2.5，1.5) 为中心。为研究平衡点P(2.5，1.5)作平移变换：$\bar{x}=x-2.5,\bar{y}=y-1.5$，从而模型变为

$$\begin{cases}\dot{\bar{x}}(t)=-2\bar{y}(\bar{x}+2.5)\\\dot{\bar{y}}(t)=\bar{x}(\bar{y}+1.5)\end{cases}$$

求得首次积分为

$$\bar{x}+2\bar{y}\sim 2.5\ln|\bar{x}+2.5|-3\ln|\bar{y}+1.5|=k$$

在所作变换下，P(2.5，1.5)变为 $\bar{O}(0,0)$，它是模型 $\begin{cases}\dot{\bar{x}}(t)=-2\bar{y}(\bar{x}+2.5)\\\dot{\bar{y}}(t)=\bar{x}(\bar{y}+1.5)\end{cases}$ 所对应的线性系统的中心点，而该模型在 $\bar{O}(0,0)$ 外围有连续的首次积分，于是，$\bar{O}(0,0)$ 是模型 $\begin{cases}\dot{x}(t)=x(4-2y)-x\\\dot{y}(t)=y(-1.5+x)-y\end{cases}$ 的中心点，即P(2.5，1.5)是模型 $\begin{cases}\dot{x}(t)=x(4-2y)-x\\\dot{y}(t)=y(-1.5+x)-y\end{cases}$ 的中心点，因而P(2.5，1.5)点外围将有一系列闭

轨线环绕，每一条闭轨线在首次积分

$$\bar{x}+2\bar{y}-2.5\ln|\bar{x}+2.5|-3\ln|\bar{y}+1.5|=k$$

中对应着常数k的一个确定的数值，这说明模型 $\begin{cases} \dot{x}(t)=x(4-2y)-x \\ \dot{y}(t)=y(-1.5+x)-y \end{cases}$ 的解$x(t)$，$y(t)$都是周期解。根据对相轨线的走向分析，得到闭轨线是按逆时针方向变化的。由Mathematica设计的程序，得到模型 $\begin{cases} \dot{x}(t)=x(4-2y)-x \\ \dot{y}(t)=y(-1.5+x)-y \end{cases}$ 的精确图形(图9-4)，其符合理论分析结果。

5) 模型解释

Voherra食饵—捕食模型说明：在弱肉强食情况下降低食饵的繁殖率，可使捕食者减少，降低捕食者的掠取能力却会使之增加；捕食者的死亡率上升导致食饵增加，食饵供养捕食者的能力增强会使食饵减少。这就解释了战争期间捕获量下降为什么会使捕食者的比例有明显增加。

6) 评注

利用Mathematica软件可以有效解决数学建模中的微分方程模型的数值解计算及相轨线的绘制等问题，提高了求解的效率和精确度，对结果的显示更为直观。在应用计算机技术的过程中，应先对数学模型进行深入的分析，再采用恰当的数学软件进行处理。

9.2.3 人口的预测与控制建模

人类社会进入20世纪以来，在科学技术和生产力飞速发展的同时，世界人口也以空前的规模增长，统计数据如表9-7和表9-8所列。

表9-7 世界人口

年	1625	1830	1930	1960	1974	1987	1999
人口/亿	5	10	20	30	40	50	60

表9-8 中国人口

年	1908	1933	1953	1964	1982	1990	1995	2000
人口/亿	3.0	4.7	6.0	7.2	10.3	11.3	12.0	13.0

可以看出，人口每增加10亿的时间，由100年缩短为30年和十几年。

下面讨论认识人口的数量变化规律，建立人口模型，作出较准确的预报，有效控制人口的增长。

例9.8 1) 问题

已知1790—1990年间美国每隔10年的人口记录见表9-9(人口单位：10^6)。

表9-9 美国每隔十年的人口记录

年份	1790	1800	1810	1820	1830	1840	1850
人口	3.9	5.3	7.2	9.6	12.9	17.2	23.2
年份	1860	1870	1880	1890	1900	1910	1920
人口	31.4	38.6	50.2	62.9	76	92	106.5
年份	1930	1940	1950	1960	1970	1980	1990
人口	123.2	131.7	150.7	179.3	204	226.5	251.4

下面利用美国的人口数据作模型参数估计，检验和预测。

2) 模型1 指数增长模型——马尔萨斯提出（1798）

(1) 基本假设。记时刻t的人口为$x(t)$，当考察一个国家或一个较大地区的人口时$x(t)$是一个很大的整数。将$x(t)$视为连续、可微函数。记初始时刻人口为x_0。假设人口(相对)增长率r是常数。

(2) 模型建立：

$$\frac{x(t+\Delta t) - x(t)}{x(t)} = r\Delta t$$

得到$x(t)$满足微分方程

$$\frac{\mathrm{d}x}{\mathrm{d}t} = rx, \quad x(0) = x_0$$

利用 Mathematica 软件可以求解微分方程：

DSolve[{ x'[t] = = r*x[t],[0] = = x0},[t],]

解得

$$x(t) = x_0 \mathrm{e}^{rt} \approx x_0(1+r)^t$$

可以看出，随着时间增加，人口按指数规律无限增长。

(3) 模型解释。指数增长模型的应用及局限性。

① 与19世纪以前欧洲一些地区人口统计数据吻合。
② 适用于19世纪后迁往加拿大的欧洲移民后代。
③ 可用于短期人口增长预测。
④ 不符合19世纪后多数地区人口增长规律。
⑤ 不能预测较长期的人口增长过程。

为了使人口预报更好地符合实际情况，必须修改关于人口增长率是常数的假设。

3) 模型2——阻滞增长模型(Logistic模型)

(1) 模型分析和建立。当人口增长到一定数量后，增长率下降的原因是资源、环境等因素对人口增长具有阻滞作用并且阻滞作用随人口数量增加而变大。人口增长率r不是常数而是逐渐下降，即r是x的减函数，$r(x)=r-sx$。其中r是固有增长率，表示人口很少(理论上$x=0$)的增长率。设x_m表示人口容量，即资源、环境能容纳的最大人口数量。当$x=x_m$时人口不再增长，即增长率$r(x_m)=0$，代入到$r(x)=r-sx$得$s = \dfrac{r}{x_m}$，于是$r(x) = r\left(1 - \dfrac{x}{x_m}\right)$，代入到$\dfrac{\mathrm{d}x}{\mathrm{d}t} = rx$，$x(0) = x_0$中，得

$$\frac{\mathrm{d}x}{\mathrm{d}t} = rx\left(1 - \frac{x}{x_m}\right), \quad x(0) = x_0$$

方程右端因子rx体现人口自身的增长趋势，因子$\left(1 - \dfrac{x}{x_m}\right)$则体现了资源、环境等因素对人口增长的阻滞作用。显然，x越大，前一因子越大，后一因子越小，人口增长是两个因子共同作用的结果，因此这一模型称为阻滞增长模型。

利用 Mathematica 软件可以求解微分方程：

DSolve[{ x'[t] = = r*x[t] *(1−x/xm), x[0] = = x0},x[t], t]

解得

$$x(t) = \frac{x_m}{1+\left(\dfrac{x_m}{x_0}-1\right)e^{-rt}}$$

4) 模型的参数估计，检验和预测

用阻滞增长模型进行人口预报，先要作参数估计。除了初始人口 x_0 外，还要估计 r 和 x_m。根据专家估计 $r=0.2557$，$x_m=392.1$，代入到上面的公式中就可以得到人口计算公式，预测未来的人口数量。

将计算结果与美国人口的实际数据相比较得表9-10。

表9-10 阻滞增长模型计算结果与美国人口的实际数据

年	1790	1800	1810	1820	1830	1840	1850	1860
实际人口	3.9	5.3	7.2	9.6	12.9	17.1	23.2	31.4
计算人口 x	3.9	5.0	6.5	8.3	10.7	13.7	17.5	22.3
年	1870	1880	1890	1900	1910	1920	1930	1940
实际人口	38.6	50.2	62.9	76.0	92.0	106.5	123.2	131.7
计算人口 x	28.3	35.8	45.0	56.2	69.7	85.5	103.9	124.5
年	1950	1960	1970	1980	1990			
实际人口	150.7	179.3	204.0	226.5	251.4			
计算人口 x	147.2	171.3	196.2	221.2	245.3			

5) 评注

用数学工具描述人口变化规律，关键是对人口增长率作出合理、简化的假定。阻滞增长模型就是将指数增长模型关于人口增长率是常数的假设进行修正后得到的。

9.2.4 广告费建模

例9.9 1) 问题

某公司需要一大批饮料需要出售，根据统计资料，零售价增高，则销售量减少，数据见表9-11。如果做广告，可使销售量增加，具体增加量，以售量提高因子 k 表示，k 与广告费的关系见表9-12，已知饮料的进价是每瓶2元，问如何确定饮料的价格和花多少广告费，可使公式获利最大。

表9-11 饮料预期销售量与价格的关系

单价/元	2.00	2.50	3.00	3.50	4.00	4.50	5.00	5.50	6.00
售量/千瓶	41	38	34	32	29	28	25	22	20

表9-12 售量提高因子与广告费的关系

广告费/万元	0	1	2	3	4	5	6	7
提高因子 k	1.00	1.40	1.70	1.85	1.95	2.00	1.95	1.80

2) 符号约定

符号约定见表9-13。

3) 曲线拟合

根据表 9-11，利用 Mathematica 软件绘制散点图：

输入　p1=ListPlot[{{2.00,41},{2.50,38},{3.00,34},{3.50,32},{4.00,29},{4.50,28},{5.00,25},{5.50,22},{6.00,20}}];Show[p1]

则输出的图形如图9-5所示。

表 9-13　符号约定

符号	意义
x	预期销售量
s	实际销售量
p	利润
y	销售单价
z	广告费
$c\,(c=2)$	成本单价

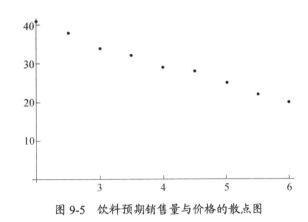

图 9-5　饮料预期销售量与价格的散点图

由散点图可看出饮料预期销售量与价格成线性关系，设 $x=ay+b$，利用 Mathematica 软件做曲线拟合：

输入　ff={{2.00, 41}, {2.50, 38}, {3.00, 34}, {3.50, 32}, {4.00, 29}, {4.50, 28}, {5.00, 25}, {5.50, 22}, {6.00, 20}};
　　　Fit[ff, {1, x}, x]

50.4222 − 5.13333 x

确定

$$x = 50.4222 - 5.13333\,y$$

由表 9-12 利用 Mathematica 软件绘制散点图：

输入　p1=ListPlot[{{0,1.00},{1,1.40},{2,1.70},{3,1.85},{4,1.95},{5,2.00},{6,1.95},{7,1.80}}];
　　　Show[p1]

则输出的图形如图9-6所示。

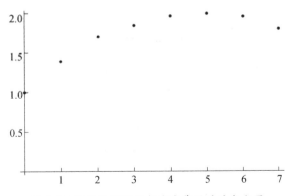

图 9-6　售量提高因子与广告费的关系散点图

由散点图可看出售量提高因子与广告费近似成二次关系，设 $k=dz^2+ez+f$，利用 Mathematica 软件做曲线拟合：

输入　　p1=ListPlot[{{0,1.00},{1,1.40},{2,1.70},{3,1.85},{4,1.95},{5,2.00},{6,1.95},{7,1.80}}];
　　　　f=Fit[t,{1,x,x^2},x]
　　　　p2=Plot[f,{x,0,5}];
　　　　Show[p2]

输出　　1.01875_+0.409226 x−0.0425595 x^2

结果如图9-7所示。

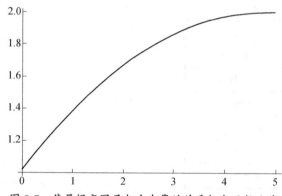

图 9-7　售量提高因子与广告费的关系拟合函数曲线

确定
$$k = -0.0425595z^2 + 409226z + 1.01875$$

4) 模型建立
$$S = kx$$
$$p = Sy - Sc - z = kx(y - c) - z$$

将 x,k 的结果代入上式，得
$$p(y,z) = (dz^2 + ez + f)(ay+b)(y-c) - z, y, z > 0$$

问题即研究当 y,z 取何值时，利润 $p(y,z)$ 取得最大值。

5) 模型求解
$$\begin{cases} \dfrac{\partial p}{\partial y} = (dz^2 + ez + f)(2ay + b - ac) = 0 \\ \dfrac{\partial p}{\partial z} = (2dz + e)(ay+b)(y-c) - 1 = 0 \end{cases}$$

由上式，得 $dz^2 + ez + f = 0$，即 $k = 0$，与实际不符；或 $2ay + b - ac = 0$，解得驻点
$$\begin{cases} y_0 = \dfrac{ac-b}{2a} \\ z_0 = \dfrac{1}{2d(ay_0+b)(y_0-c)} - \dfrac{e}{2d} \end{cases}$$

在 (y_0, z_0) 处，有
$$A = \frac{\partial^2 p}{\partial y^2} = 2a(dz^2 + ez + f) < 0$$
$$B = \frac{\partial^2 p}{\partial y \partial z} = (2dz + e)(2ay + b - ac) = 0$$

$$C = 2d(ay+b)(y-c) < 0$$

$\Delta = B^2 - AC < 0$,所以在 (y_0, z_0) 点 $p(y,z)$ 取得极大值,即最大值。

经计算,得

$$y_0 = 5.91, z_0 = 33113, \quad x = ay + b = 20.084, \quad k = dz^2 + ez + f = 1.91$$

结论:按价格 5.91 和广告费 1.91 万元,实际销售量可以达到 38360 瓶,可获利润为 116875 元。

9.3 Mathematica 软件在回归分析建模中的应用

当人们对研究对象的内在特性和各因素间的关系有比较充分的认识时,一般用机理分析方法建立数学模型。如果由于客观事物内部规律的复杂性及人们认识程度的限制,无法分析实际对象内在的因果关系,建立合乎机理规律的数学模型,那么通常的办法是搜集大量的数据,通过对数据的统计分析,找出与数据拟合最好的模型。回归模型是用统计分析方法建立的最常用的一类模型。

回归分析是用来确定两种或两种以上变量相互依赖的定量关系的一种统计分析方法,运用十分广泛。按照自变量和因变量的关系类型,可分为线性回归分析和非线性回归分析。

如果在回归分析中,只包括一个自变量和一个因变量,且二者的关系可用一条直线近似表示,这种回归分析称为一元线性回归分析。如果回归分析中包括两个或两个以上的自变量,且因变量和自变量之间是线性关系,则称为多元线性回归分析。若因变量和自变量之间不是线性关系,则称为非线性回归分析。

利用 Mathematica 软件可以求解回归分析。

1) 调用线性回归软件包的命令<<Statistics\LinearRegression.m

输入并执行调用线性回归软件包的命令

    <<Statistics\LinearRegression.m

或调用整个统计软件包的命令

    <<Statistics`

2) 线性回归的命令 LinearModelFit

一元和多元线性回归的命令都是 LinearModelFit。其格式为

LinearModelFit[数据,回归函数的简略形式,自变量]

3) 非线性拟合的命令 NonlinearModelFit

使用的基本格式为

NonlinearModelFit [数据,拟合函数,(拟合函数中的)参数,(拟合函数中的)变量集,选项]

9.3.1 线性回归建模

例 9.10　1) 问题

混凝土的抗压强度随养护时间的延长而增加,现将一批混凝土分别做三次试验,得到养护时间及抗压强度的数据如表 9-14 所列。

表 9-14　养护时间及抗压强度的数据

养护时间	10.0	10.0	10.0	15.0	15.0	15.0	20.0	20.0	20.0	25.0	25.0	25.0	30.0	30.0	30.0
抗压强度	25.2	27.3	28.7	29.8	31.1	27.8	31.2	32.6	29.7	31.7	30.1	32.3	29.4	30.8	32.8

2) 模型分析

(1) 作散点图。

(2) 以模型 $Y = b_0 + b_1 x + b_2 x^2 + \varepsilon, \varepsilon \sim N(0, \sigma^2)$ 拟合数据，其中 b_0, b_1, b_2, σ^2 与 x 无关。

(3) 求回归方程 $\hat{y} = \hat{b}_0 + \hat{b}_1 x + \hat{b}_2 x^2$，并作回归分析。

3) 模型求解

输入　bb={{10.0,25.2},{10.0,27.3},{10.0,28.7},{15.0,29.8},
　　　　　{15.0,31.1},{15.0,27.8},{20.0,31.2},{20.0,32.6},
　　　　　{20.0,29.7},{25.0,31.7},{25.0,30.1},{25.0,32.3},
　　　　　{30.0,29.4},{30.0,30.8},{30.0,32.8}};

(1) 作散点图。

输入　ListPlot[bb，PlotRange->{{5,32},{23,33}},AxesOrigin->{8,24}]

则输出图 9-8。

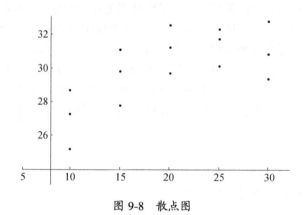

图 9-8　散点图

(2) 作二元线性回归。

输入　LinearModelFit[bb, {1, x, x^2}, x]

　　　(*对数据 bb 作回归分析，回归函数为 $b_0 + b_1 x + b_2 x^2$，用 {1, x, x^2} 表示，
　　　自变量为 x，参数 b_0, b_1, b_2 的置信水平为 0.95 的置信区间)

(3) 结果分析。

执行后得到输出的结果：

　　　{bestFit->19.0333+1.00857x−0.020381x^2

　　　ParameterCITable->

	Estimate	SE	CI
1	19.0333	3.27755	{11.8922, 26.1745}
x	1.00857	0.356431	{0.231975, 1.78517}
x^2	−0.020381	0.00881488	{−0.0395869, −0.00117497}

ParameterTable->

	Estimate	SE	Tstat	PValue
1	19.0333	3.27755	5.80718	0.0000837856
x	1.00857	0.356431	2.82964	0.0151859
x^2	−0.020381	0.00881488	−2.31211	0.0393258

Rsquared->0.614021，AdjustedRSquared->0.549692，

EstimatedVariance->2.03968，ANOVATable->

	DF	SumOfSq	MeanSq	Fratio	PValue
Model	2	38.9371	19.4686	9.5449	0.00330658
Error	12	24.4762	2.03968		
Total	14	63.4133			

从输出结果可见回归方程为

$$Y = 19.0333 + 1.00857x - 0.020381x^2$$

$\hat{b}_0 = 19.0333$, $\hat{b}_1 = 1.00857$, $\hat{b}_2 = -0.020381$。它们的置信水平为 0.95 的置信区间分别是(11.8922, 26.1745),(0.231975,1.78517),(-0.0395869, -0.00117497)。

假设检验的结果是在显著性水平为 0.95 时它们都不等于零。在模型

$$Y = b_0 + b_1 x + b_2 x^2 + \varepsilon, \varepsilon \sim N(0, \sigma^2)$$

中，σ^2 的估计为2.03968。对模型参数 $\beta = (b_1, b_2)^T$ 是否等于零的检验结果是 $\beta \neq 0$。因此回归效果显著。

4) 评注

应用 Mathematica 软件可以建立回归方程，绘制散点图和回归直线，还可以对结果进行检验分析，大大提高我们解决实际问题的能力。

9.3.2 非线性回归建模

例 9.11 1) 问题

表 9-15 中的数据来自对某种遗传特征的研究结果，一共有 2723 对数据，把它们分成 8 类。

表 9-15 某种遗传特征的研究成果

频率	579	1021	607	324	120	46	17	9
分类变量 x	1	2	3	4	5	6	7	8
遗传性指标 y	38.08	29.7	25.42	23.15	21.79	20.91	19.37	19.36

研究者通过散点图认为 y 和 x 符合指数关系 $y = ae^{bx} + c$，其中 a, b, c 是参数。求参数 a, b, c 的最小二乘估计。

2) 模型分析

因为 y 和 x 的关系不是能用 Fit 命令拟合的线性关系，也不能转换为线性回归模型。因此考虑使用以下方法：

(1) 多元微积分的方法求 a, b, c 的最小二乘估计。

(2) 非线性拟合命令 NonlinearModelFit 求 a, b, c 的最小二乘估计。

3) 模型的建立及求解

模型 1 微积分方法

输入　Off[General::spell]

　　　Off[General::spell1]

　　　Clear[x，y,a,b,c]

　　　dataset={{579,1,38.08},{1021,2,29.70},{607,3,25.42},{324,4,23.15},

　　　{120,5,21.79},{46,6,20.91},{17,7,19.37},{9,8,19.36}};　(*输入数据集*)

　　　y[x_]:=a Exp[b x]+c　(*定义函数关系*)

下面一组命令先定义了曲线 $y = ae^{bx} + c$ 与 2723 个数据点的垂直方向的距离平方和，记为 $g(a,b,c)$。再求 $g(a,b,c)$ 对 a,b,c 的偏导数 $\frac{\partial g}{\partial a}, \frac{\partial g}{\partial b}, \frac{\partial g}{\partial c}$，分别记为 ga, gb, gc。用 FindRoot 命令解三个偏导数等于零组成的方程组(求解 a,b,c)。其结果就是所要求的 a,b,c 的最小二乘估计。输入

```
Clear[a,b,c,f,fa,fb,fc]
g[a_,b_,c_]:=Sum[dataset[[i,1]]*(dataset[[i,3]]-a
    *Exp[dataset[[i,2]]*b]-c)^2,{i,1,Length[dataset]}]
ga[a_,b_,c_]=D[g[a,b,c],a];
gb[a_,b_,c_]=D[g[a,b,c],b];
gc[a_,b_,c_]=D[g[a,b,c],c];
Clear[a,b,c]
oursolution=FindRoot[{ga[a,b,c]= =0,gb[a,b,c]= =0,
                    gc[a,b,c]= =0},{a,40.},{b, -1.},{c,20.}]
           (* 40 是 a 的初值,-1 是 b 的初值,20 是 c 的初值*)
```

输出　{a->33.2221,b->-0.626855,c->20.2913}

输入　yhat[x_]=y[x]/.oursolution

输出　$20.2913 + 33.2221\,e^{-0.626855x}$

这就是 y 和 x 的最佳拟合关系。输入以下命令可以得到拟合函数和数据点的图形：

```
p1=Plot[yhat[x],{x,0,12},PlotRange->{15,55},DisplayFunction->Identity];
pts=Table[{dataset[[i,2]],dataset[[i,3]]},{i,1,Length[dataset]}];
p2=ListPlot[pts,PlotStyle->PointSize[.01],DisplayFunction->Identity];
Show[p1,p2,DisplayFunction->$DisplayFunction];
```

则输出图 9-9。

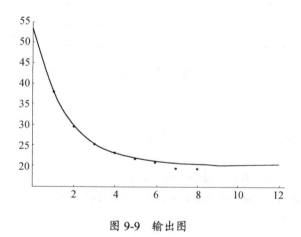

图 9-9　输出图

模型 2　直接用非线性拟合命令 NonlinearModelFit 方法

输入　data2=Flatten[Table[Table[{dataset[[j,2]],dataset[[j,3]]},
　　　　　　　{i,dataset[[j,1]]}],{j,1,Length[dataset]}],1];
　　　　　　(*把数据集恢复成 2723 个数对的形式*)
　　　<<Statistics`
　　　w=NonlinearModelFit [data2,a*Exp[b*x]+c,{{a,40},{b,-1},{c,20}},{x}]

输出　　$20.2913+33.2221e^{-0.626855x}$

这个结果与模型 1 的结果完全相同。这里同样要注意的是参数 a,b,c 必须选择合适的初值。

如果要评价回归效果,则只要求出 2723 个数据的残差平方和 $\sum(y_i-\hat{y}_i)^2$。

输入　　yest=Table[yhat[dataset[[i,2]]],{i,1,
　　　　Length[dataset]}];
　　　　yact=Table[dataset[[i,3]],{i,1,Length[dataset]}];
　　　　wts=Table[dataset[[i,1]],{i,1,Length[dataset]}];
　　　　sse=wts.(yact−yest)^2　(*作点乘运算*)

输出　　59.9664

即 2723 个数据的残差平方和是 59.9664。再求出 2723 个数据的总的相对误差的平方和 $\sum[(y_i-\hat{y}_i)^2/\hat{y}_i]$。

输入　　sse2=wts.((yact−yest)^2/yest)　(*作点乘运算)

输出　　2.74075

由此可见,回归效果显著。

4) 评注

模型 2 直接用非线性拟合命令 NonlinearModelFit 求解,比模型 1 的解法更为简便。

9.3.3　香皂的销售量建模

例 9.12　1) 问题

某大型香皂制造企业为了更好地拓展产品市场,有效地管理库存,公司董事会要求销售部门根据市场调查,找出公司生产的香皂销售量与销售价格、广告投入等之间的关系,从而预测出在不同阶段和广告费用下的销售量。为此,销售部的研究人员收集了过去 30 个销售周期(每个销售周期为 4 周)公司生产的香皂的销售量、销售价格、投入的广告费用,以及同期其他厂家生产的同类香皂的市场平均售价(表 9-16)。试根据这些数据建立一个数学模型,分析香皂销售量与其他因素的关系,为制订价格策略和广告投入策略提供数量依据。

表 9-16　香皂销售量与销售价格、广告费用等数据
(其中价格差指其他厂家平均价格与公司销售价格之差)

销售周期	公司销售价格/元	其他厂家平均价/元	广告费用/百万元	价格差/元	销售量/百万元
1	3.85	3.50	5.50	−0.05	7.38
2	3.75	4.00	6.75	0.25	8.51
3	3.70	4.30	7.25	0.60	9.52
4	3.70	3.70	5.50	0	7.50
5	3.60	3.85	7.00	0.25	9.33
6	3.60	3.80	6.50	0.20	8.28
7	3.60	3.75	6.75	0.15	8.75
8	3.80	3.85	5.25	0.05	7.87
9	3.80	3.65	5.25	−0.15	7.10
10	3.85	4.00	6.00	0.15	8.00
11	3.90	4.10	6.50	0.20	7.89

(续)

销售周期	公司销售价格/元	其他厂家平均价/元	广告费用/百万元	价格差/元	销售量/百万元
12	3.90	4.00	6.25	0.10	8.15
13	3.70	4.10	7.00	0.40	9.10
14	3.75	4.20	6.90	0.45	8.86
15	3.75	4.10	6.80	0.35	8.90
16	3.80	4.10	6.8	0.30	8.87
17	3.70	4.20	7.10	0.50	9.26
18	3.80	4.30	7.00	0.50	9.00
19	3.70	4.10	6.80	0.40	8.75
20	3.80	3.75	6.50	−0.05	7.95
21	3.80	3.75	6.25	−0.05	7.65
22	3.75	3.65	6.00	−0.10	7.27
23	3.70	3.90	6.50	0.20	8.00
24	3.55	3.65	7.00	0.10	8.50
25	3.60	4.10	6.80	0.50	8.75
26	3.65	4.25	6.80	0.60	9.21
27	3.70	3.65	6.50	−0.05	8.27
28	3.75	3.75	5.75	0	7.67
29	3.80	3.85	5.80	0.05	7.93
30	3.70	4.25	6.8	0.55	9.26

2) 模型分析与假设

由于香皂是生活必需品，对大多数顾客来说，在购买同类产品的香皂时更多地会在意不同品牌之间的价格差异，而不是它们本身的价格，因此，在研究各个因素对销售量的影响时，用价格差代替公司销售价格和其他厂家平均价格更为合适。

记香皂销售量为y，其他厂家平均价格与公司销售价格之差为x_1，公司投入的广告费用为x_2，其他厂家平均价格和公司销售价格分别为x_3和x_4，$x_1 = x_3 - x_4$。基于上面的分析，仅利用x_1和x_2来建立y的预测模型。

基本模型 为了大致地分析y与x_1和x_2的关系，首先利用表9-16的数据分别作出y对x_1和x_2的散点图(图9-10和图9-11中的圆点)。

从图9-10可以发现，随着x_1的增加，y的值有比较明显的线性增长趋势，图中的直线是用线性模型

$$y = \beta_0 + \beta_1 x_1 + \varepsilon$$

拟合的(其中ε是随机误差)。而在图9-11中，当x_2增大时，y有向上弯曲增加的趋势，图中的曲线是用二次函数模型

$$y = \beta_0 + \beta_1 x_2 + \beta_2 x_2^2 + \varepsilon$$

拟合的。

综合上面的分析，结合上面两个模型建立如下的回归模型：

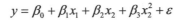
$$y = \beta_0 + \beta_1 x_1 + \beta_2 x_2 + \beta_3 x_2^2 + \varepsilon$$

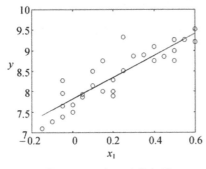

图 9-10　y 对 x_1 的散点图

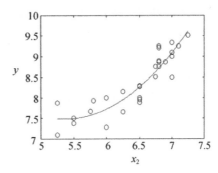

图 9-11　y 对 x_2 的散点图

上式等号右端的 x_1 和 x_2 称为回归变量(自变量)，$\beta_0 + \beta_1 x_1 + \beta_2 x_2 + \beta_3 x_2^2$ 是给定价格差 x_1、广告费用 x_2 时，香皂销售量 y 的平均值，其中参数 $\beta_0, \beta_1, \beta_2, \beta_3$ 称为回归系数，由表 9-16 的数据估计，影响 y 的其他因素作用都包含在随机误差 ε 中。如果模型选择得合适，ε 应大致服从均值为零的正态分布。

3) 模型求解

直接利用 Mathematica 软件求解：

data={(−0.05,5.50,7.38),(0.25,6.75.8.51),(0.60,7.25,9.52),(0,5.5.,7.50),(0.25,7.00,9.33),(0.20,6.50,8.28),
(0.15,6.75,8.75),(0.05,5.25,7.87),(−0.15,5.25,7.10),(0.15,6.00,8.00)(0.20,6.50,7.89),(0.10,6.25,8.15),
(0.40,7.00,9.10),(0.45,6.90,8.86),(0.35,6.80,8.90),(0.30,6.80,8.87),(0.50,7.10,9.26),(0.50,7.00,9.00),
(0.40,6.80,8.75),(−0.05,6.50,7.95),(−0.05,6.25,7.65),(−0.10,6.00,7.27),(0.20,6.50,8.00),(0.10,7.00,8.50),
(0.50,6.80,8.75),(0.60,6.80,9.21),(−0.05,6.50,8.27),(0,5.75,7.67),(0.05,5.80,7.93),(0.55,6.80,9.26)}

LinearModelFit [data,{x₁,x₂,x₂^2},{x₁,x₂}]

或 NonlinearModelFit[data,b₀+b₁* x₁+b₂*x₂+b₃*x₂^2,{b₀,b₁,b₂,b₃},{x₁,x₂}]

得到模型 $y = \beta_0 + \beta_1 x_1 + \beta_2 x_2 + \beta_3 x_2^2 + \varepsilon$ 的回归系数估计值及其置信区间(置信水平 $\alpha = 0.05$)、检验统计量 R^2，F，p 的结果，见表 9-17。

表 9-17　模型的计算结果

参数	参数估计值	参数置信区间
β_0	17.3244	[5.7282, 28.9206]
β_1	1.3070	[0.6829, 1.9311]
β_2	−3.6956	[−7.4989, 0.1077]
β_3	0.3486	[0.0379, 0.6594]
$R^2 = 0.9054$, $F = 82.9409$, $p < 0.0001$		

4) 结果分析

表 9-17 显示，$R^2 = 0.9054$，指因变量 y(销售量)的 90.54%可由模型确定，F 值远远超过 F 检验的临界值，p 远远小于 α，因而模型从整体来看是可用的。

表 9-17 的回归系数给出了模型中 $\beta_0, \beta_1, \beta_2, \beta_3$ 的估计值，即 $\hat{\beta}_0=17.3244$，$\hat{\beta}_1=1.3070$，$\hat{\beta}_2=-3.6956$，$\hat{\beta}_3=0.3486$。检查它们的置信区间发现：只有 β_2 的置信区间包含零点(但区间右端点距零点很近)，表明回归变量 x_2 对因变量 y 的影响不是太显著，但由于 x_2^2 是显著的，因此仍将变量 x_2 保留在模型中。

5) 销售量预测

将回归系数的估计值代入模型 $y = \beta_0 + \beta_1 x_1 + \beta_2 x_2 + \beta_3 x_2^2 + \varepsilon$，即可预测公司未来某个销售周期香皂的销售量 y，预测值记作 $\hat{y}$，得到模型的预测方程：

$$\hat{y} = \hat{\beta}_0 + \hat{\beta}_1 x_1 + \hat{\beta}_2 x_2 + \hat{\beta}_3 x_2^2$$

只需要知道该销售周期的价格差 x_1 和投入的广告费用 x_2 就可以计算预测值 $\hat{y}$。

值得注意的是，公司无法直接确定价格差 x_1，而只能指定公司该周期的香皂售价 x_4，但是其他厂家的平均价格 x_3 一般可以通过分析和预测当时的市场情况及原材料的价格变化等估计出。模型中引入价格差 $x_1 = x_3 - x_4$ 作为回归变量，而非 x_3, x_4 的好处在于，公司可以灵活地预测产品的销售量(或市场需求量)，因为 x_3 的值不是公司所能控制的。预测时只要调整 x_4 达到设定的回归变量 x_1 的值，如公司计划在未来的某个销售周期中，维持产品的价格差为 $x_1 = 0.2$ 元，并将投入 $x_2 = 6.5$ 百万元的广告费用，则该周期香皂销售量的估计值为 $\hat{y} = 17.3244 + 1.3070 \times 0.2 + (-3.6956) \times 6.5 + 0.3486 \times 6.5^2 = 8.2933$ 百万元。

回归模型的一个重要应用是，对于给定的回归变量的取值，可以以一定的置信度预测因变量的取值范围，即预测区间。如当 $x_1 = 0.2$，$x_2 = 6.5$ 时可以算出香皂销售量的置信度为 95% 的预测区间为 **[7.8230, 8.7636]**，它表明在将来的某个周期中，即如果公司维持产品的价格差为 0.2 元，并投入 650 万元的广告费用，那么可以有 95% 的把握保证香皂的销售量为 7.832 百万元～8.7636 百万元。实际操作时，预测上限可以用来作为库存管理的目标值，即公司可以生产(或库存)8.7636 百万元香皂来满足该销售周期顾客的需求；预测下限可以用来较好地把握(或控制)公司的现金流，理由是公司对该周期销售 7.832 百万元香皂十分自信，如果在该销售周期中公司将香皂售价定为 3.70 元，且估计同期它厂家的平均价格为 3.90 元，那么董事会可以有充分的依据知道公司的香皂销售额应在 $7.832 \times 3.7 \approx 29$ 百万元以上。

6) 模型改进

显然，模型 $y = \beta_0 + \beta_1 x_1 + \beta_2 x_2 + \beta_3 x_2^2 + \varepsilon$ 中回归变量 x_1 和 x_2 对因变量 y 的影响是相互独立的，即香皂销售量 y 的均值与广告费用 x_2 的二次关系由回归系数 β_2 和 β_3 确定，而不依赖于价格差 x_1；同样，y 的均值与 x_1 的线性关系由回归系数 β_1 确定，而不依赖于 x_2。根据直觉和实际经验可以猜想，x_1 和 x_2 之间的交互作用也会对 y 有影响，不妨简单的用 x_1 和 x_2 的乘积代表它们的交互作用，于是将模型 $y = \beta_0 + \beta_1 x_1 + \beta_2 x_2 + \beta_3 x_2^2 + \varepsilon$ 中增加一项，得

$$y = \beta_0 + \beta_1 x_1 + \beta_2 x_2 + \beta_3 x_2^2 + \beta_4 x_1 x_2 + \varepsilon$$

在这个模型中，y 的均值与 x_2 的二次关系为 $(\beta_2 + \beta_4 x_1) x_2 + \beta_3 x_2^2$，由系数 $\beta_2, \beta_3, \beta_4$ 确定，并依赖于价格差 x_1。

下面用表 9-16 的数据估计模型 $y = \beta_0 + \beta_1 x_1 + \beta_2 x_2 + \beta_3 x_2^2 + \beta_4 x_1 x_2 + \varepsilon$ 的系数，利用 Mathematica 软件得到的结果如表 9-18 所列。

表 9-18 改进模型的计算结果

参数	参数估计值	参数置信区间
β_0	29.1133	[13.7013, 44.5252]
β_1	11.1342	[1.9778, 20.2906]
β_2	-7.6080	[-12.6932, -2.5228]
β_3	0.6712	[0.2538, 1.0887]
β_4	-1.4777	[-2.8518, -0.1037]
$R^2 = 0.9209$, $F = 72.7771$, $p < 0.0001$		

表 9-18 与表 9-17 的结果相比，R^2 有所提高，说明模型 $y = \beta_0 + \beta_1 x_1 + \beta_2 x_2 + \beta_3 x_2^2 + \beta_4 x_1 x_2 + \varepsilon$ 比前一模型 $y = \beta_0 + \beta_1 x_1 + \beta_2 x_2 + \beta_3 x_2^2 + \varepsilon$ 有所改进，并且，所有参数的置信区间，特别是 x_1、x_2 的交互作用项 $x_1 x_2$ 的系数 β_4 的置信区间不包含零点，所以有理由相信改进后的模型比原来的模型更符合实际。

下面用改进的模型 $y = \beta_0 + \beta_1 x_1 + \beta_2 x_2 + \beta_3 x_2^2 + \beta_4 x_1 x_2 + \varepsilon$ 对公司的香皂销售量做预测。仍设在某个销售周期中，维持产品的价格差为 $x_1 = 0.2$ 元，并将投入 $x_2 = 6.5$ 百万元的广告费用，则该周期香皂销售量 y 的估计值为

$$\hat{y} = \hat{\beta}_0 + \hat{\beta}_1 x_1 + \hat{\beta}_2 x_2 + \hat{\beta}_3 x_2^2 + \hat{\beta}_4 x_1 x_2$$

$= 29.1133 + 11.1342 \times 0.2 - 7.6080 \times 6.5 + 0.6712 \times 6.5^2 - 1.4777 \times 0.2 \times 6.5 = 8.3272$ 百万元

置信度为 95% 的预测区间为 **[7.8953, 8.7592]**，与原来模型的结果相比，$\hat{y}$ 略有增加，而预测区间长度略短一些。

7) 评注

从这个实例看到，建立回归模型可以先根据已知的数据，从常识和经验进行分析，辅以作图(图 9-7 和图 9-8)，决定取哪几个回归变量，及它们的函数形式(如线性、二次或指数的)。用 Mathematica 软件求解后，做统计分析：R^2、F、p 值的大小是对模整体型的评价，每个回归系数置信区间是否包含零点，可以用来检验对应的回归变量对因变量的影响是否显著(若包含零则不显著)。如果对结果不够满意，则应改进模型，如添加二次项、交互项等。

对因变量进行预测，经常是建立回归模型的主要目的之一，本部分提供了预测的方法，以及对结果作进一步讨论的实例。

9.4 Mathematica 软件在离散建模中的应用

一般地说，确定性离散模型包括的范围很广。利用图论、层次分析法等数学工具都可以建立离散模型。而 Mathematica 数学软件具有强大的数学功能，使用 Mathematica 编写的程序也不是非常大，而且程序执行的效率还比较高，所以它在数学建模中有非常重要的作用。下面就用 Mathematica 软件解决具体得离散模型问题。

9.4.1 供应与选址问题建模

例 9.13 1) 问题

某公司有6个建筑工地要开工,每个工地的位置(用平面坐标系 a,b 表示,距离单位为 km)及水泥日用量 $d(t)$ 由表 9-19 给出。目前有两个临时料场位于 $A(5,1)$、$B(2,7)$,日储量各有 20t。假设从料场到工地之间均有直线道路相连。

(1) 试制订每天的供应计划,即从 A、B 两料场分别向各工地运送多少水泥,可使总的吨千米数最小。

(2) 为了进一步减少吨千米数,打算舍弃两个临时料场,改建两个新的,日储量各为 20t,问应建在何处?节省的吨千米数有多大?

表 9-19 工地位置 (a,b) 及水泥日用量 d

	1	2	3	4	5	6
a	1.25	8.75	0.5	5.75	3	7.25
b	1.25	0.75	4.75	5	6.5	7.25
d	3	5	4	7	6	11

2) 模型准备

记工地的位置为 (a_i,b_i),水泥日用量为 d_i,$i=1,\cdots,6$;料场位置为 (x_j,y_j),日储量为 e_j,$j=1,2$;料场 j 向工地 i 的运送量为 X_{ij}。

目标函数为

$$\min f = \sum_{j=1}^{2}\sum_{i=1}^{6} X_{ij}\sqrt{(x_j-a_i)^2+(y_j-b_i)^2}$$

约束条件为

$$\sum_{j=1}^{2} X_{ij}=d_i, i=1,2,\cdots,6$$

$$\sum_{i=1}^{6} X_{ij} \leqslant e_j, j=1,2$$

$$X_{ij} \geqslant 0, i=1,2,\cdots,6, j=1,2$$

当用临时料场时决策变量为 X_{ij},而不用临时料场时决策变量为 X_{ij},x_j,y_j。

3) 模型建立

情形一:使用临时料场

使用两个临时料场 $A(5,1)$、$B(2,7)$,求从料场 j 向工地 i 的运送量 X_{ij}。在各工地用量必须满足和各料场运送量不超过日储量的条件下,使总的吨千米数最小,这是线性规划问题。

目标函数为

$$\min f = \sum_{j=1}^{2}\sum_{i=1}^{6} aa(i,j)X_{ij}$$

其中 $aa(i,j)=\sqrt{(x_j-a_i)^2+(y_j-b_i)^2}$,$i=1,2,\cdots,6$,$j=1,2$ 为常数。

情形二:改建两个新料场

改建两个新料场,要同时确定料场的位置 (x_j,y_j) 和运送量 X_{ij},在同样条件下使总吨千米数最小。这是非线性规划问题。非线性规划模型为

$$\min f = \sum_{j=1}^{2}\sum_{i=1}^{6} X_{ij}\sqrt{(x_j-a_i)^2+(y_j-b_i)^2}$$

约束条件

$$\sum_{j=1}^{2} X_{ij} = d_i, i=1,2,\cdots,6$$

$$\sum_{i=1}^{6} X_{ij} \leqslant e_j, j=1,2$$

$$X_{ij} \geqslant 0, i=1,2,\cdots,6, j=1,2$$

4) 模型求解

对情形一求解，设

$$X_{11}=X1, X_{21}=X2, X_{31}=X3, X_{41}=X4, X_{51}=X5, X_{61}=X6,$$

$$X_{12}=X7,\ X_{22}=X8,\ X_{32}=X9,\ X_{42}=\ X10, X_{52}=X11, X_{62}=X12。$$

使用 Mathematica 软件编写程序：

```
x={5,2};
y={1,7};
a={1.25,8.75,0.5,5.75,3,7.25};
b={1.25,0.75,4.75,5,6.5,7.25};
d={3,5,4,7,6,11};
n={{x1,x7},{x2,x8},{x3,x9},{x4,x10},{x5,x11},{x6,x12}};
g[i_,j_]:=n[[i,j]]*((x[[j]]−a[[i]])^2+(y[[j]]−b[[i]])^2)^0.5;
f=0;
e1=20;
e2=20;
Do[f=f+g[i,j],{i,1,6,1},{j,1,2,1}];
Minimize[{f,x1+x7= =d[[1]],x2+x8= =d[[2]],x3+x9= =d[[3]],x4+x10= =d[[4]],x5+x11= =d[[5]],x6+x12= =d[[6]],
x1+ x2+ x3+x4+x5+x6≤e1,x7+x8+x9+x10+x11+x12≤e2,x1≥0,x2≥0,x3≥0,x4≥0,x5≥0,x6≥0,x7≥0,x8≥0,
x9≥0,x10≥0,x11≥0,x12≥0},{x1,x2,x3,x4,x5,x6,x7,x8,x9,x10,x11,x12}]
```

输出　{135.282,{x1→3.,x2→5.,x3→0.,x4→7.,x5→0.,x6→1.,x7→0.,x8→0.,x9→4.,x10→0.,x11→6.,x12→10.}}

即由料场 A、B 向 6 个工地运料方案见表 9-20。

表 9-20　由料场 A、B 向 6 个工地运料方案

	1	2	3	4	5	6
料场 A	3	5	0	7	0	1
料场 B	0	0	4	0	6	10

总的吨千米数为 135.282。

对情形二求解，设

$$X_{11}=X1, X_{21}=X2, X_{31}=X3, X_{41}=X4, X_{51}=X5, X_{61}=X6,$$

$$X_{12}=X7,\quad X_{22}=X8,$$

$X_{32}=X9$, $X_{42}=X10$, $X_{52}=X11$, $X_{62}=X12$, $x_1=X13$, $x_2=X14$, $y_1=X15$, $y_2=X16$。

在Mathematica中输入

```
x={x13,x14};
y={x15,x16};
a={1.25,8.75,0.5,5.75,3,7.25};
b={1.25,0.75,4.75,5,6.5,7.25};
d={3,5,4,7,6,11};
n={{x1,x7},{x2,x8},{x3,x9},{x4,x10},{x5,x11},{x6,x12}};
g[i_,j_]:=n[[i,j]]*((x[[j]]−a[[i]])^2+(y[[j]]−b[[i]])^2)^0.5;
f=0;
e1=20;
e2=20;
Do[f=f+g[i,j],{i,1,6,1},{j,1,2,1}];
Minimize[{f,x1+x7= =d[[1]],x2+x8= =d[[2]],x3+x9= =d[[3]],x4+x10= =d[[4]],x5+x11= =d[[5]],x6+x12= =d[[6]],
x1+x2+x3+x4+x5+x6≤e1,x7+x8+x9+x10+x11+x12≤e2,x1≥0,x2≥0,x3≥0,x4≥0,x5≥0,x6≥0,x7≥0,x8≥0,x9≥
0,x10≥0,x11≥0,x12≥0,x13≥0,x14≥0,x15≥0,x16≥0},{x1,x2,x3,x4,x5,x6,x7,x8,x9,x10,x11,x12,x13,x14,
x15,x16}]
```

输出 {82.1879,{x1→3.,x2→3.43292×10^{-6},x3→4.,x4→3.,x5→6.,x6→2.44622×10^{-8}, x7→0.,x8→5.,x9→0.,x10→4.,x11→3.7881×10^{-8},x12→11.,x13→2.86693,x14→7.25,x15→6.03641,x16→7.25}}

由此可知，改建后料场位于 $A(2.86693, 7.25)$、$B(6.03641, 7.25)$，总的吨千米数为82.187。

9.4.2 学生素质测评建模

人们在处理决策问题的时候，要考虑的因素有多有少，有大有小，但是一个共同的特点是它们都涉及经济、社会、人文等方面的因素。因此，在作比较、判断、评价、决策时，这些因素的重要性、影响力或者优先程度往往难以量化，人的主观选择起相当大的作用，这就给用一般的数学方法解决问题带来本质上的困难。

Saaty等人于20世纪70年代提出了一种能有效处理这样一类问题的实用方法，称为层次分析法(Analytic Hierarchy Process，AHP)，这是一种定性与定量相结合的、系统化、层次化的分析方法。

下面通过实例来介绍如何使用Mathematica软件求解层次分析模型。

例9.14 1) 问题

层次分析法是一种定性和定量相结合的、系统化、层次化的多准则决策方法，它把一个复杂的问题分解成因素组，并按支配关系形成层次结构。下面从学生的德、智、体、美几个方面的因素综合考虑，利用层次分析法建立模型解决对学生素质进行评价。

2) 模型的建立及求解

(1) 建立层次结构图 把学生的综合素质分成如图9-12所示的层次分析法结构图。

图9-12中，结构图分为4层，每一层中的符号就代表了其后的中文含义。a_1、a_2、a_3、a_4称为B、C、D、E这4个因素关于A的权数分配，记为 $\boldsymbol{a}=(a_1,a_2,a_3,a_4)$，用它来反映第2层中的4个因素B、C、D、E在学生"素质综合测评"中所占的比例，同理，$\boldsymbol{b}=(b_1,b_2,b_3,b_4,b_5,b_6,b_7)$ 反映第3层中的7个因素 b_1^0、b_2^0、b_3^0、b_4^0、b_5^0、b_6^0、b_7^0 在"思想道德素质"中的比例，$\boldsymbol{c}=(c_1,c_2,c_3,c_4)$，反映 c_1^0、c_2^0、c_3^0、c_4^0 这4个因素在"学科专业与人文素质"中的比例，$\boldsymbol{d}=(d_1,d_2,d_3,d_4,d_5,d_6,d_7)$ 反映

d_1^0、d_2^0、d_3^0、d_4^0、d_5^0、d_6^0、d_7^0 这7个因素在"身心素质"中的比例，$e=(e_1,e_2,e_3,e_4)$ 反映 e_1^0、e_2^0、e_3^0、e_4^0 这4个因素在"实践能力与技能水平"中的比例，$x=(x_1,x_2,\cdots,x_n)$ 反映各门课程 $y_1,y_2,\cdots,y_n$ 在"专业课成绩"中的比例，$u=(u_1,u_2,\ldots,u_m)$ 反映各门体育课 $v_1,v_2,\ldots,v_m$ 在"体育素质"中的比例。最低层下面的 $b_{11},b_{22},\ldots,e_{44}$ 表示因素 $b_1^0,b_2^0,\ldots,e_4^0$ 的得分。

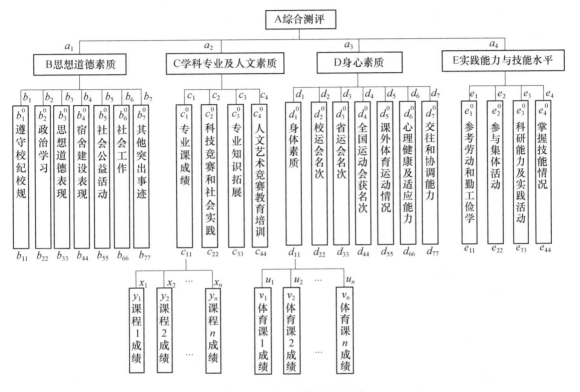

图 9-12 层次分析法结构图

(2) 总成绩及二级因素的计算模型。

① 中间因素思想道德素质B的评价模型为

$$SB = \sum_{i=1}^{7} b_i b_{ii}$$

② 中间因素学科专业及人文素质C的评价模型为

$$SC = \sum_{i=1}^{4} c_i c_{ii}$$

其中

$$c_{11} = \frac{\sum_{i=1}^{n} x_i y_i}{\sum_{i=1}^{n} x_i}$$

式中：x_i 为第 i 门课的权数(学分)；y_i 为第 i 门课的成绩。

(3) 中间因素身心素质D的评价模型为

$$SD = \sum_{i=1}^{7} d_i d_{ii}$$

其中

$$d_{11} = \frac{\sum_{i=1}^{m} u_i v_i}{\sum_{i=1}^{m} u_i}$$

式中：u_i为第i门体育课的权数(学分)；v_i为第i门体育课的成绩。

(4) 中间因素实践能力与技能水平E的评价模型为

$$SE = \sum_{i=1}^{4} e_i e_{ii}$$

(5) 学生素质综合测评总成绩的计算模型为

$$SA = a_1 SB + a_2 SC + a_3 SD + a_4 SE$$
$$= a_1 \sum_{i=1}^{7} b_i b_{ii} + a_2 \sum_{i=1}^{4} c_i c_{ii} + a_3 \sum_{i=1}^{7} d_i d_{ii} + a_4 \sum_{i=1}^{4} e_i e_{ii}$$

至此，已建立了一个用层次分析法来评价学生素质综合测评的计算模型。以后的计算只需把权数向量*a*、*b*、*c*、*d*、*e*、*x*及*u*确定下来(可组织专家进行科学的论证)这些向量一旦被确定，向量元素就都是常数了，下一步只需对每一个因素$b_1^0, b_2^0, \ldots, b_7^0, \ldots e_1^0, e_2^0, e_3^0, e_4^0$按百分制打分得到分数$b_{11}, b_{22}, \ldots, b_{77}, e_{11}, \ldots, e_{44}$，就可通过模型计算出每位同学的综合素质得分。

3) 利用Mathematica软件实现综合测评及实例

① 利用Mathematica软件实现综合测评。Mathematica软件分DOS平台和Windows平台两种。以下给出在DOS下的程序。

在Math.系统下输入

```
SA=Sum[a[[i]]*a0[[i]],{i,1,4}]
SB=Sum[b[[i]]*b0[[i]],{i,1,7}]
SC=Sum[c[[i]]*c0[[i]],{i,1,4}]
SD=Sum[d[[i]]*d0[[i]],{i,1,7}]
SE=Sum[e[[i]]*e0[[i]],{i,1,4}]
sc1=c1/c2
c1= Sum[x[[i]]*y[[i]],{i,1,n}]
c2= Sum[x[[i]],{i,1,n}]
sd1=d1/d2
d1= Sum[u[[i]]*v[[i]],{i,1,m}]
d2= Sum[u[[i]],{i,1,m}]
a0={SB,SC,SD,SE}
```

将以上公式存入文件TYGS中，输入

Save["TYGS",SA,SB,SC,SD,SE,sc1,c1,c2,sd1,d1,d2,a0]

如果通过讨论确定图9-12中第2层的各个因素的权重如下：

B的权重a1=1/5，C的权重a2=3/5，D的权重a3=1/10，E的权重a4=1/10。这些权重就构成了一个向量
$$a=(a1,a2,a3,a4)=(1/5,3/5,1/10,1/10)$$

同样道理，如果影响B的7个因素的权重为
$$b=(b1,b2,b3,b4,b5,b6,b7)=(12/20,1/20,2/20,1/20,1/20,1/20,2/20)$$

影响C的4个因素的权重为

$c=(c1,c2,c3,c4)=(55/60,2/60,2/60,1/60)$

影响D的7个因素的权重为

$d=(d1,d2,d3,d4,d5,d6,d7)=(1/10,1/10,2/10,3/10,1/10,1/10,1/10)$

影响E的4个因素的权重为

$e=(e1,e2,e3,e4)=(1/10,1/10,5/10,3/10)$

这样就得到了以上程序中的a[[i]],b[[i]],c[[i]],d[[i]],e[[i]]。将它们存入以上的文件TYGS中，输入

a= (1/5,3/5,1/10,1/10)

b=(12/20,1/20,2/20,1/20,1/20,1/20,2/20)

c= (55/60,2/60,2/60,1/60)

d=(1/10,1/10,2/10,3/10,1/10,1/10,1/10)

e= (1/10,1/10,5/10,3/10)

文件TYGS中的公式就是对所有学生都适用的通用公式。只要把学生们列入图9-12中的各因素得分输入，就可得到综合评价的分数。

② 实例。例如丁某的各个因素的得分如下：

影响B的7个因素的得分为

(b11,b22,b33,b44,b55,b66,b77)=(100,95,90,85,90,70,80)

专业课共为5门，每门课的学分及得分为

x=(x1,x2,x3,x4,x5)=(3,4,4,2,5)

y=(y1,y2,y3,y4,y5)=(88,86,78,89,90)

于是影响C的第1个因素 c_1^0 的得分为c11=sc1，程序中的 n=5。

设影响C的其他3个因素得分为

(c22,c33,c44)=(83,91,92)

体育课共上了4个学期，每学期的学分及得分为

u=(u1,u2,u3,u4)=(4,3,2,2)

v=(v1,v2,v3,v4)=(95,90,85,85)

因此影响D的第1个因素 d_1^0 的得分为d11=sd1，程序中的 m=4。

设影响D的其他6个因素得分为

(d22,d33,d44,d55,d66,d77)=(70,60,0,80,90,85)

影响E的4个因素的得分为

(e11,e22,e33,e44)=(93,90,85,75)

将以上信息输入，即输入

b0={100,95,90,85,90,70,80}

x={3,4,4,2,5}

y={88,86,78,89,90}

c0={sc1,83,91,92}

u={4,3,2,2}

v={95,90,85,85}

d0={sd1,70,60,0,80,90,85}

e0={93,90,85,75}

n=5,m=4.

Save["din",b0,x,y,c0,u,v,d0,e0,SA,SB,SC,SD,SE]

文件din内的信息就是学生丁某的所有信息，显示该文件，即输入"!!din"，可以看到计算结果，丁某的SA=84.18，SB=94，SC=86.17，SD=53.5，SE=83.3，从而得知丁某的思想道德素质得分为SB=94，学科专业及人文素质得分为SC=86.17，身心素质分为SD=53.5，实践能力与技能水平分为SE=83.3，而综合测评分为84.18。

3) 评注

(1) 从层次分析法的原理、步骤、应用等方面的讨论不难看出它有以下优点。

① 系统性　层次分析法将对象视作系统，按照分解、比较、判断、综合的思维方式进行决策，成为继机理分析、测试分析之后发展起来的系统分析的重要工具。

② 实用性　层次分析法将定性与定量相结合，能处理传统的优化方法不能解决的问题，应用范围很广。

③ 简洁性　层次分析法计算简便，结果明确，便于决策者直接了解和掌握。

(2) 层次分析法的局限。

① 囿旧　层次分析法只能从原方案中选优，不能产生新方案。

② 粗略　层次分析法定性化为定量，结果粗糙。

③ 主观　层次分析法主观因素作用大，结果可能难以服人。

9.4.3　污水处理费的合理分担建模

在社会、经济活动中，几个实体(个人、公司、党派或国家)相互合作或结盟所能获得的收益往往比他们单独行动所获得的收益多得多。但是如何分享所获得的收益呢？如果不能达成一个各方面都愿意接受的分配原则，合作不可能实现。因此，建立一个"公平"的分配原则是促成合作的前提，这类问题称为n人合作对策。Shapley给出了解决这一问题的一种方法，称为Shapley值。

例9.15　1) 问题

某市沿河有三城镇，即城1、城2、城3，地理位置如图9-13所示。

三城镇污水必须经处理后方能排入河流中，三城镇可单独建污水处理厂，也可以通过管道输送联合建厂，合作处理时排污方向应顺河流方向，即从城1至城3。

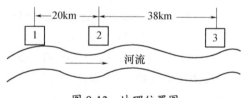

图9-13　地理位置图

设污水量为$Q(\text{m}^3/\text{s})$，管道长度为$L(\text{km})$。按经验公式，建立污水厂的费用为$730Q0.712$(千元)，铺设管道费用为$06.6Q0.51L$(千元)。已知三城镇污水分别为$Q_1=5 \text{ m}^3/\text{s}$，$Q_2=3\text{m}^3/\text{s}$，$Q_3=5 \text{ m}^3/\text{s}$，$L_{12}=20\text{km}$，$L_{23}=38\text{km}$。

市政府要求以节约总投资为目标，要这三城镇制定合理的处理排污方案。问三城镇应怎样处理污水可使总开支最少，又每一城镇负担的费用应各为多少？

2) 模型分析

这是一个n人合作对策问题，即n个人从事经济活动，对于他们之中若干人组合的每一种合作(单人也视为一种合作)，都会得到一定的效益，当人们之间的利益是非对抗性时，合作中人数的增加不会引起效益的减少。这样，全体n个人的合作将带来最大效益。n个人的集合及各种合作的效益就构成n人合作对策。

设有一n人集合$I=\{1,2,\ldots,n\}$，其元素是某一合作的可能参加者，即局中人。

(1) 对于每一子集$S\subseteq I$，对应地可以确定一个实数$V(S)$。此数的实际意义为如果S中的人参加此项合作，则此合作的总获利数为$V(S)$。显然，$V(S)$是定义于I的一切子集上的一个集合函数。$V(S)$满足下列性质：

① $V(\phi) = 0$（没有人参加合作，则合作获利不能实现）。

② $V(S_1 \cup S_2) \geqslant V(S_1) + V(S_2)$，对一切满足$S_1 \cup S_2 = \phi$的$S_1, S_2$成立。具有这种性质的集合函数称为$I$的特征函数。

(2) 合作总获利$V(S)$的分配为

$$\Phi(V) = (\Phi_1(V), \Phi_2(V), \ldots, \Phi_n(V))$$

式中：$\Phi_i(V)$为局中人i所获得的收益。

显然，不同的合作有不同的分配，需要找出一种合理的合作分配原则$\Phi(V)$。

为了确定$\Phi(V)$，Shapley首先提出看来毫无疑义的几条公理，然后用逻辑推理的方法证明，存在唯一的满足这些公理的分配$\Phi(V)$，并且按下列公式给出：

$$\Phi_i(V) = \sum_{S \subseteq S_i} W(|S|)[V(S) - V(S - \{i\})], \ i = 1, 2, \ldots, n$$

式中：$\Phi_i(V)$为由V定义的合作的Shapley值；S_i为I中含有局中人i的所有子集；$|S|$为子集S的局中人人数。

$$W(|S|) = \frac{(n-|S|)!(|S|-1)!}{n!}$$

式中：$[V(S) - V(S - \{i\})]$为局中人i对合作S的贡献；$W(|S|)$为这种贡献在总分配中所占的权因子。

3) 模型的建立及求解

假设用C表示费用，C(i)表示第i城建厂的费用，C(i, j)表示第i个和第j个城联合建厂的费用，D表示总费用。

讨论第一个问题：三城镇污水处理有以下5种方案，使用Mathematica软件可得到5种方案的费用。

方案1：分别建厂，总费用记为D1。

In[1]:=C(1)=730*5^0.712

Out[1]=2300

In[2]:= C(2)=730*3^0.712

Out[2]=1600

In[3]:=C(3)=730*5^0.712

Out[3]=2300

In[4]:=D1=C(1)+C(2)+C(3)

Out[4]=6200

即D1=6200。

方案2：城1和城2合作，在城2处建厂，城3单独建厂。

In[ ]:=C(1,2)=730*(5+3)^0.712+6.6*5^0.51*20

D2=C(1,2)+C(3)

Out[ ]=5800

即D2=5800。

方案3：城2和城3合作，在城3建厂，城1单独建厂。

In[ ]:=C(2,3)=730*8^0.712+6.6*3^0.51*38

D3=C(2,3)+C(1)

Out[ ]=5950

即D3=5950。

方案4：城1和城3合作，在城3建厂，城2单独建厂。

In[ ]:=C(1,3)=730*10^0.712+6.6*5^0.51*58

D4=C(1,3)+C(2)

Out[ ]=6200

即D4=6200。

方案5：三城共同建厂。

In[ ]:=C(1,2,3)=730*13^0.712+6.6*(5^0.51*20+8^0.51*38)

Out[ ]=5560

即三城共同建厂的总费用为5560。

总之，各方案所需的总投资:方案1为6200千元，方案2为5800千元，方案3为5950千元，方案4为6230千元，方案5为5560千元。比较五种方案后可知，以方案5三城合作共同建厂污水处理厂总投资最少。

下面讨论第二个问题:如何分摊各城的投资金额?

在协商过程中，城3提出，建厂费用按三城污水量之比5:3:5分摊，管道是为城1、城2建的，应由两城协商分摊。城2同意城3的意见，并认为由城2到城3的管道费用可按污水量之比5:3分摊，但由城1到城2的管道费用则应由城1自行解决，城1提出不反对意见，为慎重起见，需作一番论证，仔细地计算。若在这种方案下费用记为B(i)，i=1,2,3,则

In[ ]:=B(1)= 730*13^0.712*5/13+6.6*(5^0.51*20+8^0.51*38*5/8);

B(2)= 730*13^0.712*3/13+6.6*(3+5)^0.51*38*3/5;

B(3)= 730*13^0.712*5/13

Out[ ]=2493

1310

1740

即　　B(1)＞C(1)

B(2)＜C(2)

B(3)＜C(3)

这样城1的费用比单独建厂还多，这种合作自然不可能实现。

下面为他们提供一个合理分担费用的方案。

三城的合作节约了投资，产生了效益，是一个3人合作对策问题。把分摊费用转化为分配收益，用Shapley值方法可以提供一个合理分担费用的方案。

定义特征函数V为合作比单干所节约的投资。

$$V(\phi) = 0，V(\{i\}) = 0，i = 1,2,3$$

$$V(\{1,2\}) = C(1) + C(2) - C(1,2) = 2300 + 1600 - 3500 = 400$$

$$V(\{2,3\}) = C(2) + C(3) - C(2,3) = 250$$

$$V(\{1,3\}) = C(1) + C(3) - C(1,3) = 0$$

$$V(\{1,2,3\}) = C(1) + C(2) + C(3) - C(1,2,3) = 640$$

V满足特征函数的要求，则

$$\Phi(V) = (\Phi_1(V), \Phi_2(V), \Phi_3(V))$$

为三城合作获得合理的分配。

根据Shapley值计算公式

$$\Phi_i(V) = \sum_{S \subseteq S_i} W(|S|)[V(S) - V(S - \{i\})], \quad i = 1, 2, \ldots, n$$

$$W(|S|) = \frac{(n-|S|)!(|S|-1)!}{n!}$$

采用Mathematica软件计算得到$\Phi(V)$。其中$\Phi_i(V)$具体的计算结果见表9-21。

表 9-21 根据 Shapley 值计算公式得到的结果

S	$\{1\}$	$\{1,2\}$	$\{1,3\}$	$\{1,2,3\}$
$V(S)$	0	400	0	640
$V(S-\{1\})$	0	0	0	250
$V(S)-V(S-\{1\})$	0	400	0	390
$\|S\|$	1	2	2	3
$W(\|S\|)$	1/3	1/6	1/3	1/3
$W(\|S\|)[V(S)-V(S-\{1\})]$	0	66	0	130

表9-21中$V(S)$表示以单干为基准的合作获利值,例如$S=\{1,2\}$表示城1和城2合作,总投资比单干减少400千元,这就是这种方式的获利。$S=\{1,3\}$时,由于这种合作的总投资大于单干投资,合作不可能实现,合作获利为0。

因此,$\Phi_1(V) = 66 + 130 = 196$,而城1应承担的投资额为2300-196=2104千元。类似地可以计算$\Phi_2(V) = 322$,$\Phi_3(V) = 122$。总投资额5560千元,各城具体的分担情况为

城1: $C(1) - \Phi_1(V) = 2300 - 196 = 2104$ 千元

城2: $C(2) - \Phi_2(V) = 1600 - 322 = 1278$ 千元

城3: $C(3) - \Phi_3(V) = 2300 - 122 = 2178$ 千元

4) 评注

由Shapley值确定的利益(费用)分担,每城承担的费用不仅比各自单独建厂的费用低(方案5(2104,1278,2179)<方案1(2300,1600,2300)),而且比他们任何两个合作时的费用也要低,即

方案2中的$C(1,2) = 3500 > 2104 + 1278 = 3382$

方案3中的$C(2,3) = 3650 > 1278 + 2178 = 3456$

方案4中的$C(1,3) = 4800 > 2104 + 2178 = 4282$

这就保证了合作的稳定性,即任何两家不会破坏整体合作而采取局部合作。

9.5 Mathematica 软件在其他建模中的应用

9.5.1 报童问题建模

例 9.16　1) 问题

报童每天清晨从邮局批进报纸进行零售,晚上将卖不掉的报纸返回邮局进行处理,售出一份报纸可获得相应的利润,而处理一份报纸会造成亏损。为此要考虑报童如何确定每天的进货量以达到最大利润。

2) 模型假设

报童知道卖出各个数量的概率的大小。设报童每天批进报纸n份,进价为b元,卖价为a元,

处理价为 c 元。

3) 模型建立

由假设,报童每卖出一份报纸获利 $a-b$ 元,每处理一份报纸亏损 $b-c$ 元。当卖出量 $r \leq n$ 时,报童获利 $(a-b)r-(b-c)(n-r)$ 元;当卖出量 $r>n$ 时,报童获利 $(a-b)n$ 元。由大数定律,报童每天的平均收入因为每天收入的期望值来表示。

设每天卖出 r 份报纸的概率为 $f(r)$,因而期望收入为

$$G(n) = \sum_{r=0}^{n}[(a-b)r-(b-c)(n-r)]f(r) + \sum_{r=n+1}^{\infty}(a-b)nf(r)$$

从而问题转变为求出进货量 n,使期望收入 $G(n)$ 达到最大。

4) 求解模型

为了用微积分的方法解决该问题,将变量连续化,从而相应的概率函数 $f(r)$ 用连续型随机变量的概率密度 $p(r)$ 来表示。于是由连续性随机变量的数学期望公式

$$G(n) = \int_{0}^{n}[(a-b)r-(b-c)(n-r)]p(r)\mathrm{d}r + \int_{n}^{+\infty}(a-b)np(r)\mathrm{d}r \ c_2(t_2-t_1)$$

由极值存在的条件,对上式求导并令其为零,再由参变量积分的求导公式,得

$$G'(n) = [(a-b)r-(b-c)(n-r)]p(r)|_{r=n} + \\ \int_{0}^{n}[-(b-c)p(r)\mathrm{d}r-(a-b)n(pr)|_{r=n} + \int_{n}^{+\infty}(a-b)p(r)\mathrm{d}r$$

整理,得

$$(b-c)\int_{0}^{n}p(r)\mathrm{d}r = (a-b)\int_{n}^{+\infty}p(r)\mathrm{d}r$$

即

$$\frac{\int_{0}^{n}p(r)\mathrm{d}r}{\int_{n}^{+\infty}p(r)\mathrm{d}r} = \frac{a-b}{b-c}$$

再由合比定理,得

$$\frac{\int_{0}^{n}p(r)\mathrm{d}r}{\int_{0}^{n}p(r)\mathrm{d}r + \int_{n}^{+\infty}p(r)\mathrm{d}r} = \frac{a-b}{a-b+b-c}$$

即

$$\frac{\int_{0}^{n}p(r)\mathrm{d}r}{\int_{0}^{+\infty}p(r)\mathrm{d}r} = \frac{a-b}{a-c}$$

再由概率密度的性质

$$\int_{0}^{+\infty}p(r)\mathrm{d}r = 1$$

$$\int_{0}^{n}p(r)\mathrm{d}r = \frac{a-b}{a-c} = K$$

由于 $K<1$ 是一个常数,当概率密度为已知时,可由 $\int_{0}^{n}p(r)\mathrm{d}r = \frac{a-b}{a-c} = K$ 计算相应的 n。在统计学中 n 又称为 p-分位数。对应规律如图 9-14 所示。

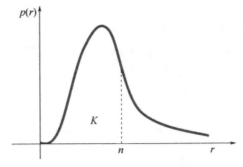

图 9-14 概率密度 $p(r)$ 随 r 变化情况

数值 $K = \dfrac{a-b}{a-c}$ 是卖出一份报纸的收益与处理一份报纸所造成亏损的比值。这个比值越大,进报量就应该大一点,如果处理价 c 变小,则应该少进一些。

5) 模型应用

某报亭销售新民晚报,售价为 0.70 元,进价为 0.40 元,处理价为 0.25 元,销售量服从参数为 0.015 的指数分布,求相应的进货量 n。

解:由

$$K = \frac{a-b}{a-c} = \frac{0.3}{0.45} = 0.67$$

即

$$\int_0^n 0.015 e^{-0.015x} \mathrm{d}x = 0.67$$

使用 Mathematica 软件计算积分:

  Integrate[E^(−0.015x)*0.015,{x,0,74}]

得积分值为 0.670441,即进报纸的份数近似为 74。若提高处理价,处理价调整为 0.30 元,则

$$K = \frac{a-b}{a-c} = \frac{0.3}{0.4} = 0.75$$

输入   Integrate[E^(−0.015x)*0.015,{x,0,92}]

得积分值为 0.748421,即进货量为 92。

9.5.2　价格竞争建模

例9.17　1) 问题

位于同一条公路旁的甲、乙两个加油站彼此竞争激烈,同一城市中还有其他加油站。当乙站突然宣布降价后,甲站根据乙站的售价应如何调整自己的售价以获得最大收入?

2) 模型的建立和求解

引入指标:设 x 为甲站的销售价格(便士/升);y 为乙站的销售价格(便士/升);w 为成本价(便士/升);L 为价格战前甲站的日销售量(升/日);p 为标准销售价格(便士/升);e 为甲站的利润(便士/日)。问题化为已知 y,求 x 使 e 最大。

设甲站的日销售量线性依赖于双方价格的变动,则

$$e = (x-w)[L-a(x-y)-b(p-y)+c(p-x)]$$

下面利用Mathematica软件求解此模型:

  In[1]:=L1=L−a(x−y)−b(p−y)+c(p−x);(L1 是甲站的日销售量)

```
e=(x−w)L1;
e1=∂_x e(求e的最大值点就是求驻点)
Out[3]= L+c(p−x)+(−a−c)(−w+x)−b(p−y)−a(x−y)
In[4]:=x=x/.Solve[e1=0，x][[1]](求出驻点)
Out[4]= −(−L+bp−cp−aw−cw−ay−by)/(2(a+c))
In[5]:=Simplify[e/.x→%] (将驻点代入函数e中，并进行简化)
Out[5]= (L+cp−aw−cw+ay+b(−p+y))²/(4(a+c))
In[6]:=L=20000；p=40;w=30(代入具体数据)
y={37.0,38.0,39.0};
a=4000;b=c=1000;x
Out[8]={35.5,36.,36.5}
In[9]:=e
Out[9]={15125.,100000.,211250.}
```

计算结果表明：求出x的值比y低，结论合理。当$y=39$时，求出的$x=36.5$是最大值的点，这也可以从函数e的图像上看出。

```
In[10]:=plot[e,{x,30,50},plotRange→All]
Out[10]=−Graphics−(输出图像见图9-15)
```

3) 评注

Mathematica 软件通过编程和使用内部命令为数学建模的求解提供了强大的计算功能和绘图功能，大大节省了计算时间，从而提高了研究数学模型的效率。

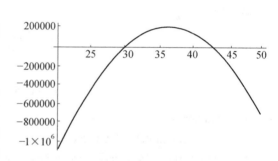

图 9-15 函数 e 的图像

9.5.3 轧钢中的浪费建模

国家统计局有关数据显示，2004年我国成品钢材产量为28141.39万t，钢铁行业实现利润910.5亿元，比2003年度增长了68.5%。我国加入WTO以后，国际国内良好的钢材需求形势和国内外钢材价格差异将使得我国钢铁行业的产量在2005年继续保持较高的增长。在这样一种形势下，如果在生产成品钢材的过程中采用一些技术革新，可产生直接的经济效益。

把粗大的钢坯变成合格的钢材(如钢筋、钢板)通常要经过两道工序：第一道是粗轧(热轧)，形成钢材的雏形；第二道是精轧(冷轧)，得到规定长度的成品材。粗轧时由于设备、环境等方面众多因素的影响，得到的钢材的长度是随机的，大体上呈正态分布，其均值可以在轧制过程中由轧机调整，而均方差则是设备的精度决定的，不能随意改变。如果粗轧后的钢材长度大于规定长度，精轧时把多出的部分切掉，造成浪费;如果粗轧后的钢材已经比规定长度短，则整根报废，造成更大的浪费。显然，应该综合考虑这两种情况，使得总的浪费最小。

例9.18 1) 问题

要轧制长度为$L=2.5$m的成品钢材，需要经过两个阶段——粗轧和精轧，已知由粗轧设备轧出的钢材长度服从标准差为$\sigma=0.1$m的正态分布，如果粗轧出的钢材比2.5m短，则整根报废，如果粗轧出的钢材比2.5m长，则精轧后多余部分去掉，试确定粗轧后钢材长度的均值，以使得精轧后得到成品钢材时的浪费最少。

2) 模型分析

粗轧后钢材的长度是一个随机变量记为X，它服从正态分布$X \sim N(\mu, \sigma^2)$，X的概率密度函数为$f(x)$，如图9-16所示，其中σ已知，μ待定。当成品材的规定长度L给定后，记$X \geq L$的概率为p，即$p=p(X \geq L)$，p是图中阴影部分的面积。

轧制过程中的浪费由两部分构成：一是当$X \geq L$时，精轧时要切掉长$X-L$的钢材；二是当$X<L$时，长X的整根钢材报废。由图9-15可以看出，μ变大时曲线右移，概率P增加，第一部分的浪费随之增加，而第二部分的浪费将减少；反之，当μ变小时曲线左移，虽然被切掉的部分减少了，但是整根报废的可能将增加。于是必然存在一个最佳的μ，使得两部分的浪费综合起来最小。

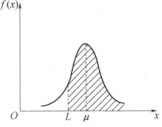

图9-16 钢材长度的概率密度

3) 模型的建立

这是一个优化模型，建模的关键是选择合适的目标函数，并用已知的和待确定的量L、σ、μ把目标函数表示出来。一种很自然地想法是直接写出上面分析的两部分浪费，以二者之和作为目标函数，于是得到总的浪费长度为

$$W = \int_L^\infty (x-L) f(x) \mathrm{d}x + \int_{-\infty}^L x f(x) \mathrm{d}x$$

再利用$\int_{-\infty}^\infty f(x)\mathrm{d}x = 1$，$\int_{-\infty}^\infty x f(x)\mathrm{d}x = \mu$，$\int_L^\infty f(x)\mathrm{d}x = p$，上式可化简为

$$W = \mu - Lp$$

平均每粗轧一根钢材浪费的长度W也可以这样得到。设想共粗轧了N根钢材(N很大)，所用钢材总长为μN，N根中可以轧出成品材的只有pN根，成品材总长为LpN，于是浪费的总长度为$\mu N - LpN$，平均每粗轧一根钢材浪费的长度为

$$W = \frac{\mu N - LpN}{N} = \mu - Lp$$

那么以W作为目标函数是否合适？轧钢的最终产品是成品材，如果粗轧车间追求的是效益而不是产量，那么浪费的多少不应以每粗轧一根钢材的平均浪费量为标准，而应该用每得到一根成品材浪费的平均长度来衡量。因此，以每得到一根成品材所浪费钢材的平均长度为目标函数。因为当粗轧N根钢材时浪费的总长度是$\mu N - LpN$，而只得到pN根成品材，所以目标函数为

$$J = \frac{\mu N - LpN}{pN} = \frac{\mu}{p} - L$$

于是数学模型为

$$\min J = \frac{\mu}{p} - L$$

$$\text{s.t.} \quad p = \int_L^\infty \frac{1}{\sqrt{2\pi}\sigma} e^{-\frac{(x-\mu)^2}{2\sigma^2}} \mathrm{d}x, \quad L=2.5, \quad \sigma=0.1$$

4) 模型求解

可利用Mathematica软件进行求解，用到的Mathematica中的相关函数见表9-22。

表 9-22

函数或命令	含义或用法
<<StatIstIcs`	调入概率统计函数库
NormalDistribution[μ, σ]	均值μ，标准差σ的正态分布
PDF[dist，x]	分布dist的概率密度函数
CDF[dist，x]	分布dist的分布函数
D[f，x]	计算导数 $\dfrac{df}{dx}$
FindRoot[方程，{x，x0}]	从x=x0开始，寻找方程的一个数值解

用Mathematica求解模型的程序如下：

In[1]：=<<Statistics
  L=2.5；σ=0.1；
  dist=NormalDistribution[μ,σ];
  F=CDF[dist，x];
  P=1-F/.x→L：
  J=μ/P- L
  ϕ =D[J，μ]
  FindRoot[ϕ = =0，{μ,2.5}]

运行后的结果：

$$\text{out}[5] = -2.5 + \frac{\mu}{1+\frac{1}{2}(-1-\text{Erf}[7.07107(2.5-\mu)])}$$

$$\text{Out}[6] = \frac{3.98942 e^{-50(2.5-\mu)^2}}{\left(1+\frac{1}{2}(-1-\text{Erf}[7.07107(2.5-\mu)])\right)^2} + \frac{1}{1+\frac{1}{2}(-1-\text{Erf}[7.07107(2.5-\mu)])}$$

Out[7]={μ → 2.7190}

即粗轧时钢材长度的最优均值是 2.71901m。

5）评注

模型中假定当粗轧后钢材长度 X 小于规定长度 L 时就整根报废，实际上这种钢材还常常能轧成较小规格如长 $L_1(<L)$ 的成品材。只有当 X 小于 L_1 时才报废。或者当 X 小于 L 时可以降级使用(对浪费打一折扣)。这些情况下的模型及求解就比较复杂了。

在日常生产活动中类似的问题很多，如用包装机将某种物品包装成 500g 一袋出售，在众多因素的影响下包装封口后一袋的质量是随机的，不妨认为服从正态分布，均方差已知，而均值可以在包装时调整。出厂检验时精确地称量每袋的质量，多于 500g 的仍按 500g 一袋出售，厂方吃亏；不足 500g 的降价处理，或打开封口返工，或直接报废，将给厂方造成更大的损失。那么应该如何调整包装时每袋的质量的均值使厂方损失最小？生活中类似的现象也很多，如从家中出发去火车站赶火车，由于途中各种因素的干扰，到达车站的时间是随机的，到达太早白白浪费时间，到达晚了则赶不上火车，损失巨大，那么如何权衡两方面的影响来决定出发的时间呢？

9.5.4 观众厅的地面升起曲线建模

例9.19 1) 问题

在影剧院看电影时，经常为前边观众遮挡自己的视线而烦恼，那么，究竟应如何设计观众厅的地面升起曲线，以避免这种尴尬情形？

2) 模型假设

(1) 考虑标准体型的人：每个观众眼睛距地面一样高，头顶与眼间的距离也相等。

(2) 所设计的曲线只要使观众的视线从紧邻的前一个座位的人的头顶擦过即可。

(3) 前后两排的排距相等；前后两排无交错。

参数说明：

H——每排座位上的观众的头顶与眼睛之间的距离。

h_i——第i排相对于前排观众的眼睛的提升距离。

O——视点。

a——第一排观众—设计视点的水平距离。

d——相邻两排间的距离。

x_i——第i排与设计视点的水平距离。

3) 模型求解

模型1：如图9-17所示，设M是第i排观众眼睛的位置，A是第$i-1$个观众头顶的位置，B和D分别是A和视点O在M所在铅直线上的投影。由于$\triangle MAB \sim \triangle MOD$，有

$$\begin{cases}(h_i-H)/d=(\sum_{i=1}^{n}h_i)/x_i, & i=1,\ldots,n \\ x_i=id+a\end{cases}$$

初始值$h_1=0$。

采集数据，测得数据(按平均身高)$a=4$m，$d=0.8$m，$H=0.1$m；根据 $\begin{cases}(h_i-H)/d=(\sum_{i=1}^{n}h_i)/x_i \\ x_i=id+a\end{cases}$ 式的递归计算，再利用Mathematica软件对所得数据进行二次多项式拟合：

Fit[{{4,0},{4.8,0.12},{5.6,0.257},{6.4,0.408},{7.2,0.572},{8,0.746},{8.8,0.913},{9.6,1.124},
{10.4,1.326},{11.2,1.536},{12,1.752},{12.8,1.976},{13.6,2.206},{14.4,2.446}},{1,x,x^2},x]

得到拟合的升起曲线为

$$y=-0.545992+0.10417x+0.00723515x^2$$

拟合前后的数据对比如图9-18所示。

模型2："前后两排的座位交错"的情形应更接近生活。根据前面的算法可得如下数据，同样，进行二次拟合：

Fit[{{4,0},{5.6,0.117},{7.2,0.244},{8.8,0.376},{10.4,0.516},{12,0.660},{13.6,0.807},
{15.2,0.953},{16.8,1.106},{18.4,1.261},{20,1.418},{21.6,1.576},{23.2,10736},{24.8,1.896},{26.4,2.058}},
{1,x,x^2},x]

得到拟合的升起曲线为

$$y=-0.321+0.075x+0.005x^2$$

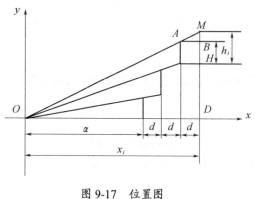

图 9-17 位置图

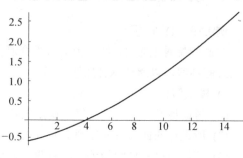

图 9-18 数据对比图

4) 评注

利用Mathematica软件进行数据拟合得到的曲线与经典的微分方程解相比，前者的均方差比后者的要大。若在一定的误差允许范围内，利用数据拟合得到的曲线，在$a>16m$的情况下，上升曲线可以比微分方程得到的曲线来得低。

9.5.5 化学反应工程建模

化学反应动力学研究是反应工程的重要内容，是反应器模拟的基础。反应动力学模型是关于化学反应速率与影响因素间定量关系的数学表达式。由于目前绝大多数化学反应的速率尚不能由理论上加以预测，只能靠实验测定。将不同实验条件下测得的实验数据整理、归纳，找出其内在规律，才能建立符合实际的反应动力学模型，并确定模型中的参数。这种由离散数据获得函数关系的方法称为曲线拟合，Mathematica软件有此功能。最小二乘意义下曲线拟合的目标函数是各离散点上被逼近函数(原数据点处的函数值)与逼近函数(拟合曲线上对应的函数值)之差的平方和，使其最小的拟合曲线即为最小二乘意义的解。对于拟合函数为待定参数在线性位置的函数类可以使用线性拟合。而对于拟合函数为待定参数不在线性位置的函数类的情况，数值分析利用非线性最小二乘法解决，在Mathematica的Statistics函数库中有FindFit命令，按非线性最小二乘法进行拟合。

例9.20 1) 问题——固态酒精发酵动力建模

下面利用Mathematica的数据分析函数对固态酒精发酵过程所形成产物的规律进行研究，为简单起见只列举确定酒精浓度与发酵时间的关系这一部分。

以温度为不变参数(取30)，接种量10%，糖化酶用量280IU/g为原料，实验记录见表9-23。

表 9-23 实验记录表

时间	1	2	3	4	5	6	7	8	9
测量值	16	38	82	112	125	134	138	140	141

2) 模型分析

设酒精浓度为x，发酵时间为t，首先利用表9-23画出散点图，而后根据散点图得到x与t的函数关系，再利用Mathematica软件做曲线拟合。

3) 模型求解

In[1]:=values={{1,16},{2,38},{3,82},{4,112},{5,125,},{6,134},{7,138},{8,140},{9,141}}
LisPlot[values]

Out[1]=- Graphics -

得到如图9-19所示的散点图。

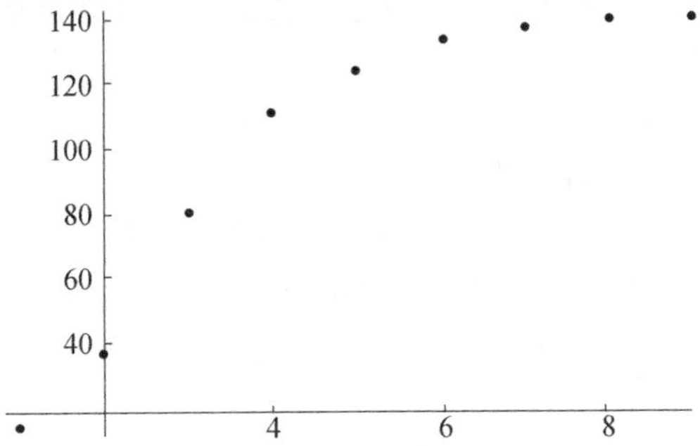

从图9-19可知酒精浓度为x与发酵时间为t的关系为

$$\begin{cases} a+bt+ct^2 \\ \dfrac{1}{\alpha+\beta e^{-t}} \end{cases}$$

下面利用Mathematica编程计算得到未知参数a，b，c，α，β的估计值：

In[2]:= points={{1,16},{2,38},{3,82}};
f1=FindFit[points,a+b t+c t^2,{a,b,c},t]
Out[2] ={a- >16. ,b- >-11.,c->11.}
In[3]:=points= {{4,112},{5,125,},{6,134},{7,138},{8,140},{9,141}};
f2=FindFit[points,1/(α+βExp[-t]),{α,β},t]
Out[3]={ α- >0.00408324,β-> 0.1630471}
In[4] : =p1 =Plot[16-11t+ 11t^2,{t,1,3}];
p2=Plot[1/(0.00408324 + 0.163047Exp[-t]),{t,3,9}];
Show[p1 ,p2]
Out[4]- -Graphics-

图 9-19　散点图

最后得到酒精浓度为x与发酵时间为t的关系为

$$\begin{cases} 16-11t+11t^2 \\ \dfrac{1}{0.00408342+0.163047e^{-t}} \end{cases}$$

根据这个方程可确定何时酒精浓度取最大，为实现发酵过程的自动控制提供理论支持。其函数图像如图9-20所示。

4) 评注

在这个模型中，利用Mathematica 中的Listplot 画出散点图在坐标系中的图像，然后再用FindFit分别对分段函数进行参数估计，分别求出a，b，c，α，β的值。可以看出，这程序过程比较简单，很容易实现。

例9.21 1) 问题——己醇催化脱水生成己烯反应速度建模

1972年，Meyer和Roth得到己醇催化脱水生成己烯反应的5组实验数据，见表9-24。

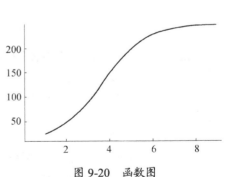

图 9-20　函数图

表 9-24　己醇催化脱水生成己烯反应实验数据

No	1	2	3	4	5
x1	1.0	2.0	1.0	2.0	0.1
x2	1.0	1.0	2.0	2.0	0.0
y	0.126	0.219	0.076	0.126	0.186

注：y是反应速度，x1和x2分别是醇和烯烃的分压

2) 模型的分析及求解

由非线性最小二乘法将表20中数据拟合为

$$y = \frac{\theta_1 \theta_3 x_1}{1 + \theta_1 x_1 + \theta_2 x_2}$$

形式的动力学模型。

调用Mathematica的FindFit命令，则有

In[1]:=data={{1.0,1.0,.126},{2.0,1.0,.219},{1.0,2.0,.076},{2.0,2.0,.126},{.1,.0,.186}};

In[2]:= FindFit[data,theta1 theta3 x1/(1+ theta1 x1+ theta2 x2), { theta1,theta2,theta3},{x1,x2}]

$$\text{Out[2]}= \frac{2.44277 x_1}{1 + 3.13151 x_1 + 15.1594 x_2}$$

因此该动力学模型为

$$y = \frac{2.44277 x_1}{1 + 3.13151 x_1 + 15.1594 x_2}$$

用Mathematica的Plot3D命令，画出的三维图形如图9-21所示。

In[3]:= Plot3D[qx,{x1,0,3},{x2,0,3}]

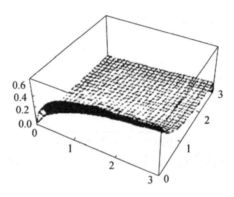

图 9-21　Mathematica 绘制的拟合函数图形

例9.22　1) 问题——温度传感器定标测量建模

在热学实验中常使用温度传感器测量温度，首先要对温度传感器进行定标，即测量在不同温度下传感器的感应电流，以此确定该器件的感应电流与温度的关系。实验中测得实验数据见表9-25。

2) 模型分析及求解

首先将测量数据输入，而后将数据所对应的点画在直角坐标中。利用函数Fit将数据进行直线拟合并输出回归方程，最后将拟合所得直线画在直角坐标中并与实验数据相比较。

利用Mathematica编制程序如下：

In[1]:=data={{13.90 ,285.7},{ 19.25,291.1},{24.90,296.8},{29.80,301.8},{32.50,304.5}};

a=ListPlot[data,PlotStyle->PointSize[0.02]];

b=Fit[data,{1,t},t]

c=Plot[b,{t,10,35}];

Show[a,c,AxesLabel->{"t/℃", "I/μA"}]

输出的回归方程为

I=271.632+1.01156t

输出的拟合直线如图9-22所示。

表 9-25　温度传感器定标测量数据

测量次序	温度/℃	电流/μA
1	13.90	285.7
2	19.25	291.1
3	24.90	296.8
4	29.80	301.8
5	32.50	304.5

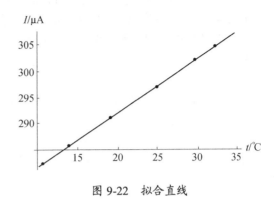

图 9-22　拟合直线

3) 评注

由上可见，用一个函数Fit就完成了直线拟合，得回归方程I=271.632+1.01156t并能快捷地画出拟合直线与数据点，以便观察拟合相似程度。

9.6　本章小结

数学建模就是对科学研究、技术改革、经济管理等现实生活中所遇到的实际问题加以分析、抽象、简化，用数学语言进行描述、用数学方法寻求解决方案、办法，并通过解释、验证，最终应用于实际的过程。数学建模没有固定的模式，按照建模的进程，数学建模分成如下几个阶段：

(1) 模型准备：了解问题的实际背景，明确其实际意义，掌握对象的各种信息，用数学语言来描述问题。

(2) 模型假设：根据实际对象的特征和建模的目的，对问题进行必要的简化，并用精确的语言提出一些恰当的假设。

(3) 模型建立：在假设的基础上，利用适当的数学工具来刻划各变量之间的数学关系，建立相应的数学结构。

(4) 模型求解：利用获取的数据资料，对模型的所有参数做出计算。

(5) 模型分析：对所得的结果进行数学上的分析。

(6) 模型检验：将模型分析结果与实际情形进行比较，以此来验证模型的准确性、合理性和适用性。

(7) 模型应用：应用方式因问题的性质和建模的目的而异。

计算机作为一种高科技的工具，大大推进了数学建模的求解进程，是数学建模中的不可缺少的重要工具。数学科学与计算机技术相结合，使各领域复杂的实际问题得以快速解决。

在数学建模中Mathematica软件发挥了重要的作用，借助于Mathematica的强大数据处理、图形处理能力可以方便、快捷、高效地解决数学建模中各种问题。本章主要从以下几个方面通过具体实例介绍了计算机软件Mathematica在数学建模中的应用：9.1节介绍了Mathematica软件在数学规划建模中的应用，利用Mathematica软件解决数学规划问题的优点是结构简单、计算速度快、精确度高，在实际应用中非常方便；9.2节介绍了Mathematica软件在微分方程建模中的应用，Mathematica软件可以求解微分方程及微分方程组,是解决微分方程问题的有力工具;9.3节介绍了Mathematica软件在回归分析建模中的应用,Mathematica软件可用于求解线性回归和非线性回归,极大地提高了求解回归问题的效率;9.4节介绍了Mathematica软件在离散建模中的应用,通过三个实例介绍了Mathematica软件在图论模型、层次分析模型及合作对策模型中的应用;9.5节介绍了Mathematica软件在其他建模中的应用,通过例子说明Mathematica软件可以求解各种数学模型,使用Mathematica软件编写的程序不是很大,而且程序执行的效率还比较高,所以Mathematica软件在数学建模中有非常重要的作用。

Mathematica软件的使用大大提高了数学建模的质量和效率,增强了解决实际问题的能力,因此,掌握Mathematica数学软件等同于抓住解决实际问题的钥匙。

因此,数学建模和Mathematica软件在本质上实属一体,只有在实践中将二者合理完美地结合起来,才能够解决实践中所遇到的问题。图9-23是数学建模和Mathematica软件相互结合的流程图。

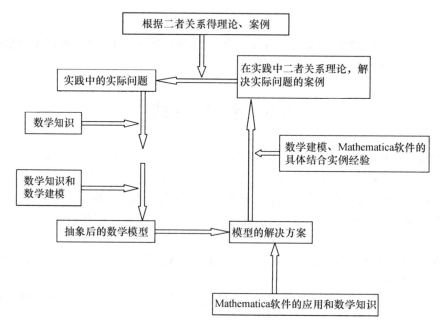

图 9-23　流程图

Mathematica软件是当今最优秀、应用最广泛的数学应用软件之一,它以强大的科学计算与可视化功能、简单易用、开放式可扩展环境等特点,在众多科学领域中成为计算机辅助设计和分析以及算法研究和应用开发的基本工具和首选平台。它具有其他高级语言难以比拟的很多优点,如程序编写简单、编程效率高、易学易懂,因此,Mathematica软件正在成为数学建模的有效工具。

习 题 9

1. 9.1.1 节加工奶制品的生产计划建模给出的 A_1、A_2 两种奶制品生产条件、利润及工厂的"资源"限制全都不变。为增加工厂的获利,开发了奶制品的深加工技术:用 2h 和 3 元加工费,可将 1kg A_1 加工成 0.8kg 高级奶制品 B_1，也可将 1kg A_2 加工成 0.75kg 高级奶制品 B_2，每千克 B_1 能获利 44 元，每千克 B_2 能获利 32 元。试为该厂制订一个生产销售计划，使每天的净利润最大。

2. 任务分配问题：某车间有甲、乙两台机床，可用于加工三种工件。假定这两台车床的可用台时数分别为 800 和 900，三种工件的数量分别为 400、600 和 500，且已知用三种不同车床加工单位数量不同工件所需的台时数和加工费用见表 9-26。问怎样分配车床的加工任务，才能既满足加工工件的要求，又使加工费用最低？

表 9-26 不同车床加工单位数量不同工件所需的台时数和加工费用

车床类型	单位工件所需加工台时数			单位工件的加工费用			可用台时数
	工件 1	工件 2	工件 3	工件 1	工件 2	工件 3	
甲	0.4	1.1	1.0	13	9	10	800
乙	0.5	1.2	1.3	11	12	8	900

3. 某厂每日 8h 的产量不低于 1800 件。为了进行质量控制，计划聘请两种不同水平的检验员。一级检验员的标准为：速度 25 件/h，正确率 98%，计时工资 4 元/h；二级检验员的标准为：速度 15 件/h，正确率 95%，计时工资 3 元/h。检验员每错检一次，工厂要损失 2 元。为使总检验费用最省，该工厂应聘一级、二级检验员各几名？

4. 某化工厂要用三种原料混合配置三种不同规格的产品，各产品的规格单价见表 9-27。

表 9-27 产品的规格与单价

产品	规格	单价/(元/kg)
A	原料 Ⅰ 不少于 50%	50
	原料 Ⅱ 不超过 25%	
B	原料 Ⅰ 不少于 25%	35
	原料 Ⅱ 不超过 50%	
C	不限	25

原料的单价与每天最大供应量见表 9-28。

表 9-28 原料的日供应量与单价

原料	日最大供应量	单价/(元/kg)
Ⅰ	100	65
Ⅱ	100	25
Ⅲ	60	35

问如何安排生产使得生产利润最大？

5. 某工厂要制作 100 套专用钢架，每套钢架需要用毛坯长分别为 2.9m、2.1m 和 1.5m 的圆钢各一根。已知原料每根长 7.4m，现考虑应如何下料，可使所用原料最省？

6. 已知某种商品的价格与日销售量的数据见表 9-29，试构造一个合适的回归模型描述价格与销量的关系。

表 9-29 价格与销量数据

价格/元	1.0	2.0	2.0	2.3	2.5	2.6	2.8	3.0	3.3	3.5
销量/kg	5.0	3.5	3.0	2.7	2.4	2.5	2.0	1.5	1.2	1.2

7. 测 16 名成年女子的身高与腿长所得数据见表 9-30，试构造一个合适的回归模型描述身高与腿长的关系。

表 9-30 身高与腿长数据

身高	143	145	146	147	149	150	153	154	155	156	157	158	159	160	162	164
腿长	88	85	88	91	92	93	93	95	96	98	97	96	98	99	100	102

习题答案与提示

习 题 1

1. 简述 Mathematica 软件的特点与应用。

答：Mathematica 的特点：

(1) 内容丰富，功能齐全。

(2) 语法简练，编程效率高。

(3) 操作简单，使用方便。

(4) 和其他语言交互性好。

Mathematica 可用于解决各领域内涉及复杂的符号计算和数值计算的问题，在图形方面，Mathematica 不仅可以绘制各种二维图形(包括等值线图等)，而且能绘制很精美的三维图形，其描述方法可以用来编写具有专门用途的程序或者软件包，将多个功能有机地结合在一个系统里，从而处理非常复杂的问题。

2. 简述 Mathematica 输入面板的种类及对应功能。

答：Mathematica 10 中提供了 10 种输入面板，具体见 1.3.2 节。

3. 简述 Mathematica 表达式的输入方法。

答：3 种，具体内容见 1.4.3 节。

4. 简述 Mathematica 命令的执行方法。

答：具体内容见 1.4.3 节。

5. 试述 Mathematica 中获取帮助的方法。

答：具体内容见 1.4.4 节。

6. 试比较 Mathematica 软件与其他数学处理软件的区别。

答：当代最负盛名的三大数学软件为 Matlab、Mathematica、Maple。

Matlab：最强大的数值计算和可视化软件，最初主要用于方便矩阵的存取，其基本元素是无须定义维数的矩阵。经过十几年的完善和扩充，现在已发展成为线性代数课程的标准工具，也成为其他许多领域课程的使用工具。而且它包含了 Mupad，也可以进行很不错的符号计算。Matlab 不仅在数学方面，在物理、统计、工程、金融等方面也都有强大的工具箱可以使用。所以如果只想学一种软件，那么 Matlab 就是首选。

Mathematica：是一个集成化的计算机软件系统，它的主要功能包括符号演算、数值计算和图形三个方面。使用它可以完成许多符号演算的数值计算的工作，如各种多项式的计算、有理式的计算。它可以求多项式方程、有理式方程和超越方程的精确解和近似解；做数值和一般表达式的向量和矩阵的各种计算；求解一般函数表达式的极限、导函数，求积分，做幂级数展开，求解某些微分方程等；做任意位的精确的计算。所以数学公式推导是它的强项。

Maple：提供了 2000 余种数学函数，涉及范围包括普通数学、高等数学、线性代数、数论、离散数学、图形学。它还提供了一套内置的编程语言，用户可以开发自己的应用程序，而且 Maple

自身的 2000 多种函数，基本上都是用此语言开发的。Maple 采用字符行输入方式，输入时需要按照规定的格式输入，虽然与一般常见的数学格式不同，但灵活方便，也很容易理解。输出则可以选择字符方式和图形方式，产生的图形结果可以很方便地剪贴到 Windows 应用程序内。其实 Maple 和 Mathematica 很相似，如果没有更多精力就不必两种都学。

习 题 2

1. 计算下列各式的值。

(1) 127^{12}；

(2) $\sqrt{e^3-1}$；

(3) $89!$；

(4) $\log_7 314$；

(5) $\sin\left(\dfrac{\pi^2}{6}\right)$；

(6) $\arccos\left(\dfrac{\pi}{7}\right)$；

(7) $\arctan(\log_3 \pi)$；

(8) $\ln\ln(10^{2\pi}+2)$；

(9) $\log_3 \sqrt{e^3-1}$；

(10) $10^{\sqrt{5}}$。

解：(1) 127^12

   1760534951622076427196 6721

(2) (E^3-1)^(1/2)

   N[(E^3-1)^(1/2)]

   4.3687

(3) 89!

   16507955160908461081216919262453619309839666236496541854913520707833171034378509739399912570787600662729080382999756800000000000000000000

(4) N[Log[7,314]]

   2.9546

(5) N[Sin[Pi^2/6]]

   0.997253

(6) N[ArcCos[Pi/7]]

   1.10538

(7) N[ArcTan[Log[3,Pi]]]

   0.805953

(8) N[Log[Log[10^(2Pi)+2]]]

   2.67191

(9) N[Log[3,(E^3-1)^(1/2)]]

   1.34212

(10) N[10^(5^(1/2))]

   172.214

2. 求表达式 $e^{-x}\sin x$ 在 x=0.5, 1, 1.5, 2 时精确到 50 位的值。

解：N[E^(-1/2)*Sin[1/2],50]

0.29078628821269184886414325498678694256383870942576

N[E^(−1)*Sin[1],50]

0.30955987565311219844391282491512943167128686660206

N[E^(−3/2)*Sin[3/2],50]

0.22257121610821853204818038044843160991203136258349

N[E^(−2)*Sin[2],50]

0.12306002480577673580785171984582164000950873117904

3. 已知表 L={{y+z},23,{x,{a,b}},y+1,x,{1}},求 L[[1]],L[[3]],L[[−2]],First[L],Last[L],L[[3]][[2]]。

解：{y+z}，{x,{a,b}}，X，{y+z}，{1}，{a,b}

4. 已知表 L={12,{y+z,4},{{a,b+3}},{y+1,x},{1}},求 Take[L,3],Take[L,{2,3}],Drop[L,2],Drop[L,{2,4}]。

解：{12,{y+z,4},{{a,3+b}}}，{{y+z,4},{{a,3+b}}}，{{{a,3+b}},{1+y,x},{1}}，{12,{1}}

5. 已知表 L={{{y+x,4}},{{a,{x+3}}},{y,x},{x+2}},求 Prepend[L,{x,y}],Append[L,k],Insert[L,{a,b},2]。

解：{x,y},{{x+y,4}},{{a,{3+x}}},{y,x},{2+x}}，{{{x+y,4}},{{a,{3+x}}},{y,x},{2+x},k}，{{{x+y,4}},{a,b},{{a,{3+x}}},{y,x},{2+x}}

6. 已知表 L={{x,{y+x,4,7}},{{y,{x,x+3}}},{y,x},{x},x},求 Length[L],MemberQ[L,{y,x}], MemberQ[L,k],Count[L,x]。

解：5，True，False，1

7. 已知矩阵 $A=\begin{pmatrix} 4 & 3 & 1 & 7 \\ 2 & 5 & 4 & 1 \\ 8 & 9 & 2 & 7 \\ 5 & 3 & 1 & 4 \end{pmatrix}$，$B=\begin{pmatrix} 2 & 2 \\ 3 & 1 \\ 5 & 4 \\ 7 & 11 \end{pmatrix}$，求 $A \times B$，$A^{-1} \times B$，并求矩阵 A 的特征值和特征向量。

解：A={{4,3,1,7},{2,5,4,1},{8,9,2,7},{5,3,1,4}}

B={{2,2},{3,1},{5,4},{7,11}}，MatrixForm[A.B]，Inverse[A]，Eigenvalues[A]，Eigenvectors[A]

8. 画出下列函数的图形。

(1) $\cos x + \sin x, x \in [0, 2\pi]$；

(2) $\sin(\cos x), x \in [0, 3\pi]$；

(3) xe^x, $x \in [-2, 2]$。

解：(1) Plot[Cos[x]+Sin[x],{x,0,2Pi}]

(2) Plot[Sin[Cos[x]],{x,0,3Pi}]

(3) Plot[x E^x,{x,−2,2}]

9. 画出下列参数函数的图形。

(1) $x = t\cos t, y = t\sin t, t \in [0, 2\pi]$；

(2) $x = \cos 3t, y = \sin 5t, t \in [0, \pi]$。

解：(1) ParametricPlot[{t Cos[t],t Sin[t]},{t,0,2Pi}]

(2) ParametricPlot[{ Cos[3t], Sin[5t]},{t,0,Pi}]

10. 画出下列图形。

(1) 圆柱面 $x^2 + y^2 = x$；

(2) 椭球面 $\dfrac{x^2}{4} + \dfrac{y^2}{4} + \dfrac{z^2}{9} = 1$；

(3) 圆锥面 $x^2 + y^2 = z^2$。

解：(1) ParametricPlot3D[{Cos[t]^2,Cos[t]*Sin[t],z},{t,0,2Pi},{z,0,1.2}]

(2) ParametricPlot3D[{(1/2)*Cos[t]Cos[u],(1/2)*Sin[t]Cos[u],(1/3)*Sin[u]},{t,0,2Pi},{u,-Pi/2,Pi/2}]
(3) ParametricPlot3D[{Sin[u]*Cos[v],Sin[u]*Sin[v],Sin[u]},{u,0,Pi},{v,0,2Pi},DisplayFunction Identity]

习 题 3

1. 求极限 $\lim\limits_{n\to\infty}\left(1-\dfrac{1}{n}\right)^n$。

解：In[1]:=f[n_]:=(1-1/n)^n;
　　Limit[f[n],n→Infinity]
　　Out[1]=1/e

2. 求极限 (1) $\lim\limits_{x\to 0}\dfrac{\sin 3x}{5x}$； (2) $\lim\limits_{x\to\frac{\pi}{2}-0}\tan x$； (3) $\lim\limits_{x\to 0^+}\dfrac{\ln|x|}{x}$； (4) $\lim\limits_{x\to 0}\tan\dfrac{1}{x}$

解：In[1]：= Limit[Sin[3x]/(5x),x->0]
　　Out[1]=3/5.
　　In[2]:= Limit[Tan[x],x->Pi/2,Direction->1]
　　Out[2]= Infinity
　　In[3]:= Limit[Log[Abs[x]]/x,x->0,Direction->-1]
　　Out[3]= -Infinity
　　In[4]:= Limit[Tan[1/x],x→0]
　　Out[4]= Interval[{-∞, ∞}]

3. 求极限 (1) $\lim\limits_{x\to\infty}\left(1-\dfrac{1}{x}\right)^{kx}$； (2) $\lim\limits_{x\to+\infty}\arctan x$； (3) $\lim\limits_{x\to-\infty}\arctan x$。

解：In[1]:= Limit[(1-1/x)^(k*x),x->Infinity]
　　Out[1]= e^{-k}
　　In[2]:= Limit[(ArcTan[x]),x->+Infinity]
　　Out[2]=Pi/2
　　In[3]:= Limit[(ArcTan[x]),x->-Infinity]
　　Out[3]=-Pi/2

4. 设 $f(x)=\begin{cases}x, & x<0\\ \sin 2x, & x\geqslant 0\end{cases}$，求 $f(x)$ 在 $x=0$ 处左导数 $f'(0^-)$ 和右导数 $f'(0^+)$ 以及导数。

解：In[1]:=　f[x_]:=Which[x<0,x,x>=0,Sin[2x]] ；
　　Left_Direvative=Limit[(f[x]-f[0])/x,x→0,Direction→1]
　　Right_Direvative=Limit[(f[x]-f[0])/x,x→0,Direction→-1]
　　Out[1]= 1
　　Out[2]= 2

$f(x)=\begin{cases}x, & x<0\\ \sin 2x, & x\geqslant 0\end{cases}$ 在 $x=0$ 处左导数 $f'(0^-)=1$ 和右导数 $f'(0^+)=2$ 虽然都存在，但不相等，故 $f(x)$ 在 $x=0$ 处的导数不存在。

5. 求函数 $f(x)=(2x^2+3)\sin x$ 在 $x=3$ 处的一阶导数 $f'(3)$。

解：In[1]:= D[(2x^2+3)Sin[x],x]/.x->3
　　Out[1]= 21 Cos[3] + 12 Sin[3]

6．求函数 $y = f(\sin x) + f(\cos x)$ 的一阶导数。

解：In[1]:= D[f[Sin[x]] + f[Cos[x]], x]

Out[1]= -(Sin[x] f'[Cos[x]]) + Cos[x] f'[Sin[x]]

7．设 $y = 1 - xe^y$，求 $\dfrac{dy}{dx}$。

解：利用隐函数求导公式

$$\frac{dy}{dx} = -\frac{F_x}{F_y}$$

In[1]:=F[x_,y_]:=1-x Exp[y] -y;

   Fx=D[F[x,y],x]

   Fy=D[F[x,y],y]

  -Fx/Fy

  Out[1]= -e^y

  Out[2]= -1-e^y x

  Out[3]= e^y/(-1-e^y x)

8．设 $f(x,y) = \sin(x^2 + 2y)$，求 $f_x(x,y)$，$f_y(x,y)$，$f_x(1,2)$，$f_{xx}(x,y)$，$f_{xy}(x,y)$，$f_{yx}(x,y)$，$f_{yy}(x,y)$，$f_{xy}(1,2)$。

解：In[1]:=f[x_,y_]:=Sin[x^2+2 y];

    D[f[x,y],x]

    D[f[x,y],y]

    D[f[x,y],x]/.{x→1,y→2}

    D[f[x,y],x,x]

    D[f[x,y],x,y]

    D[f[x,y],y,x]

    D[f[x,y],y,y]

    D[f[x,y],x,y]/.{x→1,y→2}

    Out[1]=2 x Cos[x^2+2y]

    Out[2]=2 Cos[x^2+2y]

    Out[3]=2 Cos[5]

    Out[4]= 2 Cos[x^2+2 y]-4 x^2 Sin[x^2+2 y]

    Out[5]= -4 x Sin[x^2+2 y]

    Out[6]= -4 x Sin[x^2+2 y]

    Out[7]= -4 Sin[x^2+2 y]

    Out[8]= -4 Sin[5]

9．设 $z = e^{xy}$ 的全微分及在 (2,1) 处的全微分。

解：In[1]:=f[x_,y_]:= Exp[x×y];

    dz= =D[f[x,y],x] dx+D[f[x,y],y]dy

    dz= =D[f[x,y],x] dx+D[f[x,y],y]dy/.{x→2,y→1}

Out[1]=dz= = dy e^{xy} x+dx e^{xy}y

Out[2]=dz= = dx e^2+2 dy e^2

10．设 $u^2 - v + x = 0$，$u + v^2 - y = 0$，求 $\dfrac{\partial u}{\partial x}$，$\dfrac{\partial u}{\partial y}$，$\dfrac{\partial v}{\partial x}$，$\dfrac{\partial v}{\partial y}$。

解：In[1]:=F[x_,y_,u_,v_]:=u^2-v+x; G[x_,y_,u_,v_]:=u+v^2-y;

Fx=D[F[x,y,u,v],x];　　Fy=D[F[x,y,u,v],y];　　Fu=D[F[x,y,u,v],u];　　Fv=D[F[x,y,u,v],v];
Gx=D[G[x,y,u,v],x];　　Gy=D[G[x,y,u,v],y];　　Gu=D[G[x,y,u,v],u];　　Gv=D[G[x,y,u,v],v];

$$Ux = -\mathrm{Det}\begin{bmatrix} F_x & F_v \\ G_x & G_v \end{bmatrix} \Big/ \mathrm{Det}\begin{bmatrix} F_u & F_v \\ G_u & G_v \end{bmatrix}$$

$$Uy = -\mathrm{Det}\begin{bmatrix} F_y & F_v \\ G_y & G_v \end{bmatrix} \Big/ \mathrm{Det}\begin{bmatrix} F_u & F_v \\ G_u & G_v \end{bmatrix}$$

$$Vx = -\mathrm{Det}\begin{bmatrix} F_u & F_x \\ G_u & G_x \end{bmatrix} \Big/ \mathrm{Det}\begin{bmatrix} F_u & F_v \\ G_u & G_v \end{bmatrix}$$

$$Vy = -\mathrm{Det}\begin{bmatrix} F_u & F_y \\ G_u & G_y \end{bmatrix} \Big/ \mathrm{Det}\begin{bmatrix} F_u & F_v \\ G_u & G_v \end{bmatrix}$$

Out[1]= -((2 v)/(1+4 u v));　Out[2]= 1/(1+4 u v);
Out[3]= 1/(1+4 u v);　　　Out[4]= (2 u)/(1+4 u v)

11. 求 $y = \sin x$ 在 $(1, \sin 1)$ 处的切线和法线方程，并作图。

解：In[1]:=f[x_]:=Sin[x]

x0=1;
y= =f[x0]+f'[x0] (x-x0)
y= =-f[x0] - (1/f'[x0]) (x-x0)
Plot[{f[x],f[x0]+f'[x0] (x-x0),f[x0]+ - (1/f'[x0]) (x-x0)},{x, -3,3},AspectRatio→Automatic,PlotRange→{-3,3}]
Out[1]= y= = (-1+x) Cos[1]+Sin[1]
Out[2]=y= =-(-1+x) Sec[1]-Sin[1]
Out[3]=
(输出的结果如下图所示)

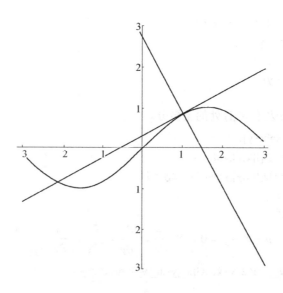

12. 验证罗尔定理对函数 $f(x)=\ln\sin x$ 在区间 $\left[\dfrac{\pi}{6},\dfrac{5\pi}{6}\right]$ 上的正确性，并求出 ξ。

解：即验证存在 $\xi\in\left[\dfrac{\pi}{6},\dfrac{5\pi}{6}\right]$，使得 $f'(\xi)=0$。

由于 $f(x)$ 在 $\left[\dfrac{\pi}{6},\dfrac{5\pi}{6}\right]$ 处处连续，而且可微，$f\left(\dfrac{\pi}{6}\right)=\ln\left(\dfrac{1}{2}\right)$，$f\left(\dfrac{5\pi}{6}\right)=\ln\left(\dfrac{1}{2}\right)$，故 $f(x)$ 在区间 $\left[\dfrac{\pi}{6},\dfrac{5\pi}{6}\right]$ 上满足罗尔定理。

```
In[1]:= f[x_]=Log[Sin[x]];
        Solve[f'[ξ] = =0, ξ]
Out[1]= {{ξ→Conditional Expression [π/2 + π C[1],  C[1] ∈ Integers]}}
```

其中 $\xi=\pi/2$ 属于区间 $\left[\dfrac{\pi}{6},\dfrac{5\pi}{6}\right]$，因此，在 $\xi\in\left[\dfrac{\pi}{6},\dfrac{5\pi}{6}\right]$，使得 $f'(\xi)=0$。

13. 在区间 [0,1] 上对函数 $f(x)=4x^3-5x^2+x-2$ 验证拉格朗日中值定理的正确性。

解：即验证存在 $\xi\in[0,1]$，使得 $f'(\xi)=\dfrac{f(1)-f(0)}{1-0}$。

```
In[1]:= f[x_]:=4x^3-5x^2+x-2;
        a=0;b=1;
        Solve[f'[x]=(f[b]-f[a])/(b-a),x]
Out[1]={{x→1/12(5-√13 )},{x→1/12(5+√13 )}}
```

$1/12(5-\sqrt{13})$ 和 $1/12(5+\sqrt{13})$ 都包含在 [0,1] 区间内。

14. 在区间 $\left[0,\dfrac{\pi}{2}\right]$ 上对函数 $f(x)=\sin x$ 和 $F(x)=x+\cos x$ 验证柯西中值定理的正确性。

解：即验证存在 $\xi\in(0,1)$，使得

$$\dfrac{f'(\xi)}{F'(\xi)}=\dfrac{f\left(\dfrac{\pi}{2}\right)-f(0)}{F\left(\dfrac{\pi}{2}\right)-F(0)}$$

```
In[1]:=f[x_]:=Sin[x];
F[x_]:=x+Cos[x];
a=0;b=Pi/2;
Solve[f'[x](F[b]−F[a]) = =F'[x](f[b]−f[a]),x]
Out[1]= {{x→Conditional Expression [π/2 +2 π C[1],  C[1] ∈ Integers]},
        {x→Conditional Expression[ArcTan[(4π−π²)/(−8+4π)] +2 π C[1],
        C[1] ∈ Integers]}}
```

判断第二个解是否在 (0,Pi/2) 内：

In[2]:　=ArcTan[(4Pi−Pi^2)/(−8+4Pi)]//N
0<ArcTan[(4Pi−Pi^2)/(−8+4Pi)] <Pi/2.
Out[2]=0.533458
Out[3]=True (第二个解在(0,Pi/2)内)

15. 求函数 $f(x)=2\sin^2(2x)-\dfrac{5}{2}\cos^2\left(\dfrac{x}{2}\right)$ 在 $(0,\pi)$ 内的极值，并作图。

解：In[1]:＝f[x_]:=2Sin[2x]^2−(5/2)Cos[x/2]^2;
Plot[f[x],{x,0,Pi},Ticks→{Range[0,Pi,Pi/4]}]

(输出结果如下图所示)

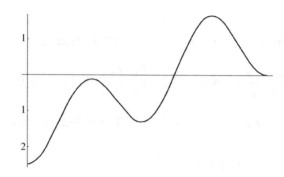

求三个驻点：

d1=FindRoot[f'[x] ＝ ＝0,{x,Pi/4}]

d2=FindRoot[f'[x] ＝ ＝0,{x,Pi/2}]

d3=FindRoot[f'[x] ＝ ＝0,{x,3Pi/4}]

结果：

{x→0.844344}

{x→1.4916}

{x→2.40884}

求极值：

f[x]/.d1

f[x]/.d2

f[x]/.d3

结果：

−0.107946

−1.29913

1.65708

16. 求函数 $f(x)=x^3-2x+3$ 的凹凸区间，并作图。

解：In[1]:＝f[x_]:=x^3−2x+3;
Plot[f[x],{x,−3,3}]
Solve[f''[x] ＝ ＝0,x](求二阶导数的零点)
(输出结果如下图所示)

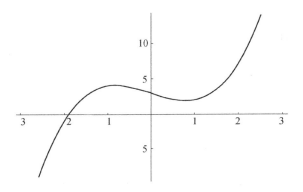

结果：{{x→0}}

17. 求曲线 $\begin{cases} x^2+y^2+z^2=2 \\ x+y+z=0 \end{cases}$ 在 $(1,0,-1)$ 处的切向量和切线方程和法平面。

F[x_,y_,z_]:=x^2+y^2+z^2-2;
G[x_,y_,z_]:=x+y+z;
x0=1;y0=0;z0=-1;
A=D[F[x,y,z],{{x,y,z}}]/.{x→x0,y→y0,z→z0}
B=D[G[x,y,z],{{x,y,z}}]/.{x→x0,y→y0,z→z0}
T=Cross[A,B]
(x-x0)/T[[1]] = = (y-y0)/T[[2]] = = (z-z0)/T[[3]]
Simplify[%]

结果：

{2,0, -2}

{1,1,1}

{2,-4,2} (切向量)

1/2 (-1+x) = = - (y/4) = = (1+z)/2   (切线方程)

2 (-1+x) -4 y+2 (1+z) = =0   (法平面)

x+z= =2 y

18. 求曲面 $x^2+y^2+z^2=14$ 在 $(1,2,3)$ 处的法向量、切平面方程和法线方程。

解：F[x_,y_,z_]:=x^2+y^2+z^2-14;
x0=1;y0=2;z0=3;
n=D[F[x,y,z],{{x,y,z}}]/.{x->x0,y->y0,z->z0}
(x-x0)n[[1]]+(y-y0)n[[2]]+(z-z0)n[[3]] = =0
Simplify[%]
(x-x0)/n[[1]] = = (y-y0)/n[[2]] = = (z-z0)/n[[3]]

Out[1]={2,4,6}(法向量)

2 (-1+x)+4 (-2+y)+6 (-3+z)=0 (切平面)

x+2 y+3 z= =14(切平面)

1/2 (-1+x) = =1/4 (-2+y) = =1/6 (-3+z)   (法线方程)

19. 设 $f(x,y)=x^2+\cos(2y)$，求梯度 **grad**$f(x,y)$ 和 **grad**$f(1,3)$，并作梯度场的图形。

解：In[1]:=f[x_,y_]:=x^2+Cos[2 y];
grad1=Grad [f[x,y],{x,y}]
VectorPlot[%,{x,-1,1},{y,-1,1}]
grad1.{x→1,y→3}
Out[1]={2 x,-2 Sin[2 y]}
Out[2]=
(输出的结果如下图所示)

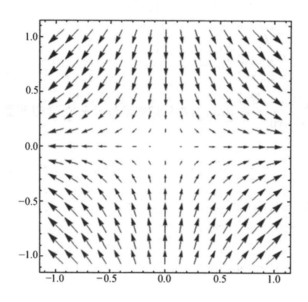

Out[3]={2,-2 Sin[6]}

20．设 $f(x,y) = x^2 + \cos(2y)$，求函数在 $(1,2)$ 处沿方向 $\boldsymbol{\alpha} = \{2,-3\}$ 的方向导数。

解：In[1]:=f[x_,y_]:=x^2+Cos[2 y];
grad=D[f[x,y],{{x,y}}]
grad1=grad/.{x→1,y→2}
a={2,-3};
FXDS=grad1.a/Norm[a]
Out[1]={2 x, -2 Sin[2 y]}
Out[2]={2, -2 Sin[4]}
Out[3]= (4+6 Sin[4])/$\sqrt{13}$

21．求函数 $f(x,y) = x^3 - y^3 + 3x^2 + 3y^2 - 9x$ 的驻点和极值。

解：In[1]:=f[x_,y_]:=x^3-y^3+3x^2+3y^2-9x;
fx=D[f[x,y],x]
fy=D[f[x,y],y]
Zhudian=Solve[{fx= =0,fy= =0}]
Out[1]= -9+6 x+3 x^2
Out[2]=6 y-3 y^2
Out[3]={{x→-3,y→0},{x→-3,y→2},{x→1,y→0},{x→1,y→2}}(驻点)
In[4]:=fxx=D[f[x,y],x,x]

fyy=D[f[x,y],y,y]
fxy=D[f[x,y],x,y]
delta=fxx fyy-fxy^2 (判别式)
Out[5]=6+6 x
Out[6]=6-6 y
Out[7]=0
Out[8]= (6+6 x) (6-6 y)
In[9]:={delta,fxx,f[x,y]}/.{x→-3,y→0}
{delta,fxx,f[x,y]}/.{x→-3,y→2}
{delta,fxx,f[x,y]}/.{x→1,y→0}
{delta,fxx,f[x,y]}/.{x→1,y→2}
Out[9]={ -72, -12,27} (判别式<0 在(-3,0)处无极值)
Out[10]={72,-12,31}   判别式>0, A<0→在(-3,2)有极大值：31
Out[11]={72,12, -5}   判别式>0, A>0有→在(1,0)有极小值：-5
Out[12]={ -72,12, -1} (判别式<0 在(1,2)处无极值)

22. 计算下列积分。

(1) $\int \dfrac{2x^4+x^2+3}{x^2+1}dx$; (2) $\int_0^{1/2} \arcsin x dx$; (3) $\int_1^{+\infty} \arcsin x dx$ 。

解：In[1]:= Integral (2x^4+x^2+3)/(x^2+1)dx

$\int_0^{1/2} \text{ArcSin}[x]dx$

$\int_1^{+\infty} 1/x\wedge 4d\ x$

Out[1]=-x+(2x³)/3+4ArcTan[x]
Out[2]= 1/12(6(-2+√3)+π)
Out[3]=1/3

23. 计算二次积分 $\int_{x_1}^{x_2}dx\int_{y_1(x)}^{y_2(x)}f(x,y)dy$，其中 $D=\{(x,y)|1\leqslant x\leqslant 2,1\leqslant y\leqslant x\}$，$f(x,y)=xy$。

解：In[1]:= f[x_,y_]:=x y;
x1=1;x2=2;
y1[x_]:=1;y2[x_]:=x;
Integrate[f[x,y],{x,x1,x2},{y,y1[x],y2[x]}]
Out[1]=9/8

24. 计算二重积分 $\iint\limits_D \arctan\dfrac{y}{x}dxdy$，其中 $D=\{(x,y)|1\leqslant x^2+y^2\leqslant 4,\ 0\leqslant y\leqslant x\}$。

解：转化成极坐标 区域 $D=\left\{(r,t)|1\leqslant r\leqslant 2,\ 0\leqslant t\leqslant \dfrac{\pi}{4}\right\}$

In[1]:= f[x_,y_]:=ArcTan[y/x];
t1=0;t2=Pi/4;
r1[t_]:=1;r2[t_]:=2;
Integrate[r f[x,y]/.{x→r Cos[t],y→r Sin[t]},{t,t1,t2},{r,r1[t],r2[t]}]

Out[1]= (3 π^2)/64

25. 计算三重积分 $\iiint_\Omega z dv$，其中 $\Omega: x^2+y^2 \leqslant z \leqslant 4$。

解：先用直角坐标：
$\Omega = \{(x,y,z) | -2 \leqslant x \leqslant 2, -\sqrt{4-x^2} \leqslant y \leqslant \sqrt{4-x^2}, x^2+y^2 \leqslant z \leqslant 4\}$
In[1]:= f[x_,y_,z_]:=z;
x1=-2;x2=2;
y1[x_]:=-Sqrt[4-x^2];y2[x_]:=Sqrt[4-x^2];
z1[x_,y_]:=x^2+y^2;z2[x_,y_]:=4;
Integrate[f[x,y,z],{x,x1,x2},{y,y1[x],y2[x]},{z,z1[x,y],z2[x,y]}]
Out[1]=(64 π)/3

再用柱坐标计算：
$\Omega = \{(x,y,z) | 0 \leqslant t \leqslant 2\pi, 0 \leqslant r \leqslant 2-x, r^2 \leqslant z \leqslant 4\}$
In[2]:= f[x_,y_,z_]:=z;
t1=0;t2=2Pi;
r1[t_]:=0;r2[t_]:=2;
z1[t_,r_]:=r^2;z2[t_,r_]:=4;
Integrate[r f[x,y,z]/.{x→r Cos[t],y→rSin[t]},{t,t1,t2},{r,r1[t],r2[t]},{z,z1[t,r],z2[t,r]}]
Out[2]=(64 π)/3

26. 计算曲线积分 $\int_L \sqrt{y} ds$，其中 $L: y=x^2$ ($0 \leqslant x \leqslant 1$)。

解：In[1]:= f[x_,y_]:=Sqrt[y];
L[x_]:=x^2;
a=0;b=1;
Integrate[Sqrt[1+L'[x]^2] f[x,y]/.{y→L[x]},{x,a,b}]

Out[1]=$\frac{1}{12}(-1+5\sqrt{5})$

27. 求球面 $\Sigma: x^2+y^2+z^2=2^2$ 的面积 $\Sigma: x=a\sin\varphi\cos\theta, y=a\sin\varphi\sin\theta, z=a\cos\varphi$ ($0 \leqslant \varphi \leqslant \pi$, $0 \leqslant \theta \leqslant 2\pi$)。

解：In[1]:= a:=2;
x[t_,phi_]:=a Sin[phi]Cos[t];y[t_,phi_]:=a Sin[phi]Sin[t];z[t_,phi_]:=a Cos[phi];
r[t_,phi_]:={x[t,phi],y[t,phi],z[t,phi]};
A=Norm[Cross[D[r[t,phi],t],D[r[t,phi],phi]]];
t1=0;t2=2 Pi;
phi1=0;phi2=Pi;
Integrate[A,{t,t1,t2},{phi,phi1,phi2}]
Out[1]= 16π

28. 已知向量 $\boldsymbol{a}=\{x_1,y_1,z_1\}$，$\boldsymbol{b}=\{x_2,y_2,z_2\}$，$\boldsymbol{c}=\{x_3,y_3,z_3\}$，求数量积 $\boldsymbol{a}\cdot\boldsymbol{b}$，向量积 $\boldsymbol{a}\times\boldsymbol{b}$ 和混合积 $(\boldsymbol{a}\times\boldsymbol{b})\cdot\boldsymbol{c}$

解：In[1]:=a={x1,y1,z1};b={x2,y2,z2};c={x3,y3,z3};

a.b

Cross[a,b]

Cross[a,b].c

Out[1]= x1 x2+y1 y2+z1 z2

{−y2 z1+y1 z2,x2 z1−x1 z2,−x2 y1+x1 y2}

y3 (x2 z1−x1 z2)+x3 (−y2 z1+y1 z2)+(−x2 y1+x1 y2) z3

29. 求幂级数 $\sum_{n=1}^{\infty} \dfrac{x^{2n-1}}{2^n}$ 收敛域与和函数。

解：In[1]:=a[n_]:=1/2^n

f[x_,n_]:=a[n]x^(2n−1);

r=Limit[Abs[a[n+1]/a[n]],n→Infinity];

R=1/Sqrt[r]

Out[1]= $\sqrt{2}$

In[1]:=Sum[f[−$\sqrt{2}$,n],{n,1,Infinity}]

Sum[f[$\sqrt{2}$,n],{n,1,Infinity}]

Sum::div: Sum does not converge.

Out[2]= $\sum_{n=1}^{\infty}(-1)^{-1+2n} 2^{-n+\frac{1}{2}(-1+2n)}$

Sum::div: Sum does not converge.

Out[2]= $\sum_{n=1}^{\infty} 2^{-n+\frac{1}{2}(-1+2n)}$

30. 求函数 $f(x)=\cos x$ 的各次麦克劳林多项式。

解：In[1]:=f[x_]:=Cos[x];

x0=0;

Do[Print[n," ",Normal[Series[f[x],{x,x0,n}]]],{n,1,4}]

Out[1]=

1 1

2 1−x^2/2

3 1−x^2/2

4 1−x^2/2+x^4/24

习 题 4

1.

输入 A={{3,1,−2},{2,4,3},{5,0,1}};

  Det[A]

输出 65

2.

输入 A={{x,1,1,1},{1,x,1,1},{1,1,x,1},{1,1,1,x}};

  Solve[Det[A]= =0,x]

输出 {{x,1,1,1},{1,x,1,1},{1,1,x,1},{1,1,1,x}}

$\{\{x->-3\},\{x->1\},\{x->1\},\{x->1\}\}$

3.

输入　　Van=Table[x[j]^k,{k,0,2},{j,1,3}]
　　　　%//MatrixForm
　　　　Det[Van]

输出　　{{1,1,1},{x[1],x[2],x[3]},{x[1]^2,x[2]^2,x[3]^2}}

$$\begin{pmatrix} 1 & 1 & 1 \\ x[1] & x[2] & x[3] \\ x[1]2 & x[2]2 & x[3]2 \end{pmatrix}$$

-x[1]^2 x[2]+x[1] x[2]^2+x[1]^2 x[3]　-x[2]^2 x[3]-x[1] x[3]^2+x[2] x[3]^2

化简以上结果：

输入　　Det[Van]//Simplify

输出　　-(x[1]-x[2]) (x[1]-x[3]) (x[2] -x[3])

4.

输入　　A={{1,-2,1},{2,1, -1},{1,-3,-4}};
　　　　A1={{1,-2,1},{1,1,-1},{-10, -3, -4}};
　　　　A2={{1,1,1},{2,1, -1},{1,-10,-4}};
　　　　A3={{1,-2,1},{2,1,1},{1,-3,-10}};
　　　　D0=Det[A]
　　　　D1=Det[A1]
　　　　D2=Det[A2]
　　　　D3=Det[A3]
　　　　x1=D1/D0
　　　　x2=D2/D0
　　　　　x3=D3/D0

输出　　-28
　　　　-28
　　　　-28
　　　　-56
　　　　1
　　　　1
　　　　2

5.

输入　　A={{4,-2},{2,1},{6,5}};
　　　　B={{5,4},{1,3},{2,5}};
　　　　A-B
　　　　2A-3B
　　　　A-B//MatrixForm
　　　　2A-3B//MatrixForm

输出　　{{-1, -6},{1, -2},{4,0}}
　　　　{{-7, -16},{1, -7},{6, -5}}

$$\begin{pmatrix} -1 & -6 \\ 1 & -2 \\ 4 & 0 \end{pmatrix}$$

$$\begin{pmatrix} -7 & -16 \\ 1 & -7 \\ 6 & -5 \end{pmatrix}$$

6.

输入　　A={{2,1,4},{-3,0,2}};

A//MatrixForm

B={{3,5},{2,-1},{4,2}};

B//MatrixForm

A.B

A.B//MatrixForm

输出　　$\begin{pmatrix} 2 & 1 & 4 \\ -3 & 0 & 2 \end{pmatrix}$

输出　　$\begin{pmatrix} 3 & 5 \\ 2 & -1 \\ 4 & 2 \end{pmatrix}$

{{24,17},{-1, -11}}

$$\begin{pmatrix} 24 & 17 \\ -1 & -11 \end{pmatrix}$$

7.

输入　　A={{3,-1,0},{-2,1,1},{2,-1,4}};

B=Inverse[A]

B//MatrixForm

A.B

%//MatrixForm

输出　　{{1,4/5,- (1/5)},{2,12/5,- (3/5)},{0,1/5,1/5}}

$$\begin{pmatrix} 1 & \dfrac{4}{5} & -\dfrac{1}{5} \\ 2 & \dfrac{12}{5} & -\dfrac{3}{5} \\ 0 & \dfrac{1}{5} & \dfrac{1}{5} \end{pmatrix}$$

{{1,0,0},{0,1,0},{0,0,1}}

$$\begin{pmatrix} 1 & 0 & 0 \\ 0 & 1 & 0 \\ 0 & 0 & 1 \end{pmatrix}$$

8. $AXB = C \Rightarrow X = A^{-1}CB^{-1}$

输入　　A={{1,−1},{2,4}};
　　　　B={{2,1},{0,1}};
　　　　C1={{2,1},{3, −1}};
　　　　X=Inverse[A].C1.Inverse[B]
　　　　%//MatrixForm

输出　　{{11/12,− (5/12)},{− (1/12),− (5/12)}}

$$\begin{pmatrix} \dfrac{11}{12} & -\dfrac{5}{12} \\ -\dfrac{1}{12} & -\dfrac{5}{12} \end{pmatrix}$$

9.

输入　　A={{2,5, −2,6,1,2},{1,2,3,4,2,1},{4,4,5,2,4,−2},{3,5,2,1,3,1}};
　　　　A//MatrixForm
　　　　MatrixRank[A]

输出　　$\begin{pmatrix} 2 & 5 & -2 & 6 & 1 & 2 \\ 1 & 2 & 3 & 4 & 2 & 1 \\ 4 & 4 & 5 & 2 & 4 & -2 \\ 3 & 5 & 2 & 1 & 3 & 1 \end{pmatrix}$

　　　　4

为求 A 的一个最高阶非零子式，求 A 的行最简形：

输入　　A={{2,5,−2,6,1,2},{1,2,3,4,2,1},{4,4,5,2,4, −2},{3,5,2,1,3,1}};
　　　　RowReduce[A]//MatrixForm

输出　　$\begin{pmatrix} 1 & 0 & 0 & 0 & 20/177 & -(373/177) \\ 0 & 1 & 0 & 0 & 65/177 & 248/177 \\ 0 & 0 & 1 & 0 & 76/177 & 34/177 \\ 0 & 0 & 0 & 1 & -(2/59) & -(4/59) \end{pmatrix}$

由行最简形中四个1的位置，知原矩阵的前四行以及1、2、3、4列的子式不为零。

10. 先将系数矩阵化为行最简形。

输入　　A={{1,2,1,1},{1,3,−1,2},{2,5,0,3}};
　　　　A//MatrixForm
　　　　RowReduce[A]//MatrixForm

输出　　$\begin{pmatrix} 1 & 2 & 1 & 1 \\ 1 & 3 & -1 & 2 \\ 2 & 5 & 0 & 3 \end{pmatrix}$

$\begin{pmatrix} 1 & 0 & 5 & -1 \\ 0 & 1 & -2 & 1 \\ 0 & 0 & 0 & 0 \end{pmatrix}$

由 A 的行最简形可知，原方程组化为

方程组的通解为

$$\begin{cases} x_1 + 5x_3 - x_4 = 0 \\ x_2 - 2x_3 + x_4 = 0 \end{cases} \text{或} \begin{cases} x_1 = -5x_3 + x_4 \\ x_2 = 2x_3 - x_4 \\ x_3 = x_3 \\ x_4 = x_4 \end{cases}$$

$$\begin{pmatrix} x_1 \\ x_2 \\ x_3 \\ x_4 \end{pmatrix} = c_1 \begin{pmatrix} -5 \\ 2 \\ 1 \\ 0 \end{pmatrix} + c_2 \begin{pmatrix} 1 \\ -1 \\ 0 \\ 1 \end{pmatrix}$$

其中 $\xi_1 = \begin{pmatrix} -5 \\ 2 \\ 1 \\ 0 \end{pmatrix}, \xi_2 = \begin{pmatrix} 1 \\ -1 \\ 0 \\ 1 \end{pmatrix}$ 是方程组的基础解系。

11. 先增广矩阵化为行最简形。

输入　A={{1,1,1,1,1},{0,1,-1,2,1},{2,3,1,4,3}};
　　　A//MatrixForm

　　　RowReduce[A]//MatrixForm

输出　$\begin{pmatrix} 1 & 1 & 1 & 1 & 1 \\ 0 & 1 & -1 & 2 & 1 \\ 2 & 3 & 1 & 4 & 3 \end{pmatrix}$

$\begin{pmatrix} 1 & 0 & 2 & -1 & 0 \\ 0 & 1 & -1 & 2 & 1 \\ 0 & 0 & 0 & 0 & 0 \end{pmatrix}$

由增广矩阵的行最简形可知，原方程组化为

$$\begin{cases} x_1 + 2x_3 - x_4 = 0 \\ x_2 - x_3 + 2x_4 = 1 \end{cases} \text{或} \begin{cases} x_1 = -2x_3 + x_4 \\ x_2 = x_3 - 2x_4 + 1 \\ x_3 = x_3 \\ x_4 = x_4 \end{cases}$$

原方程组的通解为

$$\begin{pmatrix} x_1 \\ x_2 \\ x_3 \\ x_4 \end{pmatrix} = c_1 \begin{pmatrix} -2 \\ 1 \\ 1 \\ 0 \end{pmatrix} + c_2 \begin{pmatrix} 1 \\ -2 \\ 0 \\ 1 \end{pmatrix} + \begin{pmatrix} 0 \\ 1 \\ 0 \\ 0 \end{pmatrix}$$

其中 $\xi_1 = \begin{pmatrix} -2 \\ 1 \\ 1 \\ 0 \end{pmatrix}, \xi_2 = \begin{pmatrix} 1 \\ -2 \\ 0 \\ 1 \end{pmatrix}$ 是对应其次方程组的基础解系，$\eta^* = \begin{pmatrix} 0 \\ 1 \\ 0 \\ 0 \end{pmatrix}$ 是原方程组的一个特解。

12. 只需将矩阵 $A=\begin{pmatrix} 1 & 2 & -1 & 3 \\ 1 & 1 & 1 & 2 \\ 2 & 3 & 1 & 5 \end{pmatrix}$ 化为行最简形。

输入　　A={{1,2,-1,3},{1,1,1,2},{2,3,1,5}};

　　　　A//MatrixForm

　　　　RowReduce[A]

　　　　%//MatrixForm

输出　$\begin{pmatrix} 1 & 2 & -1 & 3 \\ 1 & 1 & 1 & 2 \\ 2 & 3 & 1 & 5 \end{pmatrix}$

　　　{{1,0,0,1},{0,1,0,1},{0,0,1,0}}

　　　$\begin{pmatrix} 1 & 0 & 0 & 1 \\ 0 & 1 & 0 & 1 \\ 0 & 0 & 1 & 0 \end{pmatrix}$

容易看出：行最简形的第四列可以表示成第一列的 1 倍，加上第二列的 1 倍，加上第三列的 0 倍，于是 A 的第四列也可以表示成第一列的 1 倍，加上第二列的 1 倍，加上第三列的 0 倍。
即
$$\boldsymbol{\alpha} = \boldsymbol{\beta}_1 + \boldsymbol{\beta}_2 + 0\,\boldsymbol{\beta}_3$$

13. 只需将矩阵 $A=\begin{pmatrix} 1 & 0 & 2 \\ 1 & 4 & 3 \\ 2 & 4 & 5 \end{pmatrix}$ 化为行最简形。

输入　　A={{1,0,2},{1,4,3},{2,4,5}};

　　　　A//MatrixForm

　　　　RowReduce[A]

　　　　%//MatrixForm

输出　$\begin{pmatrix} 1 & 0 & 2 \\ 1 & 4 & 3 \\ 2 & 4 & 5 \end{pmatrix}$

　　　{{1,0,2},{0,1,1/4},{0,0,0}}

　　　$\begin{pmatrix} 1 & 0 & 2 \\ 0 & 1 & -\dfrac{1}{4} \\ 0 & 0 & 0 \end{pmatrix}$

容易看出：行最简形矩阵的秩为 2，所以原向量组的秩为 2，向量组线性相关。

14. 用初等行变换得到 A 的行最简形，则由行最简形可以看出 A 列向量组的最大无关组。

输入　　A={{2,0,3,1,4},{3,5,5,1,7},{1,5,2,0,1}};

A//MatrixForm；RowReduce[A]//MatrixForm

输出
$$\begin{pmatrix} 1 & 0 & \frac{3}{2} & \frac{1}{2} & 0 \\ 0 & 1 & \frac{1}{10} & -\frac{1}{10} & 0 \\ 0 & 0 & 0 & 0 & 1 \end{pmatrix}$$

$$\begin{pmatrix} 2 & 0 & 3 & 1 & 4 \\ 3 & 5 & 5 & 1 & 7 \\ 1 & 5 & 2 & 0 & 1 \end{pmatrix}$$

由此可知，A 的1、2、5列构成 A 的列向量组的最大无关组。

15.

输入　　A={{1,−2,2},{−2,−2,4},{2,4,−2}};
　　　　Eigenvalues[A]
　　　　Eigenvectors[A]

输出　　{−7,2,2}
　　　　{{−1,−2,2},{2,0,1},{−2,1,0}}

结果：

{−7,2,2}(特征值)

{{−1,−2,2},{2,0,1},{−2,1,0}}(特征向量)

16.

输入　　A={{2,−2,0},{−2,1,−2},{0,−2,0}};
　　　　Eigenvalues[A]
　　　　P=Eigenvectors[A]
　　　　P=Orthogonalize[P]
　　　　P=Transpose[P]
　　　　Inverse[P].P//MatrixForm
　　　　P//MatrixForm
　　　　Inverse[P].A.P//MatrixForm
　　　　Simplify[%]//MatrixForm

输出　　{4,−2,1}
　　　　{{2,−2,1},{1,2,2},{−2,−1,2}}
　　　　{{2/3,−(2/3),1/3},{1/3,2/3,2/3},{−(2/3),−(1/3),2/3}}
　　　　{{2/3,1/3,−(2/3)},{−(2/3),2/3,−(1/3)},{1/3,2/3,2/3}}

$$\begin{pmatrix} 1 & 0 & 0 \\ 0 & 1 & 0 \\ 0 & 0 & 1 \end{pmatrix}$$

$$\begin{pmatrix} \frac{2}{3} & \frac{1}{3} & -\frac{2}{3} \\ -\frac{2}{3} & \frac{2}{3} & -\frac{1}{3} \\ \frac{1}{3} & \frac{2}{3} & \frac{2}{3} \end{pmatrix}$$

$$\begin{pmatrix} 4 & 0 & 0 \\ 0 & -2 & 0 \\ 0 & 0 & 1 \end{pmatrix}$$

$$\begin{pmatrix} 4 & 0 & 0 \\ 0 & -2 & 0 \\ 0 & 0 & 1 \end{pmatrix}$$

结果：

{4,-2,1}(特征值)

{{2,-2,1},{1,2,2},{-2, -1,2}}(特征向量)

{{2/3,－(2/3),1/3},{1/3,2/3,2/3},{－(2/3),－(1/3),2/3}}(特征向量正交单位化)

$$\begin{pmatrix} 4 & 0 & 0 \\ 0 & -2 & 0 \\ 0 & 0 & 1 \end{pmatrix}$$(验证结果)

$$\begin{pmatrix} \frac{2}{3} & \frac{1}{3} & -\frac{2}{3} \\ -\frac{2}{3} & \frac{2}{3} & -\frac{1}{3} \\ \frac{1}{3} & \frac{2}{3} & \frac{2}{3} \end{pmatrix}$$(正交矩阵P)

$$\begin{pmatrix} 4 & 0 & 0 \\ 0 & -2 & 0 \\ 0 & 0 & 1 \end{pmatrix}$$(对角矩阵)

17. $f(\boldsymbol{x}) = (x_1, x_2, x_3)\begin{pmatrix} 0 & 1 & 1 \\ 1 & 0 & 1 \\ 1 & 1 & 0 \end{pmatrix}\begin{pmatrix} x_1 \\ x_2 \\ x_3 \end{pmatrix} = \boldsymbol{x}^{\mathrm{T}}\begin{pmatrix} 0 & 1 & 1 \\ 1 & 0 & 1 \\ 1 & 1 & 0 \end{pmatrix}\boldsymbol{x} = \boldsymbol{x}^{\mathrm{T}}\boldsymbol{A}\boldsymbol{x}$

其中 $\boldsymbol{A} = \begin{pmatrix} 0 & 1 & 1 \\ 1 & 0 & 1 \\ 1 & 1 & 0 \end{pmatrix}$

现在求一个正交矩阵$\boldsymbol{P}$，使得 $\boldsymbol{P}^{-1}\boldsymbol{A}\boldsymbol{P}$ 为对角阵。

输入　　A={{0,1,1},{1,0,1},{1,1,0}};

　　　　Eigenvalues[A]

　　　　P=Eigenvectors[A]

　　　　P=Orthogonalize[P]

　　　　P=Transpose[P]

　　　　Inverse[P].P//MatrixForm

　　　　P//MatrixForm

　　　　Inverse[P].A.P//MatrixForm

　　　　Simplify[%]//MatrixForm

输出　　{2,-1, -1}

　　　　{{1,1,1},{-1,0,1},{-1,1,0}}

{{1/Sqrt[3],1/Sqrt[3],1/Sqrt[3]},{－(1/Sqrt[2]),0,1/Sqrt[2]},{－(1/Sqrt[6]),Sqrt[2/3],－(1/Sqrt[6])}}

{{1/Sqrt[3],−(1/Sqrt[2]),−(1/Sqrt[6])},{1/Sqrt[3],0,Sqrt[2/3]},{1/Sqrt[3],1/Sqrt[2],−(1/Sqrt[6])}}

$$\begin{pmatrix} 1 & 0 & 0 \\ 0 & 1 & 0 \\ 0 & 0 & 1 \end{pmatrix}$$

$$\begin{pmatrix} -\dfrac{1}{\sqrt{3}} & -\dfrac{1}{\sqrt{2}} & -\dfrac{1}{\sqrt{6}} \\ \dfrac{1}{\sqrt{3}} & 0 & \sqrt{\dfrac{2}{3}} \\ \dfrac{1}{\sqrt{3}} & \dfrac{1}{\sqrt{2}} & -\dfrac{1}{\sqrt{6}} \end{pmatrix}$$

$$\begin{pmatrix} 2 & 0 & 0 \\ 0 & -1 & 0 \\ -\dfrac{2}{\sqrt{3}} + \dfrac{2\left(\sqrt{\dfrac{2}{3}} - \dfrac{1}{\sqrt{6}}\right)}{\sqrt{3}} & 0 & -\dfrac{2}{3} - \sqrt{\dfrac{2}{3}}\left(\sqrt{\dfrac{2}{3}} - \dfrac{1}{\sqrt{6}}\right) \end{pmatrix}$$

$$\begin{pmatrix} 2 & 0 & 0 \\ 0 & -1 & 0 \\ 0 & 0 & -1 \end{pmatrix}$$

$$P = \begin{pmatrix} \dfrac{1}{\sqrt{3}} & -\dfrac{1}{\sqrt{2}} & -\dfrac{1}{\sqrt{6}} \\ \dfrac{1}{\sqrt{3}} & 0 & \sqrt{\dfrac{2}{3}} \\ \dfrac{1}{\sqrt{3}} & \dfrac{1}{\sqrt{2}} & -\dfrac{1}{\sqrt{6}} \end{pmatrix}$$

$$x = Py = \begin{pmatrix} \dfrac{1}{\sqrt{3}} & -\dfrac{1}{\sqrt{2}} & -\dfrac{1}{\sqrt{6}} \\ \dfrac{1}{\sqrt{3}} & 0 & \sqrt{\dfrac{2}{3}} \\ \dfrac{1}{\sqrt{3}} & \dfrac{1}{\sqrt{2}} & -\dfrac{1}{\sqrt{6}} \end{pmatrix} \begin{pmatrix} y_1 \\ y_2 \\ y_3 \\ y_4 \end{pmatrix}$$

则原二次型化为 $f = 2y_1^2 - y_2^2 - y_3^2$。

习 题 5

1. Random[Real,{2,6}], 4.39066
2. <<Statistics
data={102,103,101,88,210,125,213,126,136,240,123,106,128,103,102,120,98,87,196,118};

Length[data]
Max[data]
Min[data]
SampleRange[data]
Median[data]
   Mean[data]
  20，240，87，153，119，$\dfrac{225}{4}$

3. <<Statistics
dist=BernoulliDistribution[0.5];
Mean[dist]
Variance[dist]
StandardDeviation[dist]
0.5，0.25，0.5

4．<<Statistics
data={{1.86,1.56,1.97},{1.87,1.92,2.35},{1.62,1.58,3.26}};
x=data[[All,1]];
y=data[[All,2]];
z=data[[All,3]];
Covariance[x,y]
Covariance[x,z]
Covariance[y,z]
Covariance[x,x]
Covariance[y,y]
Covariance[z,z]
Correlation[x,y]
Correlation[x,z]
Correlation[y,z]
Correlation[x,x]
Correlation[y,y]
Correlation[z,z]
  0.0139667，−0.0888833，−0.0244667，0.0200333，0.0409333，0.439433，0.487728，−0.947321，−0.182427,1,1,1.

5．<<Statistics
data={1200,1205,1208,1207,1220,1108,1203,1208,1212,1218};
MeanCI[data]
  {1175.62,1222.18}

习 题 6

  1. 计算 12、126、600 的最大公约数。
输入   GCD[12,126,600]

输出　　6

2．造一个九九乘法表，只要求以表格形式显示乘积结果。

输入　　Table[i*j,{i,1,9},{j,i,9}]//TableForm

输出　　1, 2, 3, 4,　5,　6, 7,　8,　9
　　　　4, 6, 8, 10, 12, 14, 16, 18
　　　　9, 12, 15, 18, 21, 24, 27
　　　　16, 20, 24, 28, 32, 36
　　　　25, 30, 35, 40, 45
　　　　36, 42, 48, 54
　　　　49, 56, 63
　　　　64, 72
　　　　81

3．写出与下列数学条件等价的 Mathematica 逻辑表达式。

(1) $m>s$ 且 $m<t$，即 $m\in(s,t)$；

(2) $x\leqslant -12$ 或 $x\geqslant 12$，即 $x\notin(-12,12)$；

(3) $x\in(-4,9)$ 且 $y\notin(-3,8)$。

解：(1) 输入　　And[m>s, m<t]

　　　　输出　　m>s&&m<t

(2) 输入　　Or[x<=-12,x>=12]

　　　　输出　　x<=-12||x>=12

(3) 输入　　And[And[x>-4,x<9],Or[y<-3,y>=8]]

　　　　输出　　x>-4&&x<9&&(y<-3||y>=8)

4．定义函数 $f(x)=x^3+x^2+\dfrac{1}{x+1}+\cos x$，求当 $x=1,3.1,\dfrac{\pi}{2}$ 时，$f(x)$ 的值，再求 $f(x^2)$。

输入　　f[x_]:=x^3+x^2+1/(x+1)+Cos[x]
　　　　f[{1,3.1,Pi/2,x^2}]//TraditionalForm

输出　　{5/2+cos(1),38.6458,1/(1+π/2)+π 2/4+π 3/8,x^6+x^4+1/(x^2+1)+cos(x^2)}

5．定义函数 $f(x)=\begin{cases}e^x,& x\leqslant 0\\ \ln x,& 0<x\leqslant e\\ \sqrt{x},& x>e\end{cases}$，求当 $x=-100,1.5,2,3,100$ 时，$f(x)$ 的值(要求具有 40 位有效数值)。

输入　　f[x_]:=E^x/;x≤0
　　　　f[x_]:=Log[x]/;0<x≤E
　　　　f[x_]:=Sqrt[x]/;x>E
　　　　N[f[{-100,1.5,2,3,100}],40]

输出
{-989999.1477821378133261669081624961501676,6.09574,11.91718649678619094633576510383257114357,35.26000750339955454272842720526873869761,1.010000872219862386693835092037523851833 10^6}

6．输出 500～1000 能被 5 或 11 整除的所有自然数。

输入　　Do[If[Mod[i,11]==0 && Mod[i,5]==0,Print[i]],{i,500,1000}]

输出　　　550
　　　　　605
　　　　　660
　　　　　715
　　　　　770
　　　　　825
　　　　　880
　　　　　935
　　　　　990

7. 求四次方小于 10^{20} 的最大的正整数。

输入　　　n=1;While[n^4<10^(20),n=n+1]
　　　　　Print[{n−1},{(n−1)^4}]

输出　　　{99999} {99996000059999600001}

8. 同时画 5 个不同周期的不同颜色的正弦图形。

输入　　　n=5;
　　　　　Do[p[i]=Plot[Sin[i*x],{x,0,Pi/2},PlotStyle→{RGBColor[i/n,1−i/n,0]}],{i,1,n}]
　　　　　Show[Table[p[i],{i,1,n}]]

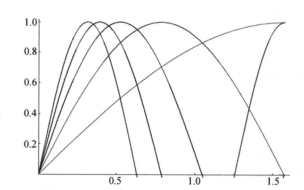

第 8 题图　不同周期的不同颜色的正弦图形

9. 根据公式 $\dfrac{\pi}{4}=1-\dfrac{1}{3}+\dfrac{1}{5}-\dfrac{1}{7}+\cdots+\dfrac{(-1)^n}{2n+1}+\cdots$，求当 n=100，1000，10000 时 π 的近似值，并与真实值比较。

输入　　　pi[n_]:=4.*Sum[(−1)^i/(2*i+1),{i,0,n}];
　　　　　N[pi[{100,1000,10000}]]

输出　　　{3.15149,3.14259,3.14169}

输入　　　%−Pi

输出　　　{0.00990075,0.000999001,0.00009999}

10. 已知斐波那契(Fibonacci)数列可由式 $a_n=a_{n-1}+a_{n-2}$，$n=3,4,\cdots$ 生成，其中 $a_1=a_2=1$，求斐波那契数列的前 40 项。

输入　　　a[1]=a[2]=1;
　　　　　a[n_]:=a[n−1]+a[n−2];
　　　　　Table[a[i],{i,1,30}]

输出   {1,1,2,3,5,8,13,21,34,55,89,144,233,377,610,987,1597,2584,4181,6765,10946,17711,28657,46368,75025,121393,196418,317811,514229,832040}

11. 输出显示小于 20 的素数。

输入   n=0;
    While[(n=n+1)<20,If[PrimeQ[n],Print[n]]]

输出   2
    3
    5
    7
    11
    13
    17
    19

12. 找出方程 $2x+3y+z/4=200$ 在 $[0, 200]$ 内的整数解。

输入   Do[z=200−x−y;
    If[2*x+3*y+z/4= =200,Print["x= ",x," y=",y," z=",z]],{x,0,200},{y,0,200}]

输出
    x= 4   y=52   z=144
    x= 15   y=45   z=140
    x= 26   y=38   z=136
    x= 37   y=31   z=132
    x= 48   y=24   z=128
    x= 59   y=17   z=124
    x= 70   y=10   z=120
    x= 81   y=3   z=116

13. 定义一个函数，自变量是 n，函数值是 n 阶方阵。

$$f[n]=\begin{bmatrix} 0 & 1 & 2 & \cdots & n-1 \\ 1 & 0 & 1 & \cdots & n-2 \\ 2 & 1 & 0 & \cdots & n-3 \\ \vdots & \vdots & \vdots & \ddots & \vdots \\ n-1 & n-2 & n-3 & \cdots & 0 \end{bmatrix}_{n\times n}$$

输入   Clear[i,j];
    f [n_]:=Table[Abs[i−j],{i,1,n},{j,1,n}]
    TableForm[f[10]]

输出   0, 1, 2, 3, 4, 5, 6, 7, 8, 9,
    1, 0, 1, 2, 3, 4, 5, 6, 7, 8,
    2, 1, 0, 1, 2, 3, 4, 5, 6, 7,
    3, 2, 1, 0, 1, 2, 3, 4, 5, 6,
    4, 3, 2, 1, 0, 1, 2, 3, 4, 5,
    5, 4, 3, 2, 1, 0, 1, 2, 3, 4,

     6, 5, 4, 3, 2, 1, 0, 1, 2, 3,
     7, 6, 5, 4, 3, 2, 1, 0, 1, 2,
     8, 7, 6, 5, 4, 3, 2, 1, 0, 1,
     9, 8, 7, 6, 5, 4, 3, 2, 1, 0

14. 编写程序包计算向量的 $\|x\|_1$ (1 范数)、$\|x\|_2$ (2 范数)和 $\|x\|_\infty$ (∞ 范数)。

$$\|x\|_1 = \sum_{i=1}^n |x_i|, \qquad \|x\|_2 = \sqrt{\sum_{i=1}^n |x_i|^2}, \qquad \|x\|_\infty = \mathrm{Max}\,|x_i|$$

输入 BeginPackage["package`"];
    norm::usage="the norm of x";
    Begin["Context`"];
    norm[x_,p_]:=Which[p= =1,Sum[Abs[x][[i]],{i,1,Length[x]}],
          p= =2,Sqrt[Sum[Abs[x][[i]]^2,{i,1, Length[x]}]],
          True,Max[Abs[x]]];
    End[];
    EndPackage[];
    <<package14.m
    x={3,-4,0}
输入 norm[x,1]
输出 7
输入 norm[x,2]
输出 5
输入 norm[x,3]
输出 4

习 题 7

1. 线性函数 $-0.314097+6.71842x$；二次函数 $-20.0327+21.0067x-2.5585x^2$。

2. $-0.0139+(-3.+x)(-0.00463333+(0.0175671+(0.35645+(-0.159419+0.016491(-2.4+x))(-0.5+x))(-1.7+x))(0.+x))$

3. Ln[1]:=NIntegrate[Sin[x]/x,{x,1,10}]
 0.712265

4. Ln[1]:=NSolve[x^5-2x+1= =0, x, 15]
{{x→-1.29064880134671},{x→-0.114070631164587-1.216746003974351^{TM}},{x→-0.114070631164587+
1.216746003974351^{TM}},{x→0.518790063675884},{x→1.00000000000000}}

5. Ln[1]:=NDSolve[{y'''[x]+y''[x]= =Sqrt[y[x]],y[0]= =0,
y'[0]= =0.5,y''[0]= =1},y,{x,0,10}]
out[1]={{y→InterpolatingFunction[{{0.,10.}},< >]}}

6. Ln[1]:=NDSolve[{x'[t]= =y[t], y'[t]= = -0.01y[t]-Sin[t], x[0]= =0,
    y[0] = =2.1},{x,y},{t,0,100}]
out[1]={{x→InterpolatingFunction[{{0.,100.}},< >],
   y→InterpolatingFunction[{{0.,100.}},< >]}}

7. Ln[1]:= NDSolve[{D[u[x,t],t]= =D[u[x,t],x,x],u[0,t]= =0,
       u[2,t]= =0,u[x,0]= =x(2−x)},u,{x,0,2},{t,0,1}]
   out[1]={{u→InterpolatingFunction[{{0.,2.},{0.,1.}},<>]}}
   In[2]:=Plot3D[Evaluate[u[x,t]/.First[%]],{x,0,2},{t,0,1},
       PlotPoints→20]
8. In[1]:= Plot3D[Sin[x−y],{x, −3,3},{y, −4,4}]

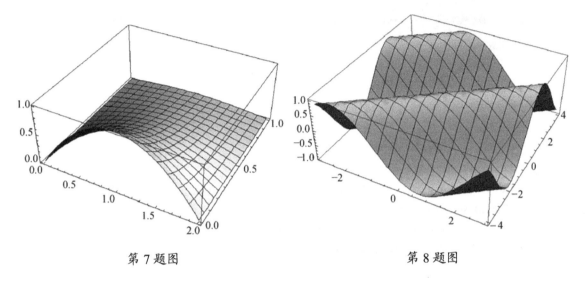

第 7 题图   第 8 题图

9. In[1]:=ParametricPlot[{Exp[−t]*(1−t+t^2),Exp[t]*Log[1+t]},
       {t,0,0.4}]
10. Ln[1]:=ParametricPlot3D[{3Cos[t],3Sin[t],1.5t},{t,0,5 π }]
11. Ln[1]:= ListPlot3D[{{90,90,90,90,90},{100,110,120,124,126},
       {105,130,152,158,135},{113,134,157,162,149},
       {114,135,148,153,120},{124,145,158,163,140}}]

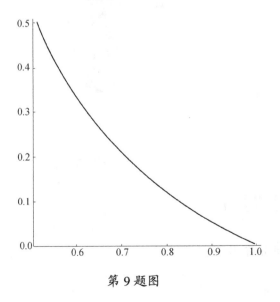 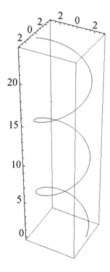

第 9 题图   第 10 题图

12. In[1]:= ListPlot[Table[{x,x/Tan[x]},{x,−2π,2π,0.15}]]

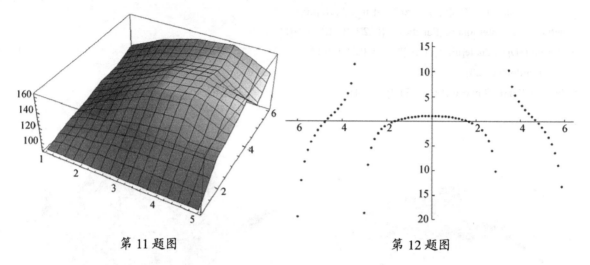

第 11 题图　　　　　　　　　第 12 题图

13. In[1]:=ParametricPlot3D[{u*Cos[u]*(4+Cos[u+v]),
u*Sin[u]*(4+Cos[u+v]),u*Sin[u+v]},{u,0,4Pi},{v,0,2Pi},
PlotPoints→{70,5},Boxed→False,Axes→False]

14. z1=4*(x^2+y^2)−9;z2=x*y*(x^2−y^2);x=r*Cos[t];y=r*Sin[t];
ParametricPlot3D[{{x,y,z1},{x,y,z2}},{r,0,2},{t,0,2π}]

第 13 题图　　　　　　　　　第 14 题图

习 题 8

1. 用计算机绘出 Koch 曲线和 Sierpinski 三角形的图形。
pt={{0,0},{1,0}};

koch[k_List]:=Block[{tm={},j,m=Length[k],c,d,e,T={{1/2,-Sqrt[3]/2},{Sqrt[3]/2,1/2}}},For[j=1,j<m,j++,c=2k[[j]]/3+k[[j+1]]/3;e=k[[j]]/3+2k[[j+1]]/3;d=c+T.(e-c);tm=Join[tm,{k[[j]],c,d,e,k[[j+1]]}]];Return[tm]]

l[x_]:=Line[Nest[koch,pt,x]]

draw[y_]:=Graphics[l[y]]

  draw[2]

triangle={{-1,0},{1,0},{0,Sqrt[3]}};

sierpinski[tris_List]:=Block[{tmp={},j,m=Length[tris]/3,a,b,c,d,e,f},For[j=0,j<m,j++,a=tris[[3j+1]];b=tris[[3j+2]];c=tris[[3j+3]];d=(a+b)/2;e=(a+c)/2;f=(b+c)/2;tmp=Join[tmp,{a,d,e,d,b,f,e,f,c}]];Return[tmp]]

showsierpinski[pts_List]:=Block[{tmp={},j,m=Length[pts]/3},For[j=0,j<m,j++,AppendTo[tmp,Polygon[{pts[[3j+1]], pts[[3j+2]],pts[[3j+3]]}]]];Return[tmp]]

p[j_]:=showsierpinski[Nest[sierpinski,triangle,j]]

draw[x_]:=Graphics[p[x]]

draw[3]

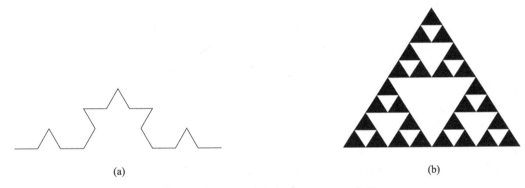

第 1 题图　Koch 曲线与 Sierpinski 三角形

2. 略

习 题 9

1. 设每天销售 x_1 千克 A_1，x_2 千克 A_2，x_3 千克 B_1，x_4 千克 B_2，用 x_5 千克 A_1 加工 B_1，用 x_6 千克 A_2 加工 B_2。由题意可得下列模型：

$$\max \quad z = 24x_1 + 16x_2 + 44x_3 + 32x_4 - 3x_5 - 3x_6$$

$$\text{s.t.} \quad 4x_1 + 3x_2 + 4x_5 + 3x_6 \leqslant 600$$

$$4x_1 + 2x_2 + 6x_5 + 4x_6 \leqslant 480$$

$$x_1 + x_5 \leqslant 100$$

$$x_3 = 0.8x_5$$

$$x_4 = 0.75x_6$$

$$x_1, \ldots, x_6 \geqslant 0$$

用 Mathematica 求解：

  Maximize[{24x1+16x2+44x3+32x4-3x5-3x6,4x1+3x2+4x5+3x6<=600,

$4x1+2x2+6x5+4x6<=480, x1+x5<=100, x3-0.8x5==0, x4-0.75x6==0,$
$x1>=0, x2>=0, x3>=0, x4>=0, x5>=0, x6>=0,\}, \{x1,x2,x3,x4,x5,x6\}]$

得到如下结果：

x1=0,x2=168,x3=19.2,x4=0,x5=24,x6=0

利润为 3460.8 元。

2. 设在甲车床上加工工件 1、2、3 的数量分别为 x_1、x_2、x_3，在乙车床上加工工件 1、2、3 的数量分别为 x_4、x_5、x_6，可建立以下线性规划模型：

$$\min z = 13x_1 + 9x_2 + 10x_3 + 11x_4 + 12x_5 + 8x_6$$

$$\text{s.t.} \begin{cases} x_1 + x_4 = 400 \\ x_2 + x_5 = 600 \\ x_3 + x_6 = 500 \\ 0.4x_1 + 1.1x_2 + x_3 \leqslant 800 \\ 0.5x_4 + 1.2x_5 + 1.3x_6 \leqslant 900 \\ x_i \geqslant 0, i = 1, 2, \ldots, 6 \end{cases}$$

用 Mathematica 求解：

Minimize[{13x1+9x2+10x3+11x4+12x5+8x6, x1+x4==400,x2+x5==600, x3+x6==500,
0.4x1+1.1x2+x3<=800, 0.5x4+1.2x5+1.3x6<=900,
x1>=0,x2>=0,x3>=0,x4>=0,x5>=0,x6>=0,},{x1,x2,x3,x4,x5,x6}]

得到如下结果：

x1=0,x2=600,x3=0,x4=400,x5=0,x6=500

最优值为 13800。即在甲机床上加工 600 个工件 2,在乙机床上加工 400 个工件 1、500 个工件 3，可在满足条件的情况下使总加工费最小为 13800。

3. 设需要一级和二级检验员的人数分别为 x_1、x_2 人，建立数学模型：

$$\min z = 40x_1 + 36x_2$$

$$\text{s.t.} \begin{cases} 5x_1 + 3x_2 \geqslant 45 \\ x_1 \leqslant 9 \\ x_2 \leqslant 15 \\ x_1 \geqslant 0, x_2 \geqslant 0 \end{cases}$$

用 Mathematica 求解：

Minimize [{40x1+36x2,5x1+3x2>=45,x1<=9,x2<=15,x1>=0,x2>=0},{x1,x2}]

得到如下结果：

x1=9，x2=0

即只需聘用 9 个一级检验员。

4. 生产计划就是要确定每天生产三种产品的数量以及产品中三种原料的数量，而由于每种产品的数量等于三种原料数量之和，所以只要确定每天生产三种产品分别含有的原料数量即可。决策变量就是每天生产三种产品所用的原料数，设用于生产第 i 种产品的第 j 种原料数为 $x_{ij}, i = 1,2,3$，$j = 1,2,3$。建立数学模型如下：

$$\max z = -15x_{11} + 25x_{12} + 15x_{13} - 30x_{21} + 10x_{22} - 40x_{31} - 10x_{33}$$

s.t.

$$-x_{11} + x_{12} + x_{13} \leq 0$$
$$-x_{11} + 3_{12} - x_{13} \leq 0$$
$$-3x_{21} + x_{22} + x_{23} \leq 0$$
$$-x_{21} + x_{22} - x_{23} \leq 0$$
$$x_{11} + x_{21} + x_{31} \leq 100$$
$$x_{12} + x_{22} + x_{32} \leq 100$$
$$x_{13} + x_{23} + x_{33} \leq 60$$
$$x_{ij} \geq 0$$

用 Mathematica 求解：

LinearProgramming[{15, -25, -15, 30, -10, 0, 40, 0, 10},

{{-1,1,1,0,0,0,0,0,0},{-1,3, -1,0,0,0,0,0,0},{0,0,0, -3,1,1,0,0,0},

{0,0,0, -1,1, -1,0,0,0},{1,0,0,1,0,0,1,0,0},{0,1,0,0,1,0,0,1,0},{0,0,1,0,0,1,0,0,1}},

{{0, -1},{0, -1},{0, -1},{0, -1},{100, -1},{100, -1},{60, -1}}]

得到如下结果：

x11=100,x12=50,x13=50

其余决策变量均为零。结果表示只生产产品A，A中原料I、II、III分别为100kg、50kg、50kg，此时利润最大，利润为-15×100+25×50+15×50=500元。

5. 如果按一根原料做一套钢架，原料将有0.9m(7.4-2.9-2.1-1.5=0.9)余料作废，那么其他各种下料方案分析如下表。

下料方案表

方案 毛坯/m	方案1	方案2	方案3	方案4	方案5	方案6	方案7	方案8
2.9	2	1	1	1	0	0	0	0
2.1	0	2	1	0	3	2	1	0
1.5	1	0	1	3	0	2	3	4
合计	7.3	7.1	6.5	7.4	6.3	7.2	6.6	6.0
余料	0.1	0.3	0.9	0	1.1	0.2	0.8	1.4

设 $x_j, j=1,2,3,\ldots,8$ 为第 i 种方案下料的原材料根数，建立数学模型如下：

$$\min z = x_1 + x_2 + x_3 + x_4 + x_5 + x_6 + x_7 + x_8 \text{ (原料根数最省)}$$

s.t. $2x_1 + x_2 + x_3 + x_4 \geq 100$ （2.9m长的毛坯数量）

$2x_2 + x_3 + 3x_5 + 2x_6 + x_7 \geq 100$ （2.1m长的毛坯数量）

$x_1 + x_3 + 3x_4 + 2x_6 + 3x_7 + 4x_8 \geq 100$ （1.5m长的毛坯数量）

$x_j \geq 0$, $j = 1,2,3,\ldots,8$

用Mathematica求解：

LinearProgramming[{1,1,1,1,1,1,1,1},

{{2,1,1,1,0,0,0,0},{0,2,1,0,3,2,1,0},{1,0,1,3,0,2,3,4}},{100,100,100}]

得到如下结果：

x1=40，x2=20，x3=0，x4=0，x5=0，x6=30，x7=0，x8=0

结果表示：应用方案1、2、6下料，三种方案下料的根数分别是40、20、30，用原料的根数最省，共90根。

6. 以模型 $y = b_0 + b_1 x$ 拟合数据，用Mathematica求解：

    data={{1.0,5.0},{2.0,3.5},{2.0,3.0},{2.3,2.7},{2.5,2.4},{2.6,2.5},
        {2.8,2.0},{3.0,1.5},{3.3,1.2},{3.5,1.2}};
    LinearModelFit[data, {1, x},x]

得到一元回归方程为

$$y=6.43828-1.57531x$$

7. 以模型 $y = b_0 + b_1 x$ 拟合数据，用Mathematica求解：

    data={{143,88},{145,85},{146,88},{147,91},{149,92},{150,93},{153,93},{154,95},
        {155,96},{156,98},{157,97},{158,96},{159,98},{160,99},{162,100},{164,102}};
    LinearModelFit[data, {1, x},x]

得到一元回归方程为

$$y = -16.073+0.7194x$$

附录 常用 Mathematica 系统函数使用方法

一、运算符及特殊符号

Line1; 执行 Line1，不显示结果
Line1,line2 顺次执行 Line1，2，并显示结果
?name 关于系统变量 name 的信息
??name 关于系统变量 name 的全部信息
!command 执行 DOS 命令
n! N 的阶乘
!!filename 显示文件内容
＜Expr＞＞filename 打开文件写
Expr＞＞＞filename 打开文件从文件末写
() 结合率
[] 函数
{} 一个表
<*Math Fun*> 在 C 语言中使用 math 的函数
(*Note*) 程序的注释
#n 第 n 个参数
所有参数
rule& 把 rule 作用于后面的式子
% 前一次的输出
%% 倒数第二次的输出
%n 第 n 个输出
var::note 变量 var 的注释
"Astring " 字符串
Context` 上下文
a+b 加
a-b 减
a*b 或 a b 乘
a/b 除
a^b 乘方
base^^num 以 base 为进位的数
lhs&&rhs 且
lhs||rhs 或
!lha 非

++,-- 自加1，自减1
+=,-=,*=,/= 同C语言
>,<,>=,<=,==,!= 逻辑判断（同C语言）
lhs=rhs 立即赋值
lhs:=rhs 建立动态赋值
lhs:>rhs 建立替换规则
lhs->rhs 建立替换规则
expr//funname 相当于 filename[expr]
expr/.rule 将规则 rule 应用于 expr
expr//.rule 将规则 rule 不断应用于 expr 直到不变为止
param_ 名为 param 的一个任意表达式（形式变量）
param__ 名为 param 的任意多个表达式（形式变量）

二、系统常数

Pi 3.1415....的无限精度数值
E 2.17828...的无限精度数值
Catalan 0.915966..卡塔兰常数
EulerGamma 0.5772....欧拉常数
GoldenRatio 1.61803...黄金分割数
Degree Pi/180 角度弧度换算
I 复数单位
Infinity 无穷大
-Infinity 负无穷大
ComplexInfinity 复无穷大
Indeterminate 不定式

三、代数计算

Expand[expr] 展开表达式
Factor[expr] 展开表达式
Simplify[expr] 化简表达式
FullSimplify[expr] 将特殊函数等也进行化简
PowerExpand[expr] 展开所有的幂次形式
ComplexExpand[expr,{x1,x2...}] 按复数实部虚部展开
FunctionExpand[expr] 化简 expr 中的特殊函数
Collect[expr, x] 合并同次项
Collect[expr, {x1,x2,...}] 合并 x1,x2,...的同次项
Together[expr] 通分
Apart[expr] 部分分式展开
Apart[expr, var] 对 var 的部分分式展开
Cancel[expr] 约分
ExpandAll[expr] 展开表达式

ExpandAll[expr, patt] 展开表达式
FactorTerms[poly] 提出共有的数字因子
FactorTerms[poly, x] 提出与 x 无关的数字因子
FactorTerms[poly, {x1,x2...}] 提出与 xi 无关的数字因子
Coefficient[expr, form] 多项式 expr 中 form 的系数
Coefficient[expr, form, n] 多项式 expr 中 form^n 的系数
Exponent[expr, form] 表达式 expr 中 form 的最高指数
Numerator[expr] 表达式 expr 的分子
Denominator[expr] 表达式 expr 的分母
ExpandNumerator[expr] 展开 expr 的分子部分
ExpandDenominator[expr] 展开 expr 的分母部分
TrigExpand[expr] 展开表达式中的三角函数
TrigFactor[expr] 给出表达式中的三角函数因子
TrigFactorList[expr] 给出表达式中的三角函数因子的表
TrigReduce[expr] 对表达式中的三角函数化简
TrigToExp[expr] 三角到指数的转化
ExpToTrig[expr] 指数到三角的转化
RootReduce[expr]
ToRadicals[expr]

四、解方程

Solve[eqns, vars] 从方程组 eqns 中解出 vars
Solve[eqns, vars, elims] 从方程组 eqns 中削去变量 elims,解出 vars
DSolve[eqn, y, x] 解微分方程，其中 y 是 x 的函数
DSolve[{eqn1,eqn2,...},{y1,y2...},x]解微分方程组，其中 yi 是 x 的函数
DSolve[eqn, y, {x1,x2...}] 解偏微分方程
Eliminate[eqns, vars] 把方程组 eqns 中变量 vars 约去
SolveAlways[eqns, vars] 给出等式成立的所有参数满足的条件
Reduce[eqns, vars] 化简并给出所有可能解的条件
LogicalExpand[expr] 用&&和||将逻辑表达式展开
InverseFunction[f] 求函数 f 的逆函数
Root[f, k] 求多项式函数的第 k 个根
Roots[lhs= =rhs, var] 得到多项式方程的所有根

五、微积分函数

D[f, x] 求 f[x]的微分
D[f, {x, n}] 求 f[x]的 n 阶微分
D[f,x1,x2..] 求 f[x]对 x1,x2...偏微分
Dt[f, x] 求 f[x]的全微分 df/dx
Dt[f] 求 f[x]的全微分 df
Dt[f, {x, n}] n 阶全微分 df^n/dx^n

Dt[f,x1,x2..] 对 x1,x2..的偏微分
Integrate[f, x] f[x]对 x 在的不定积分
Integrate[f, {x, xmin, xmax}] f[x]对 x 在区间(xmin,xmax)的定积分
Integrate[f, {x, xmin, xmax}, {y, ymin, ymax}] f[x,y]的二重积分
Limit[expr, x->x0] x 趋近于 x0 时 expr 的极限
Residue[expr, {x,x0}] expr 在 x0 处的留数
Series[f, {x, x0, n}] 给出 f[x]在 x0 处的幂级数展开
Series[f, {x, x0,nx}, {y, y0, ny}]先对 y 幂级数展开，再对 x 幂级数展开
Normal[expr] 化简并给出最常见的表达式
SeriesCoefficient[series, n] 给出级数中第 n 次项的系数
SeriesCoefficient[series, {n1,n2...}]
Derivative[n1,n2...][f] 一阶导数
InverseSeries[s, x] 给出逆函数的级数
ComposeSeries[serie1,serie2...] 给出两个基数的组合
SeriesData[x,x0,{a0,a1,..},nmin,nmax,den]表示一个在 x0 处 x 的幂级数，其中 ai 为系数
O[x]^n n 阶无穷小量 x^n
O[x, x0]^n n 阶无穷小量(x-x0)^n

六、数值函数

N[expr] 表达式的默认精度近似值
N[expr, n] 表达式的 n 位近似值，n 为任意正整数
NSolve[lhs= =rhs, var] 求方程数值解
NSolve[eqn, var, n] 求方程数值解，结果精度到 n 位
NDSolve[eqns, y, {x, xmin, xmax}]微分方程数值解
NDSolve[eqns, {y1,y2,...}, {x, xmin, xmax}]

微分方程组数值解
FindRoot[lhs= =rhs, {x,x0}] 以 x0 为初值，寻找方程数值解
FindRoot[lhs= =rhs, {x, xstart, xmin, xmax}]
NSum[f, {i,imin,imax,di}] 数值求和，di 为步长
NSum[f, {i,imin,imax,di}, {j,...},..] 多维函数求和
NProduct[f, {i, imin, imax, di}]函数求积
NIntegrate[f, {x, xmin, xmax}] 函数数值积分

优化函数：
FindMinimum[f, {x,x0}] 以 x0 为初值，寻找函数最小值
FindMinimum[f, {x, xstart, xmin, xmax}]
ConstrainedMin[f,{inequ},{x,y,..}]
inequ 为线性不等式组，f 为 x,y..之线性函数，得到最小值及此时的 x,y..取值
ConstrainedMax[f, {inequ}, {x, y,..}]同上
LinearProgramming[c,m,b] 解线性组合 c.x 在 m.x>=b&&x>=0 约束下的最小值，x,b,c 为向量,m 为矩阵

LatticeReduce[{v1,v2...}] 向量组 vi 的极小无关组

数据处理：
Fit[data,funs,vars]用指定函数组对数据进行最小二乘拟和
data 可以为{{x1,y1,..f1},{x2,y2,..f2}..}多维的情况
emp: Fit[{10.22,12,3.2,9.9}, {1, x, x^2,Sin[x]}, x]
Interpolation[data]对数据进行差值, data 同上，另外还可以为{{x1,{f1,df11,df12}},{x2,{f2,.}..}指定各阶导数
InterpolationOrder 默认为 3 次，可修改
ListInterpolation[array]对离散数据插值，array 可为 n 维
ListInterpolation[array,{{xmin,xmax},{ymin,ymax},..}]
FunctionInterpolation[expr,{x,xmin,xmax}, {y,ymin,ymax},..]以对应 expr[xi,yi]的为数据进行插值
Fourier[list] 对复数数据进行付氏变换
InverseFourier[list] 对复数数据进行付氏逆变换
Min[{x1,x2...},{y1,y2,...}]得到每个表中的最小值
Max[{x1,x2...},{y1,y2,...}]得到每个表中的最大值
Select[list, crit] 将表中使得 crit 为 True 的元素选择出来
Count[list, pattern] 将表中匹配模式 pattern 的元素的个数
Sort[list] 将表中元素按升序排列
Sort[list,p] 将表中元素按 p[e1,e2]为 True 的顺序比较 list 的任两个元素 e1,e2,实际上 Sort[list]中默认 p=Greater

集合论：
Union[list1,list2..] 表 listi 的并集并排序
Intersection[list1,list2..] 表 listi 的交集并排序
Complement[listall,list1,list2...]从全集 listall 中对 listi 的差集

七、虚数函数

Re[expr] 复数表达式的实部
Im[expr] 复数表达式的虚部
Abs[expr] 复数表达式的模
Arg[expr] 复数表达式的辐角
Conjugate[expr] 复数表达式的共轭

八、数的头及模式及其他操作

Integer_Integer 整数
Real_Real 实数
Complex_Complex 复数
Rational_Rational 有理数 (*注：模式用在函数参数传递中，如 MyFun[Para1_Integer,Para2_Real]规定传入参数的类型，另外也可用来判断 If[Head[a]==Real,...]*)
IntegerDigits[n,b,len] 数字 n 以 b 近制的前 len 个码元

RealDigits[x,b,len] 与上面类似
FromDigits[list] IntegerDigits 的反函数
Rationalize[x,dx] 把实数 x 有理化成有理数，误差小于 dx
Chop[expr, delta] 将 expr 中小于 delta 的部分去掉,dx 默认为 10^-10
Accuracy[x] 给出 x 小数部分位数,对于 Pi,E 等为无限大
Precision[x] 给出 x 有效数字位数,对于 Pi,E 等为无限大
SetAccuracy[expr, n] 设置 expr 显示时的小数部分位数
SetPrecision[expr, n] 设置 expr 显示时的有效数字位数

九、区间函数

Interval[{min, max}] 区间[min, max](* Solve[3 x+2= =Interval[{-2,5}],x]*)
IntervalMemberQ[interval, x] x 在区间内吗？
IntervalMemberQ[interval1,interval2] 区间 2 在区间 1 内吗？
IntervalUnion[intv1,intv2...] 区间的并
IntervalIntersection[intv1,intv2...] 区间的交

十、矩阵操作

a.b.c 或 Dot[a, b, c] 矩阵、向量、张量的点积
Inverse[m] 矩阵的逆
Transpose[list] 矩阵的转置
Transpose[list,{n1,n2..}]将矩阵 list 第 k 行与第 nk 列交换
Det[m] 矩阵的行列式
Eigenvalues[m] 特征值
Eigenvectors[m] 特征向量
Eigensystem[m] 特征系统，返回{eigvalues,eigvectors}
LinearSolve[m, b] 解线性方程组 m.x= =b
NullSpace[m] 矩阵 m 的零空间，即 m.NullSpace[m] = =零向量
RowReduce[m] m 化简为阶梯矩阵
Minors[m, k] m 的所有 k*k 阶子矩阵的行列式的值
MatrixPower[mat, n] 阵 mat 自乘 n 次
Outer[f,list1,list2..] listi 中各个元之间相互组合，并作为 f 的参数得到的矩阵
Outer[Times,list1,list2]给出矩阵的外积
SingularValues[m] m 的奇异值，结果为{u,w,v}，
m=Conjugate[Transpose[u]].DiagonalMatrix[w].v
PseudoInverse[m] m 的广义逆
QRDecomposition[m] QR 分解
SchurDecomposition[m] Schur 分解
LUDecomposition[m] LU 分解

十一、表函数

(*"表"是 Mathematica 中最灵活的一种数据类型 *)

(*实际上表就是表达式，表达式也就是表，所以下面 list= =expr *)
(*一个表中元素的位置可以用于一个表来表示 *)

表的生成
{e1,e2,...} 一个表，元素可以为任意表达式，无穷嵌套
Table[expr,{imax}] 生成一个表，共 imax 个元素
Table[expr,{i, imax}] 生成一个表，共 imax 个元素 expr[i]
Table[expr,{i,imin,imax},{j,jmin,jmax},..] 多维表
Range[imax] 简单数表{1,2,..,imax}
Range[imin, imax, di] 以 di 为步长的数表
Array[f, n] 一维表，元素为 f[i] (i 从 1 到 n)
Array[f,{n1,n2..}] 多维表，元素为 f[i,j..] (各自从 1 到 ni)
IdentityMatrix[n] n 阶单位阵
DiagonalMatrix[list] 对角阵

元素操作
Part[expr, i]或 expr[[i]]第 i 个元
expr[[-i]] 倒数第 i 个元
expr[[i,j,..]] 多维表的元
expr[[{i1,i2,..}] 返回由第 i(n)的元素组成的子表
First[expr] 第一个元
Last[expr] 最后一个元
Head[expr] 函数头，等于 expr[[0]]
Extract[expr, list] 取出由表 list 制定位置上 expr 的元素值
Take[list, n] 取出表 list 前 n 个元组成的表
Take[list,{m,n}] 取出表 list 从 m 到 n 的元素组成的表
Drop[list, n] 去掉表 list 前 n 个元剩下的表，其他参数同上
Rest[expr] 去掉表 list 第一个元剩下的表
Select[list, crit] 把 crit 作用到每一个 list 的元上，为 True 的所有元组成的表

表的属性
Length[expr] expr 第一曾元素的个数
Dimensions[expr] 表的维数返回{n1,n2..},expr 为一个 n1*n2...的阵
TensorRank[expr] 秩
Depth[expr] expr 最大深度
Level[expr,n] 给出 expr 中第 n 层子表达式的列表
Count[list, pattern] 满足模式的 list 中元的个数
MemberQ[list, form] list 中是否有匹配 form 的元
FreeQ[expr, form] MemberQ 的反函数
Position[expr, pattern] 表中匹配模式 pattern 的元素的位置列表
Cases[{e1,e2...},pattern]匹配模式 pattern 的所有元素 ei 的表

表的操作

Append[expr, elem] 返回在表 expr 的最后追加 elem 元后的表
Prepend[expr, elem] 返回在表 expr 的最前添加 elem 元后的表
Insert[list, elem, n] 在第 n 元前插入 elem
Insert[expr,elem,{i,j,..}]在元素 expr[[{i,j,..}]]前插入 elem
Delete[expr, {i, j,..}] 删除元素 expr[[{i,j,..}]]后剩下的表
DeleteCases[expr,pattern]删除匹配 pattern 的所有元后剩下的表
ReplacePart[expr,new,n] 将 expr 的第 n 元替换为 new
Sort[list] 返回 list 按顺序排列的表
Reverse[expr] 把表 expr 倒过来
RotateLeft[expr, n] 把表 expr 循环左移 n 次
RotateRight[expr, n] 把表 expr 循环右移 n 次
Partition[list, n] 把 list 按每 n 各元为一个子表分割后再组成的大表
Flatten[list] 抹平所有子表后得到的一维大表
Flatten[list,n] 抹平到第 n 层
Split[list] 把相同的元组成一个子表，再合成的大表
FlattenAt[list, n] 把 list[[n]]处的子表抹平
Permutations[list] 由 list 的元素组成的所有全排列的列表
Order[expr1,expr2] 如果 expr1 在 expr2 之前返回 1,如果 expr1 在 expr2 之后返回-1,如果 expr1 与 expr2 全等返回 0
Signature[list] 把 list 通过两两交换得到标准顺序所需的交换次数(排列数)

以上函数均为仅返回所需表而不改变原表

AppendTo[list,elem] 相当于 list=Append[list,elem];
PrependTo[list,elem] 相当于 list=Prepend[list,elem];

十二、绘图函数

二维作图

Plot[f,{x,xmin,xmax}] 一维函数 f[x]在区间[xmin,xmax]上的函数曲线
Plot[{f1,f2..},{x,xmin,xmax}] 在一张图上画几条曲线
ListPlot[{y1,y2,..}] 绘出由离散点对(n,yn)组成的图
ListPlot[{{x1,y1},{x2,y2},..}] 绘出由离散点对(xn,yn)组成的图
ParametricPlot[{fx,fy},{t,tmin,tmax}] 由参数方程在参数变化范围内的曲线
ParametricPlot[{{fx,fy},{gx,gy},...},{t,tmin,tmax}]在一张图上画多条参数曲线

选项：

PlotRange->{0,1} 作图显示的值域范围
AspectRatio->1/GoldenRatio 生成图形的纵横比
PlotLabel ->label 标题文字
Axes ->{False,True} 分别制定是否画 x,y 轴
AxesLabel->{xlabel,ylabel}x,y 轴上的说明文字

Ticks->None,Automatic 用什么方式画轴的刻度
AxesOrigin ->{x,y} 坐标轴原点位置
AxesStyle->{{xstyle}, {ystyle}}设置轴线的线性颜色等属性
Frame ->True,False 是否画边框
FrameLabel ->{xmlabel,ymlabel,xplabel,yplabel}边框四边上的文字
FrameTicks 同 Ticks 边框上是否画刻度
GridLines 同 Ticks 图上是否画栅格线
FrameStyle ->{{xmstyle},{ymstyle}设置边框线的线性颜色等属性
ListPlot[data,PlotJoined->True] 把离散点按顺序连线
PlotSytle->{{style1},{style2},..}曲线的线性颜色等属性
PlotPoints->15 曲线取样点，越大越细致

三维作图

Plot3D[f,{x,xmin,xmax}, {y,ymin,ymax}]二维函数 f[x,y]的空间曲面
Plot3D[{f,s}, {x,xmin,xmax}, {y,ymin,ymax}]同上，曲面的染色由 s[x,y]值决定
ListPlot3D[array] 二维数据阵 array 的立体高度图
ListPlot3D[array,shades]同上，曲面的染色由 shades[数据]值决定
ParametricPlot3D[{fx,fy,fz},{t,tmin,tmax}]二元数方程在参数变化范围内的曲线
ParametricPlot3D[{{fx,fy,fz},{gx,gy,gz},...},{t,tmin,tmax}]多条空间参数曲线

选项：

ViewPoint ->{x,y,z} 三维视点，默认为{1.3,-2.4,2}
Boxed -> True,False 是否画三维长方体边框
BoxRatios->{sx,sy,sz} 三轴比例
BoxStyle 三维长方体边框线性颜色等属性
Lighting ->True 是否染色
LightSources->{s1,s2..} si 为某一个光源 si={{dx,dy,dz},color}
color 为灯色，向 dx,dy,dz 方向照射
AmbientLight->颜色函数慢散射光的光源
Mesh->True,False 是否画曲面上与 x,y 轴平行的截面的截线
MeshStyle 截线线性颜色等属性
MeshRange->{{xmin,xmax}, {ymin,ymax}}网格范围
ClipFill->Automatic,None,color,{bottom,top}指定图形顶部、底部超界后所画的颜色
Shading ->False,True 是否染色
HiddenSurface->True,False 略去被遮住不显示部分的信息

等高线

ContourPlot[f,{x,xmin,xmax},{y,ymin,ymax}]二维函数 f[x,y]在指定区间上的等高线图
ListContourPlot[array] 根据二维数组 array 数值画等高线

选项：

Contours->n 画 n 条等高线

Contours->{z1,z2,..} 在 zi 处画等高线
ContourShading -> False 是否用深浅染色
ContourLines -> True 是否画等高线
ContourStyle -> {{style1},{style2},..}等高线线性颜色等属性
FrameTicks 同上

密度图
DensityPlot[f,{x,xmin,xmax},{y,ymin,ymax}]二维函数 f[x,y]在指定区间上的密度图
ListDensityPlot[array] 同上

图形显示
Show[graphics,options] 显示一组图形对象，options 为选项设置
Show[g1,g2...] 在一个图上叠加显示一组图形对象
GraphicsArray[{g1,g2,...}]在一个图上分块显示一组图形对象
SelectionAnimate[notebook,t]把选中的 notebook 中的图画循环放映

选项：(此处选项适用于全部图形函数)
Background->颜色函数指定绘图的背景颜色
RotateLabel -> True 竖着写文字
TextStyle 此后输出文字的字体，颜色大小等
ColorFunction->Hue 等把其作用于某点的函数值上决定某点的颜色
RenderAll->False 是否对遮挡部分也染色
MaxBend 曲线、曲面最大弯曲度

图元函数
Graphics[prim, options]   prim 为下面各种函数组成的表，表示一个二维图形对象
Graphics3D[prim, options]   prim 为下面各种函数组成的表，表示一个三维图形对象
SurfaceGraphics[array, shades]表示一个由 array 和 shade 决定的曲面对象
ContourGraphics[array]表示一个由 array 决定的等高线图对象
DensityGraphics[array]表示一个由 array 决定的密度图对象
 以上定义的图形对象，可以进行对变量赋值，合并显示等操作，也可以存盘
 Point[p] p={x,y}或{x,y,z}，在指定位置画点
Line[{p1,p2,..}]经由 pi 点连线
Rectangle[{xmin, ymin}, {xmax, ymax}] 画矩形
Cuboid[{xmin,ymin,zmin},{xmax,ymax,zmax}]由对角线指定的长方体
Polygon[{p1,p2,..}] 封闭多边形
Circle[{x,y},r] 画圆
Circle[{x,y},{rx,ry}] 画椭圆，rx,ry 为半长短轴
Circle[{x,y},r,{a1,a2}] 从角度 a1～a2 的圆弧
Disk[{x, y}, r] 填充的园、椭圆、圆弧等参数同上

Raster[array,ColorFunction->f] 颜色栅格
Text[expr,coords] 在坐标 coords 上输出表达式
PostScript["string"] 直接用 PostScript 图元语言写
Scaled[{x,y,..}] 返回点的坐标，且均大于 0 小于 1

颜色函数(指定其后绘图的颜色)
GrayLevel[level] 灰度 level 为 0~1 间的实数
RGBColor[red, green, blue] RGB 颜色，均为 0~1 间的实数
Hue[h, s, b] 亮度，饱和度等，均为 0~1 间的实数
CMYKColor[cyan, magenta, yellow, black] CMYK 颜色

其他函数(指定其后绘图的方式)
Thickness[r] 设置线宽为 r
PointSize[d] 设置绘点的大小
Dashing[{r1,r2,..}] 虚线一个单元的间隔长度
ImageSize->{x, y} 显示图形大小(像素为单位)
ImageResolution->r 图形解析度 r 个 dpi
ImageMargins->{{left,right},{bottom,top}} 四边的空白
ImageRotated->False 是否旋转 90 度显示

十三、流程控制

分支
If[condition, t, f] 如果 condition 为 True,执行 t 段，否则 f 段
If[condition, t, f, u] 同上，即非 True 又非 False，则执行 u 段
Which[test1,block1,test2,block2..] 执行第一为 True 的 testi 对应的 blocki
Switch[expr,form1,block1,form2,block2..]执行第一个 expr 所匹配的 formi 所对应的 blocki 段循环
Do[expr,{imax}] 重复执行 expr imax 次
Do[expr,{i,imin,imax}, {j,jmin,jmax},...]多重循环
While[test, body] 循环执行 body 直到 test 为 False
For[start,test,incr,body]类似于 C 语言中的 for，注意","与";"的用法相反 examp: For[i=1; t =x,i^2<10,i++,t =t+i;Print[t]]

异常控制
Throw[value] 停止计算,把 value 返回给最近一个 Catch 处理
Throw[value, tag] 同上,
Catch[expr] 计算 expr,遇到 Throw 返回的值则停止
Catch[expr, form] 当 Throw[value, tag]中 Tag 匹配 form 时停止

其他控制
Return[expr] 从函数返回，返回值为 expr
Return[ ] 返回值 Null

Break[ ] 结束最近的一重循环
Continue[ ] 停止本次循环，进行下一次循环
Goto[tag] 无条件转向 Label[Tag]处
Label[tag] 设置一个断点
Check[expr,failexpr] 计算 expr,如果有出错信息产生，则返回 failexpr 的值
Check[expr,failexpr,s1::t1,s2::t2,...]当特定信息产生时则返回 failexpr
CheckAbort[expr,failexpr]当产生 abort 信息时放回 failexpr
Interrupt[ ] 中断运行
Abort[ ] 中断运行
TimeConstrained[expr,t] 计算 expr，当耗时超过 t 秒时终止
MemoryConstrained[expr,b]计算 expr，当耗用内存超过 b 字节时终止运算

交互式控制

Print[expr1,expr2,...] 顺次输出 expri 的值
examp: Print["X=" , X//N , " " ,f[x+1]];
Input[ ] 产生一个输入对话框，返回所输入任意表达式
Input["prompt"] 同上，prompt 为对话框的提示
Pause[n] 运行暂停 n 秒

十四、函数编程

纯函数

Function[body]或 body& 一个纯函数，建立了一组对应法则，作用到后面的表达式上
Function[x, body] 单自变量纯函数
Function[{x1,x2,...},body]多自变量纯函数
#，#n 纯函数的第一、第 n 个自变量
纯函数的所有自变量的序列
examp: ^& [2,3] 返回第一个参数的第二个参数次方

映射

Map[f,expr]或 f/@expr 将 f 分别作用到 expr 第一层的每一个元上得到的列表
Map[f,expr,level] 将 f 分别作用到 expr 第 level 层的每一个元上
Apply[f,expr]或 f@@expr 将 expr 的"头"换为 f
Apply[f,expr,level] 将 expr 第 level 层的"头"换为 f
MapAll[f,expr]或 f//@expr 把 f 作用到 expr 的每一层的每一个元上
MapAt[f,expr,n] 把 f 作用到 expr 的第 n 个元上
MapAt[f,expr,{i,j,...}] 把 f 作用到 expr[[{i,j,...}]]元上
MapIndexed[f,expr] 类似 MapAll,但都附加其映射元素的位置列表
Scan[f, expr] 按顺序分别将 f 作用于 expr 的每一个元
Scan[f,expr,levelspec] 同上，仅作用第 level 层的元素

复合映射

Nest[f,expr,n] 返回 n 重复合函数 f[f[...f[expr]....]]

NestList[f,expr,n] 返回 0 重到 n 重复合函数的列表 {expr,f[expr],f[f[expr]]...}
FixedPoint[f, expr] 将 f 复合作用于 expr 直到结果不再改变，即找到其不定点
FixedPoint[f, expr, n] 最多复合 n 次，如果不收敛则停止
FixedPointList[f, expr] 返回各次复合的结果列表
FoldList[f,x,{a,b,..}] 返回 {x,f[x,a],f[f[x,a],b],...}
Fold[f, x, list] 返回 FoldList[f,x,{a,b,...}]的最后一个元
ComposeList[{f1,f2,...},x]返回{x,f1[x],f2[f1[x]],...}的复合函数列表
Distribute[f[x1,x2,...]] f 对加法的分配率
Distribute[expr, g] 对 g 的分配率
Identity[expr] expr 的全等变换
Composition[f1,f2,...] 组成复合纯函数 f1[f2[...fn[ ]...]
Operate[p,f[x,y]] 返回 p[f][x, y]
Through[p[f1,f2][x]] 返回 p[f1[x],f2[x]]
Compile[{x1,x2,...},expr]编译一个函数，编译后运行速度可以大大加快
Compile[{{x1,t1},{x2,t2}...},expr] 同上，可以制定函数参数类型

十五、替换规则

lhs->rhs 建立了一个规则，把 lhs 换为 rhs,并求 rhs 的值
lhs:>rhs 同上，只是不立即求 rhs 的值，知道使用该规则时才求值
Replace[expr,rules] 把一组规则应用到 expr 上，只作用一次
expr /. rules 同上
expr //.rules 将规则 rules 不断作用到 expr 上，直到无法作用为止
Dispatch[{lhs1->rhs1,lhs2->rhs2,...}]综合各个规则，产生一组优化的规则组

十六、Mathematica 的常见问题

1. Mathematica 可以定义变量为实数吗？
(1) 在 Simplify/FullSimplify 可以使用\[Element]，如 Simplify[Re[a+b*I],a\[Element]Reals]
(2) 可以使用 ComplexExpand[]来展开表达式，默认：符号均为实数：
　　Unprotect[Abs];
　　Abs[x_] := Sqrt[Re[x]^2 + Im[x]^2];
　　ComplexExpand[Abs[a + b*I], a]
(3) 使用/:，对符号关联相应的转换规则
　　x /: Im[x] = 0;
　　x /: Re[x] = x;
　　y /: Im[y] = 0;
　　y /: Re[y] = y;
　　Re[x+y*I]

2. Mathematica 中如何中断运算？
　Alt+. 直接终止当前执行的运算
　Alt+, 询问是否终止或者继续

如果不能终止，用菜单 Kernel\Quit Kernal\Local 来退出当前运算

3. 请推荐几本 Mathematica 参考书。

除了我们这本书以外，最好的一本书可能就是 Mathematica 自己带的帮助里面的 The Mathematica Book，内容全面，循序渐近，非常容易学习使用。

4. 请问在 Mathematica 中如何画极坐标图？
 << Graphics`Graphics`
PolarPlot[]
PolarListPlot[]

5. Mathematica 中如何对离散点作积分？

离散的点通过插值或者拟合就可以得到连续的函数，然后可以对该函数求积分和微分。下面是一个例子：

f[x_] := NIntegrate[Sin[Cos[x]], {x, 0, a}];
data = Table[{a, f[x]}, {a, 0, 10}];
expr = Interpolation[data];
 Plot[expr[a], {a, 0, 10}];
Plot[Evaluate[D[expr[a], a]], {a, 0, 10}]

如果想实现 Matlab 中的 cumsum 的功能则
Drop[FoldList[Plus, 0, {a1,a2,…,an}], 1]

6. 在 Mathematica 如何中创立 palette？
 在帮助中查找"Creating Palettes (Windows)"

7. Mathematica 可以作用户界面吗？
 Mathematica 的 GUI 设计是通过它的交互式的 NoteBook 实现的，可以参考 Mathematica 帮助文件中的 demo 例子，或参考帮助。

8. Mathematica 中如何使用 Solve[]求解的结果？

Solve[]求解的结果是以一个"表"或者"替换规则"的形式给出来的，并没有把结果真正替换给未知量。如果
sol = Solve[a*x^2 + b*x + c == 0, x];
x=x /. sol[[1]]

也可以使用对表元素的操作把结果取出来，比如在上面的例子中：
 x1=sol[[1,1,2]]
x2=sol[[2,1,2]]

参 考 文 献

[1] 边馥萍，孟繁桢，董文军，等.工科基础数学实验[M].天津：天津大学出版社,1999.
[2] 孙博文.分形算法与程序设计[M].北京：科学出版社,2004.
[3] 李水根，吴纪桃.分形与小波[M].北京：科学出版社,2002.
[4] 齐东旭.分形与其计算机生成[M].北京：科学出版社 1994.
[5] 李水根.分形[M].北京：高等教育出版社,2004.
[6] 李卫国.高等数学实验课[M].北京：高等教育出版社,2000.
[7] 张济忠.分形[M].北京：清华大学出版社,1995.
[8] 潘金贵，艾早阳.分形艺术程序设计[M].南京：南京大学出版社,1998.
[9] 万福永，戴浩晖.数学实验教程[M].北京：科学出版社,2003.
[10] 李尚志，陈发来，吴耀华，等. 数学实验课[M]. 北京：高等教育出版社,1999.
[11] 丁大正. 科学计算强档 Mathematica 4 教程[M]. 北京：电子工业出版社，2002.
[12] 盛骤，谢式千，潘承毅. 概率论与数理统计[M]. 北京：高等教育出版社，2008.
[13] 司守奎，孙玺菁.数学建模算法与应用[M]. 北京：国防工业出版社，2011.
[14] 王东生，曹磊.混沌、分形及其应用[M]. 合肥：中国科学技术大学出版社，1995.
[15] 白峰杉，蔡大用，译.数学实验室[M]. 北京：高等教育出版社，1998.
[16] 荀飞.Mathematica4 实例教程[M]. 北京：中国电力出版社，2000.
[17] 田逢春，译.混沌与分形—科学的新疆界[M]. 2 版. 北京：国防工业出版社，2010.
[18] Benoit B.Mandelbrot.大自然的分形几何学[M]. 上海：上海远东出版社，1998.
[19] H.Brian Griffiths, Adrian Oldknow.模型数学—连续动力系统和离散动力系统[M].北京：科学出版社 1996.
[20] 曾文曲，文有为，孙炜.分形小波与图像压缩[M]. 沈阳：东北大学出版社，2002.
[21] 李汉龙，缪淑贤，韩婷，等.Mathematica 基础及其在数学建模中的应用[M]. 北京：国防工业出版社，2013.